IMPLEMENTATION GUIDELINES FOR
COMPREHENSIVE EVALUATION METHOD FOR
MANUFACTURING LEVEL OF
CIGARETTE FACTORY YC/T 587—2020

YC/T 587—2020
《卷烟工厂生产制造水平综合评价方法》实施指南

菅 威　李 捷　张占涛　张青松◎主编

经济管理出版社
ECONOMY & MANAGEMENT PUBLISHING HOUSE

图书在版编目（CIP）数据

YC/T 587—2020《卷烟工厂生产制造水平综合评价方法》实施指南／菅威等主编. —北京：经济管理出版社，2023.7

ISBN 978-7-5096-9166-3

Ⅰ.①Y…　Ⅱ.①菅…　Ⅲ.①烟草加工—生产管理—指南　Ⅳ.①TS44-62

中国国家版本馆 CIP 数据核字（2023）第 136873 号

组稿编辑：赵亚荣
责任编辑：赵亚荣
责任印制：许　艳
责任校对：王淑卿

出版发行：经济管理出版社
　　　　　（北京市海淀区北蜂窝 8 号中雅大厦 A 座 11 层　100038）
网　　　址：www. E-mp. com. cn
电　　　话：(010) 51915602
印　　　刷：北京晨旭印刷厂
经　　　销：新华书店
开　　　本：720mm×1000mm /16
印　　　张：21.5
字　　　数：398 千字
版　　　次：2023 年 8 月第 1 版　　2023 年 8 月第 1 次印刷
书　　　号：ISBN 978-7-5096-9166-3
定　　　价：98.00 元

本书编委会

主　编：菅　威　李　捷　张占涛　张青松

副主编：陶智麟　帖金鑫　高雪峰　王文娟　林翌臻

　　　　毛永炜　李　杰　何逸波　舒　梦　章晓白

　　　　胡小虎　陈悦强

编　委：钱　杰　李冠华　杨道剑　宋金华　徐元根

　　　　沈宏杰　杨时政　徐荣华　范瑞兆　吕雷生

　　　　张其东　王国兴　钱肇隽　郝喜良　文　武

　　　　王英立　郑　飞　张春梅　康智超　刘　捷

　　　　陶铁托　王　淼　陈海涛

前　言

当前，烟草行业已经从高速增长阶段转向高质量发展阶段。推动烟草行业高质量发展，要以供给侧结构性改革为主线，以做强做优做大中式卷烟知名品牌为引领，以提高中国烟草整体竞争实力为目标，着力建设现代化烟草经济体系，推动质量变革、效率变革、动力变革，不断提高供给质量和效率。

卷烟工业属于制造业，高质量发展的关键在于卷烟工厂的生产制造水平，如果没有高质量的生产制造能力，其他都是空中楼阁。在《卷烟工厂生产制造水平综合评价方法》（YC/T 587—2020）行业标准制定前，国家烟草专卖局出台的"卷烟工厂分类对标"体系指标相对单薄，其他单项评价指标不够系统、全面，缺少科学、系统评价卷烟工厂生产制造水平的综合性评价方法，难以科学全面、客观公正地评价卷烟工厂的生产制造水平，难以科学地进行横向及纵向比较，不利于对标评级及行业生产制造水平的提升。

2020 年，由浙江中烟工业有限责任公司、中国烟草总公司郑州烟草研究院、上海烟草集团有限责任公司、湖北中烟工业有限责任公司、江苏中烟工业有限责任公司、四川中烟工业有限责任公司、郑州益盛烟草工程设计咨询有限公司等多家单位共同起草的《卷烟工厂生产制造水平综合评价方法》（YC/T 587—2020）行业标准正式发布（国烟科〔2020〕89 号）。该标准从工艺质量、生产效能、绿色生产和智能制造等方面多维度评价卷烟工厂生产制造水平，构建起全面、客观、系统、可操作性强的卷烟工厂生产制造水平评价体系。

该标准在发布后引起了行业内许多卷烟工厂的强烈反响和好评。已有 10 余家卷烟工厂依据该标准对生产制造水平进行了综合评价，测评结果为企业技术改造、生产制造水平提升提供了重要依据和指导，有效促进了多家卷烟工厂在工艺质量、生产效能、安全环保、清洁生产、智能制造等方面的能力提升。

为了进一步科学指导各卷烟企业对生产制造水平进行评价，规范现场测评的流程及方法，编制本实施指南十分必要。

本书共分为八章：第一章为综述，第二章为标准实施的基本要求和基础，第三章为工艺质量水平指标解析，第四章为生产效能水平指标解析，第五章为安全、健康、环保和清洁生产水平指标解析，第六章为智能制造水平指标解析，第七章为数据处理与综合评价，第八章为卷烟工厂应用案例分析。

参与编制本实施指南的单位包括浙江中烟工业有限责任公司、中国烟草总公司郑州烟草研究院、上海烟草集团有限责任公司、湖北中烟工业有限责任公司、江苏中烟工业有限责任公司、四川中烟工业有限责任公司、郑州益盛烟草工程设计咨询有限公司。

目　录

第一章 综 述

第一节 标准①编制的背景与意义

一、标准编制的背景

自卷烟企业合并重组以来，卷烟工厂的地位与职能发生了巨大变化。被取消独立核算法人资格后的卷烟工厂，变成工业公司（集团）下属的制造中心。过去，企业承担的产品研发、生产、销售以及品牌运营等综合型职能变为相对单一的制造职能。卷烟工厂运营管理重点从全面生产经营逐渐过渡到强化生产制造水平和能力建设上来。

近年来，国家烟草专卖局开展了"创建优秀卷烟工厂""对标创优"以及"对标共建"等一系列活动，结合活动目标设计了相应的技术经济指标对卷烟工厂进行评价，有力推进了"卷烟上水平"和卷烟工厂的转型发展。卷烟制造企业通过技术改造及资源优化整合，生活作业环境明显改善，加工技术、生产装备、公辅配套保障及物流信息技术等方面的水平有了显著提升，企业的制造能力不断提升。同时，众多卷烟工厂创建标杆工厂的愿望十分强烈。但是，现有卷烟工厂对标指标还未能充分反映"持续提升生产制造水平"的核心目标要求，涉及生产制造水平方面的指标尚不系统，智能制造方面的指标缺少足够的支撑，由此导致许多卷烟工厂难以借助对标过程对本企业形成全面、系统的评价，难以明确应该如何有针对性地制定相应对策，提升自身制造水平，进而实现对标创优。

---

① 《卷烟工厂生产制造水平综合评价方法》（YC/T 587—2020）行业标准。

因此，制定更加系统全面、可操作性强的卷烟工厂生产制造水平综合评价标准，对于推进卷烟工厂深入开展对标创优工作，提升企业乃至行业制造水平具有十分重要的作用。

二、标准编制的意义

该标准通过对卷烟工厂生产制造体系的系统梳理和全面分析，构建科学有效、可操作性强的生产制造水平综合评价体系，通过指标体系搭建、定量分析、实际测评卷烟工厂生产制造水平，以期对烟草行业加强卷烟工厂创优对标工作和推进卷烟工厂不断提升生产制造水平提供思路和借鉴。

该标准编制的意义主要体现在以下三个方面：

（1）依据此标准可以对卷烟工厂生产制造水平进行全面、综合、系统的测评，明确企业自身优势，同时找出存在的问题与不足，为企业技术改造与生产制造水平提升提供重要的技术支撑。同时，通过多次评价，可以和企业历史测评数据进行纵向对比，检验企业是否有进步，还有哪些进步空间。

（2）对于近期进行了较大规模技术改造的企业，依据该标准进行综合评价，可以检测技术改造是否达到预期目的及改造效果，为技术改造项目提供了重要的后评价方法。

（3）通过推广应用该标准，可以引导卷烟工厂在生产制造水平方面对标评级，通过测评和摸底排查，发现影响生产制造水平的短板，查找薄弱环节，向行业先进企业学习并改进。

标准的实施，既有利于管理部门发现影响生产制造水平提升的短板，查找薄弱环节，制定切实可行的改进措施，又有利于明确标杆卷烟工厂创建中在生产制造方面的目标任务和努力方向，以达到针对性地提升和改进生产制造水平的目的，逐步引导卷烟工厂从"精益生产"走向"智能制造"，引领行业卷烟工厂的高质量发展。

第二节　标准编制的基础和原则

一、标准编制的基础

（一）国家标准

标准化是实现智能制造的重要技术基础。为加快落实制造强国战略，推进工业化和信息化深度融合，有序推进我国智能制造发展，2015 年工业和信息化部启动智能制造标准化专项，将标准化作为推动智能制造发展的重要内容之一。

2015 年 12 月，工业和信息化部与国家标准化管理委员会联合发布了《国家智能制造标准体系建设指南》（2015 版），并于 2018 年和 2021 年发布更新版本。

为帮助企业认清自身智能制造所处的发展阶段，进行自我评估与诊断，指导企业提升和改进智能制造能力，2016 年 9 月中国电子技术标准化研究院又推出了《智能制造能力成熟度模型（1.0 版）》。

（二）行业标准

20 世纪 90 年代以前，我国卷烟生产制造领域的行业标准和规范较少，各卷烟工厂基本按照自身制定的加工工艺标准进行考核及评价，工厂之间鲜有互相对比评价的统一指标或体系，更无生产制造水平相关的评价方法。

20 世纪 90 年代，中国烟草总公司郑州烟草研究院与各卷烟工厂相关技术人员合作，在对多家卷烟工厂现场工艺测试的基础上，初步形成了相对科学合理的卷烟生产线工艺测试方案，并逐步推广应用。工艺单项测试方案在行业多条专线建设项目测试验收中起到了重要作用。

进入 21 世纪后，行业内逐步出现一些生产制造水平相关的单项评价标准，如《卷烟企业清洁生产评价准则》《烟草行业绿色工房评价标准》《卷烟制造过程能力测评导则》《卷烟工业企业设备管理绩效评价方法》等，但现有单项评价标准的指标较为单一，不够系统全面，难以全面评价卷烟工厂生产制造的总体水平。

近年来，国家烟草专卖局为引导创建优秀卷烟工厂，每年组织开展卷烟工厂对标评级，但"卷烟工厂分类对标指标"仅包含效率、成本费用、技术和能耗等方面的 13 项指标，难以客观、全面地评价卷烟工厂生产制造水平。

从 2018 年开始，浙江中烟工业有限责任公司、中国烟草总公司郑州烟草研究院、上海烟草集团有限责任公司、湖北中烟工业有限责任公司、江苏中烟工业有限责任公司、四川中烟工业有限责任公司、郑州益盛烟草工程设计咨询有限公司等多家单位共同参与，起草《卷烟工厂生产制造水平综合评价方法》行业标准。经前期充分调研、多次研究讨论、行业内广泛征求意见、多次修改完善后形成标准送审稿，2019 年经全国烟草标准化技术委员会企业分技术委员会审定，2020 年国家烟草专卖局以国烟科〔2020〕89 号文批准发布《卷烟工厂生产制造水平综合评价方法》（YC/T 587—2020）。

二、标准编制的基本原则

该标准编制的基本原则为：以引领行业卷烟工厂高质量发展为目标，遵循全面性、系统性、有效性、可测性、先进性、公平性原则，构建卷烟工厂生产制造水平综合测评的标准体系和方法。

1. 全面性
评价指标体系的建立以卷烟工厂生产制造职能定位，全方位、全流程、全要素地评价与剖析影响卷烟工厂生产制造水平的各个要素，并根据各个要素确立完整的指标体系。

2. 系统性
评价指标体系的建立把涉及卷烟工厂生产全过程的相关联的评价指标作为一个完整的系统，对各种因素的属性以及相互影响、相互制约的关系进行系统梳理和归类。

3. 有效性
《卷烟工厂生产制造水平综合评价方法》的设计和选择与卷烟工厂包括生产、质量、公辅配套、效能、智能化等要素在内的制造活动紧密结合，能够及时反映卷烟工厂生产制造运行状况，有利于卷烟工厂提高生产制造水平。

4. 可测性

本标准明确了卷烟工厂生产制造水平综合评价指标体系中各级指标的统计要求和具体构成，以便于行业内各卷烟工厂间开展自主比对、循环提升。

5. 先进性

本标准建立了卷烟工厂生产制造水平综合评价指标体系，统筹卷烟工厂生产制造的现状和发展方向，满足了行业各卷烟工厂高质量发展的需要。

6. 公平性

标准体系围绕卷烟工厂生产制造水平这一核心要素，不引入产品结构、经济效益等方面与单个卷烟工厂生产制造水平关系不大的指标，同时充分考虑各类烟厂的差异性，合理确定指标权重分配，避免各类不公平因素。

第三节　标准编制过程

一、标准立项

2018年9月，《卷烟工厂生产制造水平综合评价方法》获得国家烟草专卖局批准立项。该标准由浙江中烟工业有限责任公司宁波卷烟厂和中国烟草总公司郑州烟草研究院牵头，上海烟草集团有限责任公司、湖北中烟工业有限责任公司、江苏中烟工业有限责任公司、四川中烟工业有限责任公司、郑州益盛烟草工程设计咨询有限公司参与。

二、实地调研

编制工作启动后，标准编制组采取调研与测评验证同步进行的方式，先后对宁波、兰州、太原、成都、徐州、安阳、上海中华专线、什邡的8家卷烟工厂进行了实地调研。此外，标准编制组还派专人分别对本行业标杆工厂和行业外标杆工厂的安全、健康、环保和清洁生产及智能制造情况进行了调研。

通过调研，标准编制组不仅了解了技术改造对卷烟工厂工艺质量、安全、健康、环保、清洁生产、智能制造水平等领域的正面影响，也了解了由于投资水平、改造内容、软硬件配置、管理方法等方面的差异导致的卷烟工厂在智能制造水平上存在的差距。同时，调研也为相关定量指标限值划定提供了依据。

三、指标设计

调研完成后，标准编制组经过多次会议讨论，确定将卷烟工厂生产制造水平分解为"工艺质量水平""生产效能水平""安全、健康、环保和清洁生产水平""智能制造水平"四项一级指标，在此基础上，逐层分解至二、三、四级分项指标。各级分项指标经过指标体系初建、会议讨论以及实测验证后确定。

四、指标评分

结合指标特点，标准编制组规定了不同类型指标标准化的方法，采用层次分析法和专家咨询法确定指标权重，并选择加权平均的方法对评价指标进行计算。

五、标准验证

标准初稿完成后，标准编制组选择 8 家工厂进行了现场测试和评价验证。定量指标严格按照本标准体系规定的方法进行测试及数据计算；定性指标按照《定性指标评分规则》的要求，根据现场调研及考察情况，由专家对各项指标进行打分，评分取算术平均值。评价结果符合企业发展实际，与专家组整体研判相符。

六、标准发布

2020 年 5 月 22 日，标准通过评审后，由国家烟草专卖局正式批准发布，标准号为 YC/T 587—2020。

第四节　标准的内容和特点

一、标准的内容

　　《卷烟工厂生产制造水平综合评价方法》（YC/T 587—2020）应用了先进的综合评价方法，深入引用和集成国家及行业相关标准和规范成果，并结合行业特点及专业性，制定了全面、客观、系统、可操作性强的卷烟工厂生产制造水平评价体系，提出了从工艺质量、生产效能、安全/健康/环保/清洁生产和智能制造等方面多维度评价卷烟工厂生产制造水平的方法，填补了行业在卷烟工厂生产制造水平评价领域标准的空白，解决了卷烟工厂生产制造水平无统一规范和评价标准的紧迫问题。

　　作为行业标准，《卷烟工厂生产制造水平综合评价方法》包含 7 章正文和 3 个附录，如图 1-1 所示。其中，第 1 章（范围）为标准的必备要素；第 2 章、第 3 章（规范性引用文件、术语和定义）是标准的一般要素；第 4~7 章为标准的主要内容，规定了卷烟工厂生产制造水平综合评价指标体系、数据采集与处理、生产制造水平评价以及持续改进。3 个附录包括：1 个资料性附录，即缺失数据处理方法示例；2 个规范性附录，即定量指标计算口径及计算限值、定性指标评分规则。

二、标准的特点

1. 指标涵盖面广

　　标准建立了卷烟工厂生产制造水平综合评价指标体系，构建了定量化与定性化相结合的评价模型，采用多层次四级指标体系，评价域包含工艺质量、生产效能、安全健康、绿色环保、清洁生产、智能制造等多个维度，标准体系由 4 个一级指标、16 个二级指标、52 个三级指标、136 个四级指标构成。评价指标体系能够较为全面地衡量和评价卷烟工厂生产制造水平。

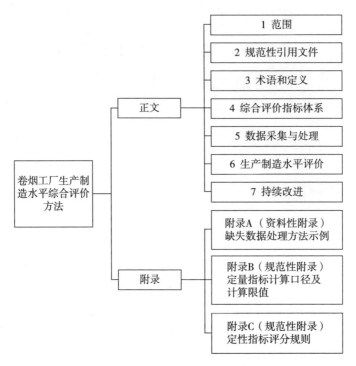

图1-1 《卷烟工厂生产制造水平综合评价方法》内容构成

2. 评价过程易操作

标准确定了各级指标的权重配比及末级指标的赋分方法。标准编制组在深入调研十余家卷烟工厂的基础上，根据各指标对生产制造水平的贡献度及影响力，科学确定了四级指标的权重，明确了定量指标和定性指标的标准化、规范化处理方法，制定了末级指标的赋分规则，并在附录中明确了定量指标计算口径及计算限值、定性指标评分规则。

3. 统计口径统一

标准规范了各类定量化指标的统计口径、数据采集及检测方法。针对行业内多个指标统计口径、数据采集、检测方法不统一的现象，在现有国家及行业相关标准基础上，编制组建立或统一了各指标的统计口径、采集或取样方法、检测检验方法、数据处理方法；针对行业内普遍关心的部分评价要素，确定了多个指标进行定义，并确定了评分办法。

4. 体现产业发展方向

标准引入了智能制造专项评价体系及方法。在国家及行业大力发展智能化、信息化的大背景下，标准前瞻性地引入了卷烟工厂智能制造评价体系，充分结合与本标准同时期制定的《智能制造能力成熟度评估方法》（GB/T 39117—2020）国家标准等国内外先进评价体系，从信息支撑、智能生产、智能物流、智能管理等多维度评价卷烟工厂智能制造水平，引导卷烟生产制造向智能化方向发展。

5. 引导企业对标赶超

标准制定了卷烟工厂生产制造水平综合评级规则。在对行业内众多卷烟工厂进行调研及大量数据分析的基础上，适度考虑行业未来发展趋势及方向，合理确定了卷烟工厂按照四个等级进行综合评价的评级规则，引导卷烟工厂对标评级，持续推进卷烟工厂生产制造高质量发展。

第二章 标准实施的基本要求和基础

第一节 标准实施的基本要求

标准实施是一种有目的的技术管理活动。标准实施必须有明确的目的性，不能为实施而实施，除满足数据准确性、适时性、实践性要求之外，还应满足以下要求才能获得良好效果。

一、标准适用范围

《卷烟工厂生产制造水平综合评价方法》（YC/T 587—2020）的评价对象为卷烟工厂，适用于对卷烟工厂生产制造水平的综合评价。

二、评价机制要求

卷烟工厂应建立持续改进机制，评价频次宜每三年一次。出现下列情况应对生产制造水平进行重新评价：

——相关法律法规发生变化的；

——发生生产安全事故的；

——发生环境污染事故的；

——技术改造、加工设备发生变化的；

——加工工艺发生重大调整的；

——自控水平或智能制造水平整体提升的。

此外，准备进行大型技术改造的企业，建议在技术改造前按标准开展卷烟工厂生产制造水平的综合评价，查找问题和短板，为技术改造提供重要的技术支撑。

大型技术改造完成后，建议再次对卷烟工厂生产制造水平进行综合评价，检验技术改造成效，同时与技术改造前的评价结果进行对比。

三、评价组织要求

为真实反映卷烟企业生产制造综合水平，保证评价结果准确、公平、公正，建议卷烟企业委托烟草行业内第三方评价单位牵头组织测评工作。

应选择对标准较为熟悉、具有较高专业水平的人员参与测评，必要时可邀请行业内外相关领域专家参与。

企业应全方位支持与配合评价工作，建议成立专门的测评领导小组，并组织企业相关部门人员参与评价工作。

第二节　综合评价的基础

一、编制进度计划

在进行综合评价前，应根据工厂实际情况，编制进度计划书。计划书应包括目标、测试过程、测试任务、测试方法、时间安排、人员组织、任务分配、保障措施等内容。其中测试过程主要包括测试前准备工作、现场测试、数据分析与总结工作三个阶段。其任务内容如表 2-1 所示。

表 2-1　测试过程各阶段的任务

测试阶段	任务内容
测试前准备工作	测评大纲制定、测评人员确定、测试前设备准备
现场测试	测评启动会、制丝线投料测试、公辅指标现场测试、卷包测试批测试、智能制造专项评价、其他指标测试、现场初步诊断及问题反馈
数据分析与总结工作	数据处理与计算、综合测评报告撰写

二、测评组织架构

现场测评应成立综合测评组，宜邀请烟草行业内外相关专家参与，工厂测评人员应由工艺、质量、物流、生产、动力、设备、信息、技术改造、安环等相关部门人员组成。

综合测评组建议分为三个专业组，即工艺组、智能组和公用组。各组主要任务分工如下：

1. 工艺组

工艺组，也可以称为工厂工艺组和生产效能组，由工艺质量、设备管理相关部门人员组成，负责9个二级指标的数据测量（见表2-2），诊断并查找工艺流程、设备配置、工艺布置、工艺质量、生产效能等方面的问题。

表2-2 工艺组的指标任务

一级指标	二级指标
1 工艺质量水平	1.1 在制品过程能力；1.2 卷烟产品质量水平；1.3 设备保障能力
2 生产效能水平	2.1 卷包设备运行效率；2.2 制丝综合有效作业率；2.3 设备运行维持费用；2.4 原材料利用效率；2.5 能源利用效率；2.6 在岗职工人均劳动生产率

2. 智能组

智能组由网络信息化、安防、物流、生产设备相关部门人员组成，负责智能制造水平的4个二级指标，即信息支撑、智能生产、智能物流和智能管理，诊断并查找信息化基础建设、物流系统、智能管理、中控及数采系统、MES系统等信息化与智能制造方面的问题。

3. 公用组

公用组（含工厂绿色生产组）由能源管理、安全生产相关部门人员组成，负责4个二级指标的数据测量（见表2-3），诊断并查找公用配套设施、基础设施、能源效率、绿色生产、职业健康、安全生产等公辅及绿色生产方面的问题。

测评具体人员根据实际情况，在测评开展前一周内确定。

表 2-3　公用组的指标任务

一级指标	二级指标
1 工艺质量水平	1.4 公辅配套保障能力
2 生产效能水平	2.5 能源利用效率
3 安全、健康、环保和清洁生产水平	3.1 职业健康与安全生产；3.2 环境影响与清洁生产

三、测评内容确定

（1）测评前，测评组应对照标准确定测评指标，可选择全部或部分指标进行测试。

（2）测评前，须确定测试批卷烟的品牌及规格，宜选择能客观反映卷烟工厂加工水平的代表性品牌规格，并确定测评批次及批量。

（3）测评前，测评组应获取测试卷烟规格的生产工艺规范或参数要求，便于编写测评大纲及后期数据整理。

（4）测评前，工厂应合理安排生产调度，提前做好原料、辅料等的调度准备，确保测试批次能够顺利投料生产。

四、测评前准备

（1）测评前，对工艺设备控制系统、公用设备控制系统、能源管理系统、MES系统、网络系统、其他信息化系统等进行检查，保证已配置系统处于正常运行状态。

（2）应根据确定的测评指标，对相应的在线仪器仪表性能进行点检和校准，并建议被测评单位提前准备或提供在线仪器仪表的前一周期检定或校准记录给测评组，保证其准确、稳定、可靠，满足控制和工艺加工的要求，包括但不限于水分仪、温度计、电子皮带秤、质量流量计、卷包检测装置、各种在线能源计量仪表、在线污染物检测仪表、温湿度检测仪表。

（3）应根据确定的测评指标，对相应设备的工艺性能进行点检，保证其准确、稳定、可靠，满足控制和工艺加工的要求，点检项目及方法按各企业标准或规程进行。公用动力设备按照各相关规程及设备说明书进行点检，保证各设备顺利运行，传感和执行器件动作灵敏、执行准确。

第三章 工艺质量水平指标解析

工艺质量水平的评价指标包括在制品过程能力、卷烟产品质量水平、设备保障能力、公辅配套保障能力 4 个二级指标，烟片处理过程能力等 17 个三级指标和松散回潮工序流量变异系数等 77 个四级指标（见表 3-1）。

表 3-1 工艺质量水平评价指标体系

一级指标/ 权重	二级指标/ 权重	三级指标/ 权重	四级指标/权重
1 工艺质量 水平/0.40	1.1 在制品 过程能力/ 0.60	1.1.1 烟片 处理过程能 力/0.20	1.1.1.1 松散回潮工序流量变异系数/0.15
			1.1.1.2 松散回潮机加水流量变异系数 　　　或松散回潮出口物料含水率标准偏差/0.10
			1.1.1.3 松散回潮机热风温度变异系数 　　　或松散回潮机排潮负压变异系数/0.10
			1.1.1.4 松散回潮出口物料温度标准偏差/0.15
			1.1.1.5 加料工序流量变异系数/0.15
			1.1.1.6 加料机排潮负压变异系数 　　　或加料机排潮开度变异系数 　　　或加料机循环风机频率变异系数 　　　或加料机回风温度变异系数/0.05
			1.1.1.7 加料出口物料温度标准偏差/0.05
			1.1.1.8 加料出口物料含水率标准偏差/0.10
			1.1.1.9 总体加料精度/0.05
			1.1.1.10 加料比例变异系数/0.10

一级指标/权重	二级指标/权重	三级指标/权重	四级指标/权重
1 工艺质量水平/0.40	1.1 在制品过程能力/0.60	1.1.2 制叶丝过程能力/0.20	1.1.2.1 叶丝宽度标准偏差/0.15
			1.1.2.2 叶丝干燥工序流量变异系数/0.10
			1.1.2.3 叶丝干燥入口物料含水率标准偏差/0.10
			1.1.2.4 滚筒干燥机筒壁温度标准偏差 或气流干燥工艺气体温度变异系数/0.15
			1.1.2.5 滚筒干燥机热风温度标准偏差 或气流干燥工艺气体流量变异系数/0.15
			1.1.2.6 滚筒干燥机热风风速标准偏差 或气流干燥蒸汽流量变异系数/0.10
			1.1.2.7 滚筒干燥机排潮负压变异系数 或气流干燥系统内负压变异系数/0.10
			1.1.2.8 叶丝干燥出口物料温度标准偏差/0.05
			1.1.2.9 叶丝干燥出口物料含水率标准偏差/0.10
		1.1.3 掺配加香过程能力/0.10	1.1.3.1 掺配丝总体掺配精度 或掺配比例变异系数/0.30
			1.1.3.2 加香工序流量变异系数/0.30
			1.1.3.3 总体加香精度/0.10
			1.1.3.4 加香比例变异系数/0.30
		1.1.4 成品烟丝质量控制能力/0.05	1.1.4.1 烟丝含水率标准偏差/0.30
			1.1.4.2 烟丝整丝率标准偏差/0.20
			1.1.4.3 烟丝碎丝率标准偏差/0.30
			1.1.4.4 烟丝填充值标准偏差/0.20
		1.1.5 制梗丝过程能力/0.05	1.1.5.1 梗丝加料总体加料精度/0.10
			1.1.5.2 梗丝干燥工序流量变异系数/0.15
			1.1.5.3 梗丝干燥出口物料温度标准偏差/0.05
			1.1.5.4 梗丝干燥出口物料含水率标准偏差/0.20
			1.1.5.5 梗丝整丝率标准偏差/0.15
			1.1.5.6 梗丝碎丝率标准偏差/0.15
			1.1.5.7 梗丝填充值标准偏差/0.20

一级指标/权重	二级指标/权重	三级指标/权重	四级指标/权重
1 工艺质量水平/0.40	1.1 在制品过程能力/0.60	1.1.6 叶丝膨胀（干冰或其他介质法）过程能力/0.05	1.1.6.1 膨丝回潮出口物料含水率标准偏差/0.20
			1.1.6.2 膨丝整丝率标准偏差/0.20
			1.1.6.3 膨丝碎丝率标准偏差/0.30
			1.1.6.4 膨丝填充值标准偏差/0.30
		1.1.7 滤棒成型过程能力/0.10	1.1.7.1 滤棒压降变异系数/0.60
			1.1.7.2 滤棒长度变异系数/0.10
			1.1.7.3 滤棒硬度变异系数/0.10
			1.1.7.4 滤棒圆度圆周比/0.10
			1.1.7.5 滤棒圆周变异系数/0.10
		1.1.8 卷接包装过程能力/0.25	1.1.8.1 无嘴烟支重量变异系数/0.25
			1.1.8.2 有嘴烟支吸阻变异系数/0.25
			1.1.8.3 有嘴烟支圆周变异系数/0.25
			1.1.8.4 卷接和包装的总剔除率/0.15
			1.1.8.5 目标重量极差/0.10
	1.2 卷烟产品质量水平/0.15	1.2.1 卷制与包装质量水平/0.65	1.2.1.1 烟支含水率标准偏差/0.10
			1.2.1.2 烟支含末率变异系数/0.10
			1.2.1.3 端部落丝量变异系数/0.05
			1.2.1.4 烟支重量变异系数/0.20
			1.2.1.5 烟支吸阻变异系数/0.20
			1.2.1.6 烟支硬度变异系数/0.10
			1.2.1.7 烟支圆周变异系数/0.15
			1.2.1.8 卷制与包装质量得分/0.10
		1.2.2 烟气质量水平/0.35	1.2.2.1 批内烟气焦油量变异系数/0.50
			1.2.2.2 批内烟气烟碱量变异系数/0.30
			1.2.2.3 批内烟气CO量变异系数/0.20
	1.3 设备保障能力/0.15	1.3.1 设备稳定性/0.50	1.3.1.1 制丝主线百小时故障停机次数/0.25
			1.3.1.2 卷接包设备有效作业率/0.50
			1.3.1.3 滤棒成型设备有效作业率/0.25

一级指标/权重	二级指标/权重	三级指标/权重	四级指标/权重
1 工艺质量水平/0.40	1.3 设备保障能力/0.15	1.3.2 非稳态指数/0.50	1.3.2.1 松散回潮非稳态指数/0.30
			1.3.2.2 烟片（叶丝）加料非稳态指数/0.30
			1.3.2.3 叶丝干燥非稳态指数/0.40
	1.4 公辅配套保障能力/0.10	1.4.1 蒸汽质量/0.35	1.4.1.1 蒸汽压力标准偏差/0.50
			1.4.1.2 蒸汽过热度极差/0.50
		1.4.2 真空质量/0.05	1.4.2.1 真空压力变异系数/1.00
		1.4.3 压缩空气质量/0.15	1.4.3.1 压缩空气压力标准偏差/1.00
		1.4.4 工艺水质量/0.15	1.4.4.1 工艺水压力标准偏差/0.70
			1.4.4.2 工艺水硬度/0.30
		1.4.5 关键区域环境温湿度稳定性/0.30	1.4.5.1 贮叶环境温度标准偏差/0.10
			1.4.5.2 贮叶环境湿度标准偏差/0.15
			1.4.5.3 贮丝环境温度标准偏差/0.10
			1.4.5.4 贮丝环境湿度标准偏差/0.15
			1.4.5.5 卷接包环境温度标准偏差/0.10
			1.4.5.6 卷接包环境湿度标准偏差/0.15
			1.4.5.7 辅料平衡库环境温度标准偏差/0.10
			1.4.5.8 辅料平衡库环境湿度标准偏差/0.15

第一节　在制品过程能力

本节主要从烟片处理过程能力、制叶丝过程能力、掺配加香过程能力、成品烟丝质量控制能力、制梗丝过程能力、叶丝膨胀（干冰或其他介质法）过程能力、滤棒成型过程能力、卷接包装过程能力八个方面对在制品过程能力进行评价。

一、烟片处理过程能力

（一）松散回潮工序流量变异系数

【评价目的】该指标为定量指标，用于评价松散回潮工序入口物料流量稳定性。

【数据采集】数据采集于中控系统，采样频率不大于30s。采集的数据为测试批物料经过松散回潮工序过程中，物料瞬时流量从生产开始到结束的完整原始数据。

【评价方法】根据第七章第一节中控数采数据截取规则对原始数据进行处理后，计算松散回潮工序流量变异系数。计算公式为：

$$C_v = \frac{\sigma}{\bar{x}} \times 100\%$$

式中：C_v 为松散回潮工序流量变异系数；

σ 为测试批烟片松散回潮工序流量标准偏差；

$\bar{x}$ 为测试批烟片松散回潮工序流量测量均值。

【示例】某卷烟工厂测试批物料松散回潮流量标准偏差为101.5kg/h，松散回潮工序流量均值为4795.5kg/h，其流量变异系数为：

松散回潮机加水流量变异系数 $C_v = \dfrac{101.5}{4795.5} \times 100\% = 2.12\%$

（二）松散回潮机加水流量变异系数或松散回潮出口物料含水率标准偏差

1. 松散回潮机加水流量变异系数

【评价目的】该指标为定量指标，用于评价松散回潮工序加水瞬时流量稳定性。

【数据采集】数据采集于中控系统，采样频率不大于30s。采集的数据为测试批物料经过松散回潮工序过程中，松散回潮机的瞬时加水流量从生产开始到结束的完整原始数据。

【评价方法】根据第七章第一节中控数采数据截取规则对原始数据进行处理后，计算松散回潮机加水流量变异系数。计算公式为：

$$C_v = \frac{\sigma}{\bar{x}} \times 100\%$$

式中：C_v 为松散回潮机加水流量变异系数；

σ 为测试批烟片松散回潮机流量标准偏差；

x̄ 为测试批烟片松散回潮机流量测量均值。

【示例】参照松散回潮工序流量变异系数（1.1.1.1）计算方法。

2. 松散回潮出口物料含水率标准偏差

【评价目的】该指标为定量指标，用于评价松散回潮工序出口含水率稳定性。

【数据采集】数据采集于中控系统，采样频率不大于 30s。采集的数据为测试批物料经过松散回潮工序过程中，松散回潮机出口含水率从生产开始到结束的完整原始数据。

【评价方法】根据第七章第一节中控数采数据截取规则对原始数据进行处理后，计算测试批松散回潮工序出料口物料含水率的标准偏差。计算公式为：

$$\sigma = \sqrt{\frac{\sum_{i=1}^{n} (x_i - \bar{x})^2}{n-1}}$$

式中：σ 为松散回潮出口物料含水率标准偏差；

x_i 为松散回潮出口物料含水率的样本测量值；

n 为测量样本量；

x̄ 为松散回潮出口物料含水率测量均值。

【示例】按照第七章第一节标准偏差公式进行计算，得出某卷烟工厂松散回潮出口物料含水率标准偏差为 0.81。

注：松散回潮机加水流量变异系数和松散回潮出口物料含水率标准偏差在 1.1.1.2 条目下为二选一指标。进行评价时，按照测试卷烟规格工艺要求选取参评指标。若无相关要求，则优先选择松散回潮出口含水率标准偏差作为测评指标。

（三）松散回潮机热风温度变异系数或松散回潮机排潮负压变异系数

1. 松散回潮机热风温度变异系数

【评价目的】该指标为定量指标，用于评价松散回潮工序中回潮机进风（或回风）温度稳定性。

【数据采集】数据采集于中控系统，采样频率不大于 30s。采集的数据为测试批物料经过松散回潮工序过程中，松散回潮机进风（或回风）温度从生产开始到结束的完整原始数据。

【评价方法】根据第七章第一节中控数采数据截取规则对原始数据进行处理后，计算松散回潮机热风温度变异系数。计算公式为：

$$C_v = \frac{\sigma}{\bar{x}} \times 100\%$$

式中：C_v 为松散回潮机热风温度变异系数；

σ 为测试批进风（或回风）温度标准偏差；

$\bar{x}$ 为测试批进风（或回风）温度测量均值。

【示例】参照松散回潮工序流量变异系数计算方法。

2. 松散回潮机排潮负压变异系数

【评价目的】该指标为定量指标，用于评价松散回潮工序中回潮机排潮负压稳定性。

【数据采集】数据采集于中控系统，采样频率不大于 30s。采集的数据为测试批物料经过松散回潮工序过程中，松散回潮机排潮负压数据从生产开始到结束的完整原始数据。

【评价方法】根据第七章第一节中控数采数据截取规则对原始数据进行处理后，计算松散回潮机排潮负压变异系数。计算公式为：

$$C_v = \frac{\sigma}{\bar{x}} \times 100\%$$

式中：C_v 为松散回潮机排潮负压变异系数；

σ 为测试批排潮负压的标准偏差；

$\bar{x}$ 为测试批排潮负压测量均值。

【示例】参照松散回潮工序流量变异系数计算方法。

注：松散回潮机热风温度变异系数和松散回潮机排潮负压变异系数在 1.1.1.3 条目下为二选一指标。按照测试卷烟规格工艺要求选取参评指标。若无相关要求，优先选取热风温度变异系数。

（四）松散回潮出口物料温度标准偏差

【评价目的】该指标为定量指标，用于评价松散回潮工序出口物料温度稳定性。

【数据采集】数据采集于中控系统，采样频率不大于 30s。采集的数据为测试批物料经过松散回潮工序过程中，松散回潮机出口物料温度从生产开始到结束的完整原始数据。

【评价方法】根据第七章第一节中控数采数据截取规则对原始数据进行处理后，计算测试批松散回潮出口物料温度标准偏差。计算公式为：

$$\sigma = \sqrt{\frac{\sum_{i=1}^{n}(x_i - \bar{x})^2}{n-1}}$$

式中：σ 为松散回潮出口物料温度标准偏差；

x_i 为松散回潮出口物料温度的样本测量值；

n 为测量样本量；

$\bar{x}$ 为松散回潮出口物料温度测量均值。

【示例】参照松散回潮出口物料含水率标准偏差计算方法。

（五）加料工序流量变异系数

【评价目的】该指标为定量指标，用于评价加料工序入口物料流量稳定性。

【数据采集】数据采集于中控系统，采样频率不大于30s。采集的数据为测试批物料经过加料工序过程中，加料机入口物料流量从生产开始到结束的完整原始数据。

【评价方法】根据第七章第一节中控数采数据截取规则对原始数据进行处理后，计算加料工序流量变异系数。计算公式为：

$$C_v = \frac{\sigma}{\bar{x}} \times 100\%$$

式中：C_v 为加料工序流量变异系数；

σ 为测试批加料工序烟片流量标准偏差；

$\bar{x}$ 为测试批加料工序烟片流量测量均值。

【示例】参照松散回潮工序流量变异系数计算方法。

（六）加料机排潮负压变异系数或加料机排潮开度变异系数或加料机循环风机频率变异系数或加料机回风温度变异系数

1. 加料机排潮负压变异系数

【评价目的】该指标为定量指标，用于评价加料工序加料机排潮负压稳定性。

【数据采集】数据采集于中控系统，采样频率不大于30s。采集的数据为测试批物料经过加料工序过程中，加料机排潮负压从生产开始到结束的完整原始数据。

【评价方法】根据第七章第一节中控数采数据截取规则对原始数据进行处理后，计算加料机排潮负压变异系数。计算公式为：

$$C_v = \frac{\sigma}{\bar{x}} \times 100\%$$

式中：C_v 为加料机排潮负压变异系数；

σ 为测试批加料机排潮负压标准偏差；

$\bar{x}$ 为测试批加料机排潮负压测量均值。

【示例】参照松散回潮工序流量变异系数计算方法。

2. 加料机排潮开度变异系数

【评价目的】该指标为定量指标，用于评价加料工序加料机排潮开度稳定性。

【数据采集】数据采集于中控系统，采样频率不大于 30s。采集的数据为测试批物料经过加料工序过程中，加料机排潮开度从生产开始到结束的完整原始数据。

【评价方法】根据第七章第一节中控数采数据截取规则对原始数据进行处理后，计算加料机排潮开度变异系数。计算公式为：

$$C_v = \frac{\sigma}{\bar{x}} \times 100\%$$

式中：C_v 为加料机排潮开度变异系数；

σ 为测试批加料机排潮开度标准偏差；

$\bar{x}$ 为测试批加料机排潮开度测量均值。

【示例】参照松散回潮工序流量变异系数计算方法。

3. 加料机循环风机频率变异系数

【评价目的】该指标为定量指标，用于评价加料工序加料机循环风机频率稳定性。

【数据采集】数据采集于中控系统，采样频率不大于 30s。采集的数据为测试批物料经过加料工序过程中，加料机循环风机频率从生产开始到结束的完整原始数据。

【评价方法】根据第七章第一节中控数采数据截取规则对原始数据进行处理后，计算加料机循环风机频率变异系数。计算公式为：

$$C_v = \frac{\sigma}{\bar{x}} \times 100\%$$

式中：C_v 为加料机循环风机频率变异系数；

σ 为测试批加料机循环风机频率标准偏差；

x̄ 为测试批加料机循环风机频率测量均值。

【示例】参照松散回潮工序流量变异系数计算方法。

4. 加料机回风温度变异系数

【评价目的】该指标为定量指标，用于评价加料工序加料机回风温度稳定性。

【数据采集】数据采集于中控系统，采样频率不大于 30s。采集的数据为测试批物料经过加料工序过程中，加料机回风温度从生产开始到结束的完整原始数据。

【评价方法】根据第七章第一节中控数采数据截取规则对原始数据进行处理后，计算加料机回风温度变异系数。计算公式为：

$$C_v = \frac{\sigma}{\bar{x}} \times 100\%$$

式中：C_v 为加料机回风温度变异系数；

σ 为测试批回风温度标准偏差；

x̄ 为测试批回风温度测量均值。

【示例】参照松散回潮工序流量变异系数计算方法。

注：加料机排潮负压变异系数、加料机排潮开度变异系数、加料机循环风机频率变异系数、加料机回风温度变异系数在 1.1.1.6 条目下为四选一指标，按照测试卷烟规格工艺要求选取参评指标。若无相关要求，结合设备数据的采集情况，四个指标选择的优先顺序依次为：加料机回风温度变异系数、加料机排潮负压变异系数、加料机排潮开度变异系数、加料机循环风机频率变异系数。

（七）加料出口物料温度标准偏差

【评价目的】该指标为定量指标，用于评价加料工序加料机出口物料温度稳定性。

【数据采集】数据采集于中控系统，采样频率不大于 30s。采集的数据为测试批物料经过加料工序过程中，加料机出口物料温度从生产开始到结束的完整原始数据。

【评价方法】根据第七章第一节中控数采数据截取规则对原始数据进行处理后，计算测试批松散回潮出口物料温度标准偏差。计算公式为：

$$\sigma = \sqrt{\frac{\sum_{i=1}^{n}(x_i - \bar{x})^2}{n-1}}$$

式中：σ 为松散回潮出口物料温度标准偏差；

x$_i$ 为松散回潮出口物料温度的样本测量值；

n 为测量样本量；

x̄ 为松散回潮出口物料温度测量均值。

【示例】参照松散回潮出口物料含水率标准偏差计算方法。

（八）加料出口物料含水率标准偏差

【评价目的】该指标为定量指标，用于评价加料工序加料机出口物料含水率稳定性。

【数据采集】数据采集于中控系统，采样频率不大于 30s。采集的数据为测试批物料经过加料工序过程中，加料机出口物料含水率从生产开始到结束的完整原始数据。

【评价方法】根据第七章第一节中控数采数据截取规则对原始数据进行处理后，计算测试批加料工序出料口物料含水率的标准偏差。计算公式为：

$$\sigma = \sqrt{\frac{\sum_{i=1}^{n}(x_i - \bar{x})^2}{n-1}}$$

式中：σ 为加料出口物料含水率标准偏差；

x$_i$ 为加料出口物料含水率样本测量值；

n 为测量样本量；

x̄ 为加料出口物料含水率测量均值。

【示例】参照松散回潮出口物料含水率标准偏差计算方法。

（九）总体加料精度

【评价目的】该指标为定量指标，用于评价加料工序加料精度。

【数据采集】数据采集于中控系统，统计测试批物料通过加料工序电子秤的物料累积量及料液累积量。

【评价方法】测试批设定加料比例与实际加料比例之差的绝对值与设定加料比例的比值。计算公式为：

$$E = \frac{|K - K_{sp}|}{K_{sp}} \times 100\%$$

式中：E 为总体加料精度；

K 为实际加料比例；

K_{sp} 为设定加料比例。

总体加料比例 K 的计算公式为 $K = \dfrac{L}{C} \times 100\%$。其中，L 为整批次料液的总质量；C 为整批次物料的总质量。如果流量计为体积流量计，那么料液的总质量 L 可通过料液密度换算得到。

【示例】某卷烟工厂测试批加料工序物料累积量为 5627.88kg，料液累积量为 168.83kg，设定加料比例为 3%，则：

实际加料比例为 $K = \dfrac{168.83}{5627.88} \times 100\% = 2.9999\%$

$$E = \dfrac{|3\% - 2.9999\%|}{3\%} \times 100\% = 0.00379\%$$

（十）加料比例变异系数

【评价目的】该指标为定量指标，用于评价加料工序过程中加料比例稳定性。

【数据采集】数据采集于中控系统，采样频率不大于 30s。采集的数据为测试批物料经过加料工序过程中，加料机加料瞬时加料比例（瞬时加料比例计算方法参照《卷烟工艺规范》2016 版）从生产开始到结束的完整原始数据。

【评价方法】根据第七章第一节中控数采数据截取规则对原始数据进行处理后，计算测试批瞬时加料比例变异系数。计算公式为：

$$C_v = \dfrac{\sigma}{\bar{x}}$$

式中：C_v 为加料比例变异系数；

σ 为加料比例标准偏差；

$\bar{x}$ 为加料比例测量均值。

【示例】参照松散回潮工序流量变异系数计算方法。

二、制叶丝过程能力

（一）叶丝宽度标准偏差

【评价目的】该指标为定量指标，用于评价切丝工序过程中切丝宽度稳定性。

【数据采集】叶丝宽度可采用蜡棒法或投影法进行检测。蜡棒法检测，即在切丝机喂料小车的中心位置内，平整地放置蜡制成的食品级测试棒；按设定切丝宽度，将蜡棒切成测试片；从切除的测试片中随机抽取 30 片，测量及统计其厚度。投影法，即取样位置为切丝机出口物料，使用投影法测量叶丝宽度，不少于30 根。

【评价方法】采用蜡棒法（投影法）检测切丝机出口叶丝宽度；采用蜡棒法测量不少于 30 片的切后蜡棒片厚度；采用投影法选取测试批烟丝，测量不少于30 根烟丝宽度，计算标准偏差。计算公式为：

$$\sigma = \sqrt{\frac{\sum_{i=1}^{n}(x_i - \bar{x})^2}{n-1}}$$

式中：σ 为叶丝宽度标准偏差；

x_i 为烟丝样本测量值；

n 为测量样本量；

$\bar{x}$ 为烟丝宽度均值。

【示例】参照松散回潮出口物料含水率标准偏差计算方法。

（二）叶丝干燥工序流量变异系数

【评价目的】该指标为定量指标，用于评价叶丝干燥工序过程中物料流量稳定性。

【数据采集】数据采集于中控系统，采样频率不大于 30s。采集的数据为测试批物料经过叶丝干燥工序过程中，入口物料瞬时流量从生产开始到结束的完整原始数据。

【评价方法】根据第七章第一节中控数采数据截取规则对原始数据进行处理后，计算叶丝干燥工序流量变异系数。计算公式为：

$$C_v = \frac{\sigma}{\bar{x}} \times 100\%$$

式中：C_v 为叶丝干燥工序流量变异系数；

σ 为叶丝干燥工序叶丝流量标准偏差；

$\bar{x}$ 为叶丝干燥工序流量测量均值。

【示例】参照松散回潮工序流量变异系数计算方法。

（三）叶丝干燥入口端物料含水率标准偏差

【评价目的】该指标为定量指标，用于评价叶丝干燥工序过程中入口物料含水率稳定性。

【数据采集】数据采集于中控系统，采样频率不大于 30s，采集位置为入口端或切丝后（根据卷烟工厂工艺质量要求选择）。采集的数据为测试批物料经过叶丝干燥工序过程中，入口物料含水率从生产开始到结束的完整原始数据。

【评价方法】根据第七章第一节中控数采数据截取规则对原始数据进行处理后，计算测试批叶丝干燥工序物料含水率的标准偏差。计算公式为：

$$\sigma = \sqrt{\frac{\sum\limits_{i=1}^{n} (x_i - \bar{x})^2}{n-1}}$$

式中：σ 为叶丝干燥入口端物料含水率标准偏差；

x_i 为叶丝干燥入口端物料含水率的样本测量值；

n 为测量样本量；

$\bar{x}$ 为叶丝干燥入口端物料含水率均值。

【示例】参照松散回潮出口物料含水率标准偏差计算方法。

（四）滚筒干燥机筒壁温度标准偏差或气流干燥工艺气体温度变异系数

1. 滚筒干燥机筒壁温度标准偏差

【评价目的】该指标为定量指标，用于评价叶丝干燥工序过程中滚筒干燥机筒壁温度稳定性。

【数据采集】数据采集于中控系统，采样频率不大于 30s。采集的数据为测试批物料经过滚筒干燥工序过程中，筒壁温度从生产开始到结束的完整原始数据。

【评价方法】根据第七章第一节中控数采数据截取规则对原始数据进行处理后，计算测试批滚筒干燥机筒壁温度标准偏差。计算公式为：

$$\sigma = \sqrt{\frac{\sum\limits_{i=1}^{n} (x_i - \bar{x})^2}{n-1}}$$

式中：σ 为滚筒干燥机筒壁温度标准偏差；

x_i 为滚筒干燥机筒壁温度的样本测量值；

n 为测量样本量；

x̄ 为滚筒干燥机筒壁温度测量均值。

【示例】参照松散回潮出口物料含水率标准偏差计算方法。

2. 气流干燥工艺气体温度变异系数

【评价目的】该指标为定量指标，用于评价叶丝干燥工序过程中气流干燥机工艺气体温度稳定性。

【数据采集】数据采集于中控系统，采样频率不大于 30s。采集的数据为测试批物料经过气流干燥工序过程中，工艺气体温度从生产开始到结束的完整原始数据。

【评价方法】根据第七章第一节中控数采数据截取规则对原始数据进行处理后，计算测试批气流干燥工序工艺气体温度变异系数。计算公式为：

$$C_v = \frac{\sigma}{\bar{x}} \times 100\%$$

式中：C_v 为气流干燥工序工艺气体温度变异系数；

σ 为气流干燥工序工艺气体温度标准偏差；

x̄ 为气流干燥工序工艺气体温度测量均值。

【示例】参照松散回潮工序流量变异系数计算方法。

注：滚筒干燥机筒壁温度标准偏差和气流干燥工艺气体温度变异系数在 1.1.2.4 条目下为二选一指标。进行评价时，按照测试卷烟规格工艺要求选取参评指标。若无相关要求，则优先选择滚筒干燥机筒壁温度标准偏差作为测评指标。

（五）滚筒干燥机热风温度标准偏差或气流干燥工艺气体流量变异系数

1. 滚筒干燥机热风温度标准偏差

【评价目的】该指标为定量指标，用于评价叶丝干燥工序过程中滚筒干燥机热风温度稳定性。

【数据采集】数据采集于中控系统，采样频率不大于 30s。采集的数据为测试批物料经过滚筒干燥工序过程中，热风温度从生产开始到结束的完整原始数据。

【评价方法】根据第七章第一节中控数采数据截取规则对原始数据进行处理后，计算测试批滚筒干燥机热风温度标准偏差。计算公式为：

$$\sigma = \sqrt{\frac{\sum_{i=1}^{n}(x_i - \bar{x})^2}{n-1}}$$

式中：σ 为滚筒干燥机热风温度标准偏差；

x_i 为滚筒干燥机热风温度的样本测量值；

n 为测量样本量；

$\bar{x}$ 为滚筒干燥机热风温度测量均值。

【示例】参照松散回潮出口物料含水率标准偏差计算方法。

2. 气流干燥工艺气体流量变异系数

【评价目的】该指标为定量指标，用于评价叶丝干燥工序过程中气流干燥机工艺气体流量稳定性。

【数据采集】数据采集于中控系统，采样频率不大于 30s。采集的数据为测试批物料经过气流干燥工序过程中，工艺气体流量从生产开始到结束的完整原始数据。

【评价方法】根据第七章第一节中控数采数据截取规则对原始数据进行处理后，计算气流干燥工艺气体流量变异系数。计算公式为：

$$C_v = \frac{\sigma}{\bar{x}} \times 100\%$$

式中：C_v 为气流干燥工序工艺气体流量变异系数；

σ 为气流干燥工序工艺气体流量标准偏差；

$\bar{x}$ 为气流干燥工序工艺气体流量测量均值。

【示例】参照松散回潮工序流量变异系数计算方法。

注：滚筒干燥机热风温度标准偏差和气流干燥工艺气体流量变异系数在 1.1.2.5 条目下为二选一指标。进行评价时，按照测试卷烟规格工艺要求选取参评指标。若无相关要求，则优先选择滚筒干燥机热风温度标准偏差作为测评指标。

（六）滚筒干燥机热风风速标准偏差或气流干燥蒸汽流量变异系数

1. 滚筒干燥机热风风速标准偏差

【评价目的】该指标为定量指标，用于评价叶丝干燥工序过程中滚筒干燥机热风风速稳定性。

【数据采集】数据采集于中控系统，采样频率不大于 30s。采集的数据为测试批物料经过滚筒干燥工序过程中，热风风速从生产开始到结束的完整原始数据。

【评价方法】根据第七章第一节中控数采数据截取规则对原始数据进行处理后，计算测试批滚筒干燥机热风风速标准偏差。计算公式为：

$$\sigma = \sqrt{\frac{\sum_{i=1}^{n}(x_i - \bar{x})^2}{n-1}}$$

式中：σ 为滚筒干燥机热风风速标准偏差；

x_i 为滚筒干燥机热风风速的样本测量值；

n 为测量样本量；

$\bar{x}$ 为滚筒干燥机热风风速均值。

【示例】参照松散回潮出口物料含水率标准偏差计算方法。

2. 气流干燥蒸汽流量变异系数

【评价目的】该指标为定量指标，用于评价叶丝干燥工序过程中气流干燥机蒸汽流量稳定性。

【数据采集】数据采集于中控系统，采样频率不大于 30s。采集的数据为测试批物料经过气流干燥工序过程中，蒸汽流量从生产开始到结束的完整原始数据。

【评价方法】根据第七章第一节中控数采数据截取规则对原始数据进行处理后，计算测试批气流干燥蒸汽流量变异系数。计算公式为：

$$C_v = \frac{\sigma}{\bar{x}} \times 100\%$$

式中：C_v 为气流干燥蒸汽流量变异系数；

σ 为气流干燥蒸汽流量标准偏差；

$\bar{x}$ 为气流干燥蒸汽流量均值。

【示例】参照松散回潮工序流量变异系数计算方法。

注：滚筒干燥机热风风速标准偏差和气流干燥蒸汽流量变异系数在 1.1.2.6 条目下为二选一指标。进行评价时，按照测试卷烟规格工艺要求选取参评指标。若无相关要求，则优先选择滚筒干燥机热风风速标准偏差作为测评指标。

（七）滚筒干燥机排潮负压变异系数或气流干燥系统内负压变异系数

1. 滚筒干燥机排潮负压变异系数

【评价目的】该指标为定量指标，用于评价叶丝干燥工序过程中滚筒干燥机排潮负压稳定性。

【数据采集】数据采集于中控系统，采样频率不大于 30s。采集的数据为测试批物料经过滚筒干燥工序过程中，排潮负压从生产开始到结束的完整原始数据。

【评价方法】根据第七章第一节中控数采数据截取规则对原始数据进行处理后，计算滚筒干燥机排潮负压变异系数。计算公式为：

$$C_v = \frac{\sigma}{\bar{x}} \times 100\%$$

式中：C_v 为滚筒干燥机排潮负压变异系数；

σ 为滚筒干燥机排潮负压标准偏差；

$\bar{x}$ 为滚筒干燥机排潮负压测量均值（负压均值取绝对值计算）。

【示例】参照松散回潮工序流量变异系数计算方法。

2. 气流干燥系统内负压变异系数

【评价目的】该指标为定量指标，用于评价叶丝干燥工序过程中气流干燥机系统内负压稳定性。

【数据采集】数据采集于中控系统，采样频率不大于 30s。采集的数据为测试批物料经过气流干燥工序过程中，系统内负压从生产开始到结束的完整原始数据。

【评价方法】根据第七章第一节中控数采数据截取规则对原始数据进行处理后，计算气流干燥系统内负压变异系数。计算公式为：

$$C_v = \frac{\sigma}{\bar{x}} \times 100\%$$

式中：C_v 为气流干燥系统内负压变异系数；

σ 为气流干燥系统内负压标准偏差；

$\bar{x}$ 为气流干燥系统内负压测量均值（负压均值取绝对值计算）。

【示例】参照松散回潮工序流量变异系数计算方法。

（八）叶丝干燥出口物料温度标准偏差

【评价目的】该指标为定量指标，用于评价叶丝干燥工序过程中出口物料温度稳定性。

【数据采集】数据采集于中控系统，采样频率不大于 30s。采集的数据为测试批物料经过叶丝干燥工序过程中，出料口或叶丝风选后（根据卷烟工厂工艺质量要求选择）物料温度从生产开始到结束的完整原始数据。

【评价方法】根据第七章第一节中控数采数据截取规则对原始数据进行处理后，计算测试批叶丝干燥工序出料口（或叶丝风选后）物料温度的标准偏差。计算公式为：

$$\sigma = \sqrt{\dfrac{\sum\limits_{i=1}^{n}\left(x_i - \bar{x}\right)^2}{n-1}}$$

式中：σ 为叶丝干燥出口物料温度标准偏差；

x_i 为叶丝干燥出口物料温度的样本测量值；

n 为测量样本量；

$\bar{x}$ 为叶丝干燥出口物料温度测量均值。

【示例】参照松散回潮出口物料含水率标准偏差计算方法。

（九）叶丝干燥出口物料含水率标准偏差

【评价目的】该指标为定量指标，用于评价叶丝干燥工序过程中出口物料含水率稳定性。

【数据采集】数据采集于中控系统，采样频率不大于 30s。采集的数据为测试批物料经过叶丝干燥工序过程中，出料口物料含水率从生产开始到结束的完整原始数据。

【评价方法】根据第七章第一节中控数采数据截取规则对原始数据进行处理后，计算测试批叶丝干燥工序出料口物料含水率的标准偏差。计算公式为：

$$\sigma = \sqrt{\dfrac{\sum\limits_{i=1}^{n}\left(x_i - \bar{x}\right)^2}{n-1}}$$

式中：σ 为叶丝干燥出口物料含水率标准偏差；

x_i 为叶丝干燥出口物料含水率的样本测量值；

n 为测量样本量；

$\bar{x}$ 为叶丝干燥出口物料含水率测量均值。

【示例】参照松散回潮出口物料含水率标准偏差计算方法。

三、掺配加香过程能力

（一）掺配丝总体掺配精度或掺配比例变异系数

1. 掺配丝总体掺配精度

【评价目的】该指标为定量指标，用于评价掺配工序过程中物料掺配精度。

【数据采集】数据采集于中控系统，采集的数据为测试批物料掺配过程中，叶丝主秤及掺配量最大的掺配丝秤的物料累积量。

注：该项指标以掺配量最大的掺配丝作为计算数据。

【评价方法】测试批设定掺配比例与实际掺配比例之差的绝对值与设定掺配比例的比值。计算公式为：

$$M = \frac{|K - K_{sp}|}{K_{sp}} \times 100\%$$

式中：M 为掺配丝总体掺配精度；

K 为实际掺配比例；

K_{sp} 为设定掺配比例。

实际掺配比例 K 的计算公式为 $K = \frac{L}{C} \times 100\%$。其中，L 为掺配丝物料累积量；C 为掺配工序叶丝主秤物料累积量。

【示例】某卷烟工厂测试批掺配工序叶丝主秤物料累积量为 5356.23kg，主要掺配丝物料累积量为 268kg，设定掺配比例为 5%，则：

实际掺配比例 $K = \frac{268}{5356.23} \times 100\% = 5.0035\%$

总体掺配精度 $M = \frac{|5\% - 5.0035\%|}{5\%} \times 100\% = 0.0703\%$

2. 掺配比例变异系数

【评价目的】该指标为定量指标，用于评价掺配工序过程中物料掺配比例稳定性。

【数据采集】数据采集于中控系统，采样频率不大于30s。采集的数据为测试批物料掺配过程中，叶丝主秤及掺配量最大的掺配丝瞬时物料流量秤从生产开始到结束的完整原始数据。

【评价方法】根据第七章第一节中控数采数据截取规则对原始数据进行处理后，计算掺配比例变异系数。计算公式为：

$$C_v = \frac{\sigma}{\bar{x}} \times 100\%$$

式中：C_v 为掺配比例变异系数；

σ 为测试批瞬时掺配比例标准偏差；

$\bar{x}$ 为测试批瞬时掺配比例均值。

注：本项指标以掺配量最大的掺配丝作为计算数据。

【示例】参照松散回潮工序流量变异系数计算方法。

（二）加香工序流量变异系数

【评价目的】该指标为定量指标，用于评价加香工序过程中物料流量稳定性。

【数据采集】数据采集于中控系统，采样频率不大于 30s。采集的数据为测试批物料经过加香工序过程中，入口物料瞬时流量从生产开始到结束的完整原始数据。

【评价方法】根据第七章第一节中控数采数据截取规则对原始数据进行处理后，计算加香工序流量变异系数。计算公式为：

$$C_v = \frac{\sigma}{\bar{x}} \times 100\%$$

式中：C_v 为加香工序流量变异系数；

σ 为加香工序烟丝流量标准偏差；

$\bar{x}$ 为加香工序烟丝流量测量均值。

【示例】参照松散回潮工序流量变异系数计算方法。

（三）总体加香精度

【评价目的】该指标为定量指标，用于评价加香工序过程中加香精度。

【数据采集】数据采集于中控系统，采集的数据为测试批物料经过加香工序过程中，入口物料累计流量及加香料液累计流量。

【评价方法】测试批设定加香比例与实际加香比例之差的绝对值与设定加香比例的比值。计算公式为：

$$E = \frac{|K - K_{sp}|}{K_{sp}} \times 100\%$$

式中：E 为总体加香精度；

K 为实际加香比例；

K_{sp} 为设定加香比例。

实际加香比例 K 的计算公式为 $K = \frac{L}{C} \times 100\%$。其中，$L$ 为加香料液累计流量；C 为入口物料累计流量。

【示例】某卷烟工厂测试批加香工序物料累积量为 5751.49kg，加香料液累积量为 41.46kg，设定加香比例为 0.72%，则：

$$实际加香比例 K = \frac{41.46}{5751.49} \times 100\% = 0.7208\%$$

$$总体加香精度 E = \frac{|0.72\% - 0.7208\%|}{0.72\%} \times 100\% = 0.1143\%$$

（四）加香比例变异系数

【评价目的】该指标为定量指标，用于评价加香工序过程中加香比例稳定性。

【数据采集】数据采集于中控系统，采样频率不大于 30s。采集的数据为测试批物料经过加香工序过程中，加香瞬时比例（加香瞬时比例计算方法参照《卷烟工艺规范》2016 版）从生产开始到结束的完整原始数据。

【评价方法】根据第七章第一节中控数采数据截取规则对原始数据进行处理后，计算加香比例变异系数。计算公式为：

$$C_v = \frac{\sigma}{\bar{x}} \times 100\%$$

式中：C_v 为加香比例变异系数；

σ 为瞬时加香比例标准偏差；

$\bar{x}$ 为瞬时加香比例均值。

【示例】参照松散回潮工序流量变异系数计算方法。

四、成品烟丝质量控制能力

（一）烟丝含水率标准偏差

【评价目的】该指标为定量指标，用于评价加香工序过程中加香出口物料含水率稳定性。

【数据采集】数据采集于中控系统，采样频率不大于 30s。采集的数据为测试批物料经过加香工序过程中，出口物料含水率从生产开始到结束的完整原始数据。

【评价方法】根据第七章第一节中控数采数据截取规则对原始数据进行处理后，计算测试批烟丝含水率标准偏差。计算公式为：

$$\sigma = \sqrt{\frac{\sum_{i=1}^{n}(x_i - \bar{x})^2}{n-1}}$$

式中：σ 为烟丝含水率标准偏差；

x_i 为烟丝含水率的样本测量值；

n 为测量样本量；

$\bar{x}$ 为烟丝含水率测量均值。

【示例】 参照松散回潮出口物料含水率标准偏差计算方法。

（二）烟丝整丝率标准偏差

【评价目的】 该指标为定量指标，用于评价成品烟丝整丝率稳定性。

【数据采集】 按照《烟草整丝率、碎丝率的测定方法》（YC/T 178—2003）测定整丝率。

【评价方法】 按照 YC/T 178—2003 测定测试批整丝率，同时取测试批及同卷烟规格同一生产线测试前 30 个批次的历史数据，统计整丝率标准偏差。计算公式为：

$$\sigma = \sqrt{\frac{\sum_{i=1}^{n}(x_i - \bar{x})^2}{n-1}}$$

式中：σ 为烟丝整丝率标准偏差；

x_i 为烟丝整丝率样本测量值；

n 为测量样本量；

$\bar{x}$ 为烟丝整丝率测量均值。

【示例】 参照松散回潮出口物料含水率标准偏差计算方法。

（三）烟丝碎丝率标准偏差

【评价目的】 该指标为定量指标，用于评价成品烟丝碎丝率稳定性。

【数据采集】 按照 YC/T 178—2003，测定碎丝率。

【评价方法】 按照 YC/T 178—2003 测定测试批碎丝率，同时取测试批及同卷烟规格同一生产线测试前 30 个批次的历史数据，统计碎丝率标准偏差。计算公式为：

$$\sigma = \sqrt{\dfrac{\sum\limits_{i=1}^{n} \left(x_i - \bar{x} \right)^2}{n-1}}$$

式中：σ 为烟丝碎丝率标准偏差；

x_i 为烟丝碎丝率样本测量值；

n 为测量样本量；

$\bar{x}$ 为烟丝碎丝率测量均值。

【示例】参照松散回潮出口物料含水率标准偏差计算方法。

（四）烟丝填充值标准偏差

【评价目的】该指标为定量指标，用于评价成品烟丝填充值稳定性。

【数据采集】按照 YC/T 178—2003，测定填充值。

【评价方法】按照《卷烟烟丝填充值的测定》（YC/T 152—2001）测定测试批填充值，取测试批及同卷烟规格同一生产线测试前 30 个批次的历史数据，统计填充值标准偏差。计算公式为：

$$\sigma = \sqrt{\dfrac{\sum\limits_{i=1}^{n} \left(x_i - \bar{x} \right)^2}{n-1}}$$

式中：σ 为烟丝填充值标准偏差；

x_i 为烟丝填充值样本测量值；

n 为测量样本量；

$\bar{x}$ 为烟丝填充值测量均值。

【示例】参照松散回潮出口物料含水率标准偏差计算方法。

五、制梗丝过程能力

（一）梗丝加料总体加料精度

【评价目的】该指标为定量指标，用于评价梗丝加料工序过程中加料精度。

【数据采集】数据采集于中控系统，采集的数据为测试批物料经过梗丝加料工序过程中，入口物料累计流量及加料料液累计流量。

【评价方法】测试批设定加料比例与实际加料比例之差的绝对值与设定加料

比例的比值。计算公式为：

$$E = \frac{\left| K - K_{sp} \right|}{K_{sp}} \times 100\%$$

式中：E 为梗丝加料总体加料精度；

K 为实际加料比例；

K_{sp} 为设定加料比例。

实际加料比例 K 的计算公式为 $K = \dfrac{L}{C} \times 100\%$。其中，L 为加料料液累计流量；C 为入口物料累计流量。

【示例】某卷烟工厂测试批梗丝加料工序物料累积量为 2235.75kg，加料料液累积量为 74.89kg，设定加料比例为 3.35%，则：

$$实际加料比例 K = \frac{74.89}{2235.75} \times 100\% = 3.3497\%$$

$$总体加料精度 E = \frac{\left| 3.3497\% - 3.35\% \right|}{3.35\%} \times 100\% = 0.0101\%$$

（二）梗丝干燥工序流量变异系数

【评价目的】该指标为定量指标，用于评价梗丝干燥工序过程中物料流量稳定性。

【数据采集】数据采集于中控系统，采样频率不大于 30s。采集的数据为测试批物料经过梗丝干燥工序过程中，入口物料瞬时流量从生产开始到结束的完整原始数据。

【评价方法】根据第七章第一节中控数采数据截取规则对原始数据进行处理后，计算梗丝干燥工序流量变异系数。计算公式为：

$$C_v = \frac{\sigma}{\bar{x}} \times 100\%$$

式中：C_v 为梗丝干燥工序流量变异系数；

σ 为梗丝干燥工序梗丝流量标准偏差；

$\bar{x}$ 为梗丝干燥工序梗丝流量测量均值。

【示例】参照松散回潮工序流量变异系数计算方法。

（三）梗丝干燥出口物料温度标准偏差

【评价目的】该指标为定量指标，用于评价梗丝干燥工序过程中出口物料温度稳定性。

【数据采集】数据采集于中控系统，采样频率不大于30s。采集的数据为测试批物料经过梗丝干燥工序过程中，出口物料温度从生产开始到结束的完整原始数据。

【评价方法】根据第七章第一节中控数采数据截取规则对原始数据进行处理后，计算测试批梗丝干燥工序出料口物料温度的标准偏差。计算公式为：

$$\sigma = \sqrt{\frac{\sum\limits_{i=1}^{n}(x_i - \bar{x})^2}{n-1}}$$

式中：σ 为梗丝干燥出口物料温度标准偏差；

x_i 为梗丝干燥出口物料温度的样本测量值；

n 为测量样本量；

$\bar{x}$ 为梗丝干燥出口物料温度测量均值。

【示例】参照松散回潮出口物料含水率标准偏差计算方法。

（四）梗丝干燥出口物料含水率标准偏差

【评价目的】该指标为定量指标，用于评价梗丝干燥工序过程中出口物料含水率稳定性。

【数据采集】数据采集于中控系统，采样频率不大于30s。采集的数据为测试批物料经过梗丝干燥工序过程中，出料口或梗丝风选后物料含水率（以卷烟工厂工艺质量要求为准）从生产开始到结束的完整原始数据。

【评价方法】根据第七章第一节中控数采数据截取规则对原始数据进行处理后，计算测试批梗丝干燥工序物料含水率的标准偏差。计算公式为：

$$\sigma = \sqrt{\frac{\sum\limits_{i=1}^{n}(x_i - \bar{x})^2}{n}}$$

式中：σ 为梗丝干燥出口物料含水率标准偏差；

x_i 为梗丝干燥出口物料含水率的样本测量值；

n 为测量样本量；

$\bar{x}$ 为梗丝干燥出口物料含水率测量均值。

【示例】参照松散回潮出口物料含水率标准偏差计算方法。

（五）梗丝整丝率标准偏差

【评价目的】 该指标为定量指标，用于评价成品梗丝整丝率稳定性。

【数据采集】 按照 YC/T 178—2003 测定整丝率。

【评价方法】 取测试批同卷烟规格测试前 30 个批次的历史数据，统计梗丝整丝率标准偏差。计算公式为：

$$\sigma = \sqrt{\dfrac{\sum\limits_{i=1}^{n} \left(x_i - \bar{x} \right)^2}{n - 1}}$$

式中：σ 为梗丝整丝率标准偏差；

x_i 为梗丝整丝率的样本测量值；

n 为测量样本量；

$\bar{x}$ 为梗丝整丝率测量均值。

【示例】 参照松散回潮出口物料含水率标准偏差计算方法。

（六）梗丝碎丝率标准偏差

【评价目的】 该指标为定量指标，用于评价成品梗丝碎丝率稳定性。

【数据采集】 按照 YC/T 178—2003 测定碎丝率。

【评价方法】 取测试批同卷烟规格测试前 30 个批次的历史数据，统计梗丝碎丝率标准偏差。计算公式为：

$$\sigma = \sqrt{\dfrac{\sum\limits_{i=1}^{n} \left(x_i - \bar{x} \right)^2}{n - 1}}$$

式中：σ 为梗丝碎丝率标准偏差；

x_i 为梗丝碎丝率的样本测量值；

n 为测量样本量；

$\bar{x}$ 为梗丝碎丝率测量均值。

【示例】 参照松散回潮出口物料含水率标准偏差计算方法。

（七）梗丝填充值标准偏差

【评价目的】 该指标为定量指标，用于评价梗丝填充值稳定性。

【数据采集】 按照 YC/T 178—2003 测定填充值。

【评价方法】按照 YC/T 152—2001 测定测试批填充值，取测试批同卷烟规格测试前 30 个批次的历史数据，统计梗丝填充值标准偏差。计算公式为：

$$\sigma = \sqrt{\frac{\sum\limits_{i=1}^{n}(x_i - \overline{x})^2}{n-1}}$$

式中：σ 为梗丝填充值标准偏差；

x_i 为梗丝填充值的样本测量值；

n 为测量样本量；

$\overline{x}$ 为梗丝填充值的测量均值。

【示例】参照松散回潮出口物料含水率标准偏差计算方法。

六、叶丝膨胀（干冰或其他介质法）过程能力

（一）膨丝回潮出口物料含水率标准偏差

【评价目的】该指标为定量指标，用于评价膨胀烟丝回潮工序过程中出口物料含水率稳定性。

【数据采集】数据采集于中控系统，采样频率不大于 30s。采集的数据为测试批物料经过膨胀烟丝回潮工序过程中，膨丝回潮出口（或叶丝风选后）物料含水率从生产开始到结束的完整原始数据。

【评价方法】根据第七章第一节中控数采数据截取规则对原始数据进行处理后，计算测试批膨丝回潮出口物料含水率的标准偏差。计算公式为：

$$\sigma = \sqrt{\frac{\sum\limits_{i=1}^{n}(x_i - \overline{x})^2}{n-1}}$$

式中：σ 为膨丝回潮出口物料含水率标准偏差；

x_i 为膨丝回潮出口物料含水率的样本测量值；

n 为测量样本量；

$\overline{x}$ 为膨丝回潮出口物料含水率测量均值。

【示例】参照松散回潮出口物料含水率标准偏差计算方法。

（二）膨丝整丝率标准偏差

【评价目的】该指标为定量指标，用于评价成品膨丝整丝率稳定性。

【数据采集】采集烘膨丝后成品膨丝（1.0±0.1kg），按照 YC/T 178—2003，测定整丝率。

【评价方法】按照 YC/T 178—2003 测定测试批膨丝整丝率，同时取测试批同卷烟规格测试前 30 个批次的历史数据，统计膨丝整丝率标准偏差。计算公式为：

$$\sigma = \sqrt{\frac{\sum\limits_{i=1}^{n}(x_i - \bar{x})^2}{n-1}}$$

式中：σ 为膨丝整丝率标准偏差；

x_i 为膨丝整丝率的样本测量值；

n 为测量样本量；

$\bar{x}$ 为膨丝整丝率测量均值。

【示例】参照松散回潮出口物料含水率标准偏差计算方法。

（三）膨丝碎丝率标准偏差

【评价目的】该指标为定量指标，用于评价成品膨丝碎丝率稳定性。

【数据采集】采集烘膨丝后成品膨丝（1.0±0.1kg），按照 YC/T 178—2003 测定碎丝率。

【评价方法】取测试批同卷烟规格测试前 30 个批次的历史数据，统计膨丝碎丝率标准偏差。计算公式为：

$$\sigma = \sqrt{\frac{\sum\limits_{i=1}^{n}(x_i - \bar{x})^2}{n-1}}$$

式中：σ 为膨丝碎丝率标准偏差；

x_i 为膨丝碎丝率的样本测量值；

n 为测量样本量；

$\bar{x}$ 为膨丝碎丝率测量均值。

【示例】参照松散回潮出口物料含水率标准偏差计算方法。

（四）膨丝填充值标准偏差

【评价目的】该指标为定量指标，用于评价膨丝填充值稳定性。

【数据采集】采集烘膨丝后成品膨丝（≥1.0kg），按照 YC/T 152—2001 测定填充值。

【评价方法】取测试批及同卷烟规格同一生产线测试前 30 个批次的历史数据，统计膨丝填充值标准偏差。计算公式为：

$$\sigma = \sqrt{\frac{\sum\limits_{i=1}^{n}(x_i - \bar{x})^2}{n-1}}$$

式中：σ 为膨丝填充值标准偏差；

x_i 为膨丝填充值的样本测量值；

n 为测量样本量；

$\bar{x}$ 为膨丝填充值的测量均值。

【示例】参照松散回潮出口物料含水率标准偏差计算方法。

七、滤棒成型过程能力

（一）滤棒压降变异系数

【评价目的】该指标为定量指标，用于评价滤棒压降稳定性。

【数据采集】按照《卷烟和滤棒物理性能的测定》（GB/T 22838—2009）检测滤棒压降。随机抽取用于测试批卷烟的固化后滤棒，使用综合测试台检测。

【评价方法】随机抽取不少于 30 支测试批所用的滤棒（自产），逐支检测压降，计算滤棒压降变异系数。计算公式为：

$$C_v = \frac{\sigma}{\bar{x}} \times 100\%$$

式中：C_v 为滤棒压降变异系数；

σ 为滤棒压降标准偏差；

$\bar{x}$ 为滤棒压降测量均值。

【示例】参照松散回潮工序流量变异系数计算方法。

（二）滤棒长度变异系数

【评价目的】该指标为定量指标，用于评价滤棒长度稳定性。

【数据采集】按照 GB/T 22838—2009 检测滤棒长度。随机抽取用于测试批卷烟的固化后滤棒，使用综合测试台检测。

【评价方法】随机抽取不少于 30 支测试批所用的滤棒（自产），逐支检测长度，计算滤棒长度变异系数。计算公式为：

$$C_v = \frac{\sigma}{\bar{x}} \times 100\%$$

式中：C_v 为滤棒长度变异系数；

σ 为滤棒长度标准偏差；

$\bar{x}$ 为滤棒长度测量均值。

【示例】参照松散回潮工序流量变异系数计算方法。

（三）滤棒硬度变异系数

【评价目的】该指标为定量指标，用于评价滤棒硬度稳定性。

【数据采集】按照 GB/T 22838—2009 检测滤棒硬度。随机抽取用于测试批卷烟的固化后滤棒，使用综合测试台检测。

【评价方法】随机抽取不少于 30 支测试批所用的滤棒（自产），逐支检测硬度，计算滤棒硬度变异系数。计算公式为：

$$C_v = \frac{\sigma}{\bar{x}} \times 100\%$$

式中：C_v 为滤棒硬度变异系数；

σ 为滤棒硬度标准偏差；

$\bar{x}$ 为滤棒硬度测量均值。

【示例】参照松散回潮工序流量变异系数计算方法。

（四）滤棒圆度圆周比

【评价目的】该指标为定量指标，用于评价滤棒圆度的控制能力。

【数据采集】按照 GB/T 22838—2009 检测滤棒圆度、圆周。随机抽取用于测试批卷烟的固化后滤棒，使用综合测试台检测。

【评价方法】随机抽取不少于 30 支测试批所用的滤棒（自产），逐支检测圆度和圆周，计算滤棒圆度圆周比。计算公式为：

$$C_r = \frac{\overline{R}}{\overline{D}} \times 100\%$$

式中：C_r 为滤棒圆度圆周比；

$\overline{R}$ 为滤棒圆度均值；

$\overline{D}$ 为滤棒圆周均值。

【示例】某卷烟工厂测试批抽检的滤棒圆度均值为 0.19mm，圆周均值为 16.79mm，则：

$$滤棒圆度圆周比\ C_r = \frac{0.19}{16.79} \times 100\% = 1.14\%$$

（五）滤棒圆周变异系数

【评价目的】该指标为定量指标，用于评价滤棒圆周稳定性。

【数据采集】按照 GB/T 22838—2009 检测滤棒圆周。随机抽取用于测试批卷烟的固化后滤棒，使用综合测试台检测。

【评价方法】随机抽取不少于 30 支测试批所用的滤棒（自产），逐支检测圆周，计算滤棒圆周变异系数。计算公式为：

$$C_v = \frac{\sigma}{\overline{x}} \times 100\%$$

式中：C_v 为滤棒圆周变异系数；

σ 为滤棒圆周变异系数标准偏差；

$\overline{x}$ 为滤棒圆周测量均值。

【示例】参照松散回潮工序流量变异系数计算方法。

八、卷接包装过程能力

（一）无嘴烟支重量变异系数

【评价目的】该指标为定量指标，用于评价无嘴烟支重量稳定性。

【数据采集】优先利用卷烟机"随机取样"功能进行取样，随机抽取测试批无嘴烟支，每组卷包机组抽取不少于 30 支。

【评价方法】以随机取样方式，取测试批无嘴烟支不少于 30 支，逐支检测重量，计算无嘴烟支重量变异系数。计算公式为：

$$C_v = \frac{\sigma}{\bar{x}} \times 100\%$$

式中：C_v 为无嘴烟支重量变异系数；

σ 为无嘴烟支重量标准偏差；

$\bar{x}$ 为无嘴烟支重量的测量均值。

【示例】参照松散回潮工序流量变异系数计算方法。

（二）有嘴烟支吸阻变异系数

【评价目的】该指标为定量指标，用于评价有嘴烟支吸阻稳定性。

【数据采集】按照 GB/T 22838—2009 检测有嘴烟支吸阻。随机抽取测试批有嘴烟支，每组卷包机组抽取不少于 30 支，取样点为卷接机出口处，利用综合测试台进行检测。

【评价方法】随机抽取不少于 30 支测试批有嘴烟支，逐支检测吸阻，计算有嘴烟支吸阻变异系数。计算公式为：

$$C_v = \frac{\sigma}{\bar{x}} \times 100\%$$

式中：C_v 为有嘴烟支吸阻变异系数；

σ 为有嘴烟支吸阻标准偏差；

$\bar{x}$ 为有嘴烟支吸阻测量均值。

【示例】参照松散回潮工序流量变异系数计算方法。

（三）有嘴烟支圆周变异系数

【评价目的】该指标为定量指标，用于评价有嘴烟支圆周稳定性。

【数据采集】按照 GB/T 22838—2009 检测有嘴烟支圆周。随机抽取测试批有嘴烟支，每组卷包机组抽取不少于 30 支，取样点为卷接机出口处，利用综合测试台进行检测。

【评价方法】随机抽取不少于 30 支测试批有嘴烟支，逐支检测有嘴烟支圆周，计算有嘴烟支圆周变异系数。计算公式为：

$$C_v = \frac{\sigma}{\bar{x}} \times 100\%$$

式中：C_v 为有嘴烟支圆周变异系数；

σ 为有嘴烟支圆周标准偏差；

$\bar{x}$ 为有嘴烟支圆周测量均值。

【示例】参照松散回潮工序流量变异系数计算方法。

（四）卷接和包装的总剔除率

【评价目的】该指标为定量指标，用于评价卷包过程中损耗。

【数据采集】统计测试批物料生产的成品烟支数量、所有卷接机组剔除烟支数及所有包装机组剔除烟支数中损耗（不可利用烟支皆为损耗，不包括取样烟支）。

【评价方法】统计测试机组测试批卷接包装总剔除烟支数和卷烟机总生产支数，计算卷接和包装的总剔除率。计算公式为：

$$R_r = \frac{n_r}{N} \times 100\%$$

式中：R_r 为有嘴烟支圆周变异系数；

n_r 为测试机组测试批卷接包装总剔除烟支数有嘴烟支圆周标准偏差；

N 为测试机组总生产支数。

【示例】某卷烟工厂测试批物料生产的成品烟支数为 17390000 支，剔除支数为 228366 支，则：

$$卷接和包装的总剔除率 R_r = \frac{228366}{17390000} \times 100\% = 1.31\%$$

（五）目标重量极差

【评价目的】该指标为定量指标，用于评价卷包过程中无嘴烟支的机台间均一性。

【数据采集】按目标重量取样方式，取测试卷烟规格同机型所有机组的无嘴烟支，每机台取样 30 支。

【评价方法】根据各机台单支平均重量，计算机台间极差。计算公式为：

$$R = X_{max} - X_{min}$$

式中：R 为目标重量极差；

X_{max} 为各机台单支平均重量最大值；

X_{min} 为各机台单支平均重量最小值。

【示例】某卷烟工厂测试批抽检的各机台无嘴烟支平均重量分别为 384.27mg、388.63mg、393.27mg、395.37mg，则：

目标重量极差 R = 395.37 − 384.27 = 11.1（mg）

第二节　卷烟产品质量水平

一、卷制与包装质量水平

（一）烟支含水率标准偏差

【评价目的】该指标为定量指标，用于评价成品烟支含水率稳定性。

【数据采集】按照 GB/T 22838—2009 检测烟支含水率。统计与测试批相同卷烟规格的前 30 批次烟支含水率抽检结果。

【评价方法】取测试批同卷烟规格测试前 30 个批次的成品检测历史数据，统计含水率标准偏差。计算公式为：

$$\sigma = \sqrt{\frac{\sum\limits_{i=1}^{n}(x_i - \bar{x})^2}{n-1}}$$

式中：σ 为烟支含水率标准偏差；

x_i 为烟支含水率的样本测量值；

n 为测量样本量；

$\bar{x}$ 为烟支含水率测量均值。

【示例】参照松散回潮出口物料含水率标准偏差计算方法。

（二）烟支含末率变异系数

【评价目的】该指标为定量指标，用于评价成品烟支含末率稳定性。

【数据采集】按照 GB/T 22838—2009 检测烟支含末率。统计与测试批相同卷烟规格的前 30 批次烟支含末率抽检结果。

【评价方法】取测试批同卷烟规格测试前 30 个批次的成品检测历史数据，计算烟支含末率变异系数。计算公式为：

$$C_v = \frac{\sigma}{\bar{x}} \times 100\%$$

式中：C_v 为烟支含末率变异系数；

σ 为烟支含末率标准偏差；

$\bar{x}$ 为烟支含末率测量均值。

【示例】参照松散回潮工序流量变异系数计算方法。

（三）端部落丝量变异系数

【评价目的】该指标为定量指标，用于评价成品烟支总体端部落丝量水平。

【数据采集】按照 GB/T 22838—2009 检测端部落丝量。统计与测试批相同卷烟规格的前 30 批次烟支端部落丝量抽检结果。

【评价方法】取测试批同卷烟规格测试前 30 个批次的成品检测历史数据，计算端部落丝量变异系数。计算公式为：

$$C_v = \frac{\sigma}{\bar{x}} \times 100\%$$

式中：C_v 为端部落丝量变异系数；

σ 为端部落丝量标准偏差；

$\bar{x}$ 为端部落丝量测量均值。

【示例】参照松散回潮工序流量变异系数计算方法。

（四）烟支重量变异系数

【评价目的】该指标为定量指标，用于评价成品烟支重量稳定性。

【数据采集】按照 GB/T 22838—2009 检测测试批测试机组成品检测烟支重量。抽取测试批生产机组的成品烟支，每台机组不少于 2 盒（40 支）。

【评价方法】抽取测试批生产机组的成品烟支，每台机组不少于 2 盒（40 支）的测量值，计算烟支重量变异系数。计算公式为：

$$C_v = \frac{\sigma}{\bar{x}} \times 100\%$$

式中：C_v 为烟支重量变异系数；

σ 为烟支重量标准偏差；

$\bar{x}$ 为烟支重量测量均值。

【示例】参照松散回潮工序流量变异系数计算方法。

（五）烟支吸阻变异系数

【评价目的】该指标为定量指标，用于评价成品烟支吸阻稳定性。

【数据采集】按照 GB/T 22838—2009 检测测试批测试机组成品检测烟支吸阻。抽取测试批生产机组的成品烟支，每台机组不少于 2 盒（40 支）。

【评价方法】抽取测试批生产机组的成品烟支，每台机组不少于 2 盒（40 支）的测量值，计算烟支吸阻变异系数。计算公式为：

$$C_v = \frac{\sigma}{\bar{x}} \times 100\%$$

式中：C_v 为烟支吸阻变异系数；

σ 为烟支吸阻标准偏差；

$\bar{x}$ 为烟支吸阻测量均值。

【示例】参照松散回潮工序流量变异系数计算方法。

（六）烟支硬度变异系数

【评价目的】该指标为定量指标，用于评价成品烟支硬度稳定性。

【数据采集】按照 GB/T 22838—2009 检测测试批测试机组成品检测烟支硬度。抽取测试批生产机组的成品烟支，每台机组不少于 2 盒（40 支）。

【评价方法】抽取测试批生产机组的成品烟支，每台机组不少于 2 盒（40 支）的测量值，计算烟支硬度变异系数。计算公式为：

$$C_v = \frac{\sigma}{\bar{x}} \times 100\%$$

式中：C_v 为烟支硬度变异系数；

σ 为烟支硬度标准偏差；

$\bar{x}$ 为烟支硬度测量均值。

【示例】参照松散回潮工序流量变异系数计算方法。

（七）烟支圆周变异系数

【评价目的】该指标为定量指标，用于评价成品烟支圆周稳定性。

【数据采集】按照 GB/T 22838—2009 检测测试批测试机组成品检测烟支圆周。抽取测试批生产机组的成品烟支，每台机组不少于 2 盒（40 支）。

【评价方法】抽取测试批生产机组的成品烟支，每台机组不少于 2 盒（40 支）的测量值，计算烟支圆周变异系数。计算公式为：

$$C_v = \frac{\sigma}{\bar{x}} \times 100\%$$

式中：C_v 为烟支圆周变异系数；

σ 为烟支圆周标准偏差；

$\bar{x}$ 为烟支圆周测量均值。

【示例】参照松散回潮工序流量变异系数计算方法。

（八）卷制与包装质量得分

【评价目的】该指标为定量指标，用于评价卷制与包装质量。

【数据采集】查阅同卷烟规格最近一次上级质检部门卷烟产品质量抽检结果。

【评价方法】国家烟草专卖局组织上半年和下半年卷烟产品质量监督市场抽查和国家烟草质量监督检验中心、各省级烟草质检站等承担的卷烟产品质量监督市场抽查检验得分，取测试批同卷烟规格最近一次抽检得分。

【示例】某卷烟工厂测试批同卷烟规格最近一次抽检得分为 100 分。

二、烟气质量水平

（一）批内烟气焦油量变异系数

【评价目的】该指标为定量指标，用于评价批内烟气焦油量稳定性。

【数据采集】①样品制备：用生产过程中测试批烟丝卷制的卷烟，同机台、等时间间隔取样 n（n≥20）次，每次取样数量 40 支或 2 盒。样品不进行平衡、不挑选。②检测仪器与操作程序：焦油量按《卷烟用常规分析用吸烟机测定总粒相物和焦油》（GB/T 19609—2004）测定。

【评价方法】测试组数不少于 20 组。检测数值经检验剔除异常值，计算批内焦油量变异系数。计算公式为：

$$C_v = \frac{\sigma}{\bar{x}} \times 100\%$$

式中：C_v 为批内卷烟焦油量变异系数（%）；

σ 为批内卷烟焦油量标准偏差；

x̄ 为批内卷烟焦油量测量均值。

【示例】 参照松散回潮工序流量变异系数计算方法。

（二）批内烟气烟碱量变异系数

【评价目的】 该指标为定量指标，用于评价批内烟气烟碱量稳定性。

【数据采集】 ①样品制备：用生产过程中测试批烟丝卷制的卷烟，同机台、等时间间隔取样 n（n≥20）次，每次取样数量 40 支或 2 盒。样品不进行平衡、不挑选。②检测仪器与操作程序：烟气烟碱量按《卷烟总粒相物中烟碱的测定气相色谱法》（GB/T 23355—2009）测定。

【评价方法】 测试组数不少于 20 组。检测数值经检验剔除异常值，计算批内烟支烟碱量波动值。计算公式为：

$$C_v = \frac{\sigma}{\bar{x}}$$

式中：C_v 为批内卷烟烟碱量变异系数；

σ 为批内卷烟烟碱量标准偏差；

x̄ 为批内卷烟烟碱量测量均值。

【示例】 参照松散回潮工序流量变异系数计算方法。

（三）批内烟气 CO 量变异系数

【评价目的】 该指标为定量指标，用于评价批内烟气 CO 量稳定性。

【数据采集】 ①样品制备：用生产过程中测试批烟丝卷制的卷烟，同机台、等时间间隔取样 n（n≥20）次，每次取样数量 40 支或 2 盒。样品不进行平衡、不挑选。②检测仪器与操作程序：CO 量按《卷烟烟气气相中一氧化碳的测定非散射红外法》（GB/T 23356—2009）测定。

【评价方法】 测试组数不少于 20 组。计算批内烟气 CO 量变异系数。计算公式为：

$$C_v = \frac{\sigma}{\bar{x}}$$

式中：C_v 为批内烟气 CO 量变异系数；

σ 为批内烟气 CO 量标准偏差；

x̄ 为批内烟气 CO 量测量均值。

【示例】 参照松散回潮工序流量变异系数计算方法。

第三节 设备保障能力

一、设备稳定性

（一）制丝主线百小时故障停机次数

【评价目的】该指标为定量指标，用于评价生产线设备故障率。

【数据采集】故障停机包含设备原因、动能原因、人为原因和堵料等非预期停机。统计测试生产线制丝主线测试前3个月意外停机（非预期停机）次数，流量为0kg/h即为停机。

【评价方法】统计所测试制丝主生产线前3个月生产数据，计算百小时故障停机次数。计算公式为：

$$F_v = \frac{S}{T} \times 100\%$$

式中：F_v为制丝主线百小时故障停机次数；

S为各工段（烟片处理、制叶丝、掺配加香）故障停机总次数；

T为各工段加工时间总和（小时）。

【示例】某卷烟工厂测试制丝主生产线前3个月各工段加工时间总和为1223.3小时，意外停机次数为4次，则：

$$制丝主线百小时故障停机次数 F_v = \frac{S}{T} \times 100 = \frac{4}{1223.3} \times 100 = 0.33（次/百小时）$$

（二）卷接包设备有效作业率

【评价目的】该指标为定量指标，用于评价卷接包设备有效作业率。

【数据采集】额定能力按工艺质量要求计算，若无规定，按实际车速计算。随机选取一套卷制测试批的卷包机组，统计其测试前一周实际产量与实际生产时间。

【评价方法】计算公式为：

$$R_e = \frac{EC}{RC} \times 100\%$$

式中：R_e 为卷接包设备有效作业率；

EC 为测试前一周该机组实际产能；

RC 为设备额定产能。

【示例】某卷烟工厂某卷接包机组，测试前一周实际产量 4490 万支，额定产能为 4676 万支，则：

$$卷接包设备有效作业率 R_e = \frac{EC}{RC} \times 100\% = \frac{4490}{4676} \times 100\% = 96.02\%$$

（三）滤棒成型设备有效作业率

【评价目的】该指标为定量指标，用于评价滤棒成型设备有效作业率。

【数据采集】产能以米/分钟计算；额定能力按工艺质量要求计算，若无规定，按实际车速计算。随机选取一套滤棒成型机组，统计其测试前一周实际产量与实际生产时间，根据实际生产时间计算其额定产能。

【评价方法】计算公式为：

$$R_e = \frac{EC}{RC} \times 100\%$$

式中：F_e 为滤棒成型设备有效作业率；

EC 为测试前一周该机组实际产能；

RC 为设备额定产能。

【示例】某卷烟工厂某滤棒成型机组，测试前一周实际产量 1165.1 万支，额定产能为 1337.5 万支，则：

$$滤棒成型设备有效作业率 R_e = \frac{EC}{RC} \times 100\% = \frac{1165.1}{1337.5} \times 100\% = 87.11\%$$

二、非稳态指数

（一）松散回潮非稳态指数

【评价目的】该指标为定量指标，用于评价松散回潮出口含水率不合格率。

【数据采集】非稳态时间指生产过程中工序出口含水率超出指标期望范围持

续的时间。数据采集于中控系统，采样频率不大于 30s。采集的数据为测试批物料经过松散回潮工序过程中，出口含水率从生产开始到结束的完整原始数据，经过非稳态数据处理规则后，统计非稳态时间。

工序非稳态时间用工序出口水分仪采集数据作为数据源，判断出工序的料头、料尾及过程超出指标期望范围（一般指工艺质量部门下达的含水率质量指标范围）时长之和作为非稳态时间。计算公式如下：

$$T_u = T_1 + T_2$$

式中：T_u 为工序生产非稳态时间（s），即非稳态数据个数乘以采样周期；

T_1 为批高于指标期望值累计时长（s），即在线水分仪数据有效且超出指标允差上限范围外的数据数量乘以采样周期；

T_2 为批低于指标期望值累计时长（s），即在线水分仪数据有效且超出指标允差下限范围外的数据数量乘以采样周期。

【评价方法】根据第七章第一节中控数采数据截取规则对原始数据进行处理后，计算松散回潮非稳态指数，计算公式为：

$$I_u = \frac{T_u}{T} \times 100\%$$

式中：I_u 为松散回潮非稳态指数；

T_u 为工序生产非稳态时间；

T 为加工总时间。

【示例】某卷烟工厂松散回潮出口含水率根据第七章第一节中控数采数据截取规则处理后，非稳态时间为 42s，总生产时间为 1650s，则：

$$非稳态指数 I_u = \frac{T_u}{T} \times 100\% = \frac{42}{1650} \times 100\% = 2.55\%$$

（二）烟片（叶丝）加料非稳态指数

【评价目的】该指标为定量指标，用于评价烟片（叶丝）加料出口含水率不合格率。

【数据采集】数据采集于中控系统，采样频率不大于 30s。采集的数据为测试批物料经过烟片（叶丝）加料工序过程中，出口含水率从生产开始到结束的完整原始数据，经过非稳态数据处理规则后，统计非稳态时间。

工序非稳态时间用工序出口水分仪采集数据作为数据源，判断出工序的料头、料尾及过程超出指标期望范围（一般指工艺质量部门下达的含水率质量指标范围）时长之和作为非稳态时间。计算公式如下：

$$T_u = T_1 + T_2$$

式中：T_u 为工序生产非稳态时间（s），即非稳态数据个数乘以采样周期；

T_1 为批高于指标期望值累计时长（s），即在线水分仪数据为有效且超出指标允差上限范围外的数据数量乘以采样周期；

T_2 为批低于指标期望值累计时长（s），即在线水分仪数据为有效且超出指标允差下限范围外的数据数量乘以采样周期。

【评价方法】根据第七章第一节中控数采数据截取规则对原始数据进行处理后，计算烟片（叶丝）加料非稳态指数，计算公式为：

$$I_u = \frac{T_u}{T} \times 100\%$$

式中：I_u 为烟片（叶丝）加料非稳态指数；

T_u 为工序生产非稳态时间；

T 为加工总时间。

【示例】参照松散回潮非稳态指数计算方法。

（三）叶丝干燥非稳态指数

【评价目的】该指标为定量指标，用于评价叶丝干燥出口含水率不合格率。

【数据采集】数据采集于中控系统，采样频率不大于 30s。采集的数据为测试批物料经过叶丝干燥工序过程中，出口含水率从生产开始到结束的完整原始数据，经过非稳态数据处理规则后，统计非稳态时间。

工序非稳态时间用工序出口水分仪采集数据作为数据源，判断出工序的料头、料尾及过程超出指标期望范围（一般指工艺质量部门下达的含水率质量指标范围）时长之和作为非稳态时间。计算公式如下：

$$T_u = T_1 + T_2$$

式中：T_u 为工序生产非稳态时间（s），即非稳态数据个数乘以采样周期；

T_1 为批高于指标期望值累计时长（s），即在线水分仪数据有效且超出指标允差上限范围外的数据数量乘以采样周期；

T_2 为批低于指标期望值累计时长（s），即在线水分仪数据有效且超出指标允差下限范围外的数据数量乘以采样周期。

【评价方法】根据第七章第一节中控数采数据截取规则对原始数据进行处理后，计算叶丝干燥非稳态指数，计算公式为：

$$I_u = \frac{T_u}{T} \times 100\%$$

式中：I_u 为叶丝干燥非稳态指数；

T_u 为工序生产非稳态时间；

T 为加工总时间。

【示例】参照松散回潮非稳态指数计算方法。

第四节 公辅配套保障能力

本节主要从蒸汽质量、真空质量、压缩空气质量、工艺水质量、关键区域环境温湿度稳定性五个方面对公辅配套保障能力进行评价。其中，关键区域环境温湿度选取了贮叶环境、贮丝环境、卷接包环境和辅料平衡库环境等关键区域的温湿度。

一、蒸汽质量

蒸汽质量包含蒸汽压力标准偏差、蒸汽过热度极差两个指标。

（一）蒸汽压力标准偏差

【评价目的】该项指标为定量指标，用于评价叶丝干燥环节公辅系统供应蒸汽压力的稳定性。

【数据采集】检测位置为叶丝干燥设备入口处的蒸汽管道。在实际操作中，很多卷烟工厂未在此处设置压力表，可在制丝分汽缸处采集蒸汽压力数据。数据采集于能管系统或就地压力表，采集的数据为测试批物料经过叶丝干燥环节从开始到结束的蒸汽压力数据。采集频率为 1 分钟一次。

【评价方法】测试批叶丝干燥蒸汽供汽压力的标准偏差，样本量不少于 30。计算公式为：

$$\sigma = \sqrt{\frac{\sum\limits_{i=1}^{n}(x_i - \bar{x})^2}{n-1}}$$

式中：σ 为蒸汽压力标准偏差；

x_i 为蒸汽压力的样本测量值；

n 为测量样本量；

$\bar{x}$ 为蒸汽压力测量均值。

【示例】参照松散回潮出口物料含水率标准偏差计算方法。

（二）蒸汽过热度极差

【评价目的】该项指标为定量指标，用于评价叶丝干燥环节公辅系统供应蒸汽温度的偏离范围。

【数据采集】检测位置为叶丝干燥设备入口处的蒸汽管道。实际操作中，很多卷烟工厂未在此处设置压力表和温度计，可在制丝分汽缸处采集蒸汽压力和温度数据。数据采集于能源管理系统或就地压力表、温度计，采集的数据为测试批物料经过叶丝干燥环节从开始到结束的蒸汽压力和温度数据。采集频率为 1 分钟一次。

【评价方法】采集 30 组蒸汽压力和蒸汽温度，蒸汽压力由表压换算为绝对压力。根据"饱和水和饱和蒸汽的热力性质（按压力排列）"［《水和水蒸气热力性质图表》（第 4 版）表 2］，利用线性插值法计算第 2 步对应的蒸汽压力下的饱和蒸汽温度，然后计算过热度。计算公式为：

$$T_{sh} = T - T_s$$

式中：T_{sh} 为蒸汽过热度；

T 为蒸汽温度；

T_s 为饱和蒸汽温度。

计算 30 组样本的蒸汽过热度后，找出其中的最大值、最小值，计算过热度极差。计算公式为：

$$R = T_{shmax} - T_{shmin}$$

式中：R 为蒸汽过热度极差；

T_{shmax} 为蒸汽过热度最大值；

T_{shmin} 为蒸汽过热度最小值。

【示例】某厂的叶丝干燥环节蒸汽供汽的测试数据如表 3-2 所示。

表 3-2 某厂的叶丝干燥环节蒸汽供汽的测试数据

样本序号	烘丝机用蒸汽压力（bar）	烘丝机用蒸汽温度（℃）	烘丝机用蒸汽绝对压力（bar）	饱和蒸汽温度（℃）	过热度（℃）
1	9.99	186.9	1.099	184.029	2.871
2	9.97	186	1.097	183.949	2.051
3	9.99	186.8	1.099	184.029	2.771
4	9.99	187.4	1.099	184.029	3.371
5	9.98	185.3	1.098	183.989	1.311
6	9.94	186.4	1.094	183.827	2.573
7	9.94	186.6	1.094	183.827	2.773
8	9.94	186.8	1.094	183.827	2.973
9	9.94	186.8	1.094	183.827	2.973
10	9.96	186.2	1.096	183.908	2.292
11	9.97	185.6	1.097	183.949	1.651
12	9.93	186.5	1.093	183.787	2.713
13	9.93	186.3	1.093	183.787	2.513
14	9.94	186.6	1.094	183.827	2.773
15	9.94	186.2	1.094	183.827	2.373
16	9.89	187.5	1.089	183.624	3.876
17	9.89	187.4	1.089	183.624	3.776
18	9.88	187.4	1.088	183.584	3.816
19	9.89	187.3	1.089	183.624	3.676
20	9.94	186.5	1.094	183.827	2.673
21	9.94	186.6	1.094	183.827	2.773
22	9.92	186.1	1.092	183.746	2.354
23	9.93	186.4	1.093	183.787	2.613
24	9.92	186.4	1.092	183.746	2.654
25	9.92	186.8	1.092	183.746	3.054
26	9.92	185.9	1.092	183.746	2.154
27	9.91	186.2	1.091	183.706	2.494
28	9.90	185.8	1.09	183.665	2.135
29	9.92	185.6	1.092	183.746	1.854
30	9.92	185.6	1.092	183.746	1.854

从表 3-2 中可以看到，过热度的最大值为 3.876℃，过热度的最小值为 1.311℃，则过热度极差 $R = T_{shmax} - T_{shmin} = 3.876℃ - 1.311℃ = 2.565℃$。

二、真空质量

其四级指标为真空压力变异系数，介绍如下：

【评价目的】该指标为定量指标，用于评价卷包车间真空系统的稳定性。

【数据采集】检测位置为真空缓冲罐的真空表。数据采集于能管系统或就地真空表，采集的数据为测试批物料经过卷包环节从开始到结束的真空压力数据。采集频率为 10 分钟一次。

【评价方法】样本量不少于 30 个。计算真空压力变异系数。计算公式为：

$$C_v = \frac{\sigma}{\bar{x}}$$

式中：C_v 为真空压力变异系数；

σ 为测试批真空缓冲罐出口真空压力的标准偏差；

$\bar{x}$ 为测试批真空缓冲罐出口真空压力的测量均值。

【示例】参照松散回潮工序流量变异系数计算方法。

三、压缩空气质量

其四级指标为压缩空气压力标准偏差，介绍如下：

【评价目的】该指标为定量指标，用于评价烟丝加香环节公辅系统供应压缩空气压力的稳定性。

【数据采集】检测位置为烟丝加香设备入口处的压缩空气管道。实际操作中，很多卷烟工厂未在此处设置压力表，可在压缩空气分气缸获取压缩空气压力。数据采集于能管系统或就地压力表，采集的数据为测试批物料经过烟丝加香环节从开始到结束的压缩空气压力数据。采集频率为 1 分钟一次。

【评价方法】测试批烟丝加香压缩空气供气压力的标准偏差，样本量不少于 30。计算公式为：

$$\sigma = \sqrt{\frac{\sum_{i=1}^{n} (x_i - \bar{x})^2}{n - 1}}$$

式中：σ 为压缩空气压力标准偏差；

x_i 为压缩空气压力的样本测量值；

n 为测量样本量；

x̄ 为压缩空气压力测量均值。

【示例】参照松散回潮出口物料含水率标准偏差计算方法。

四、工艺水质量

工艺水质量包含工艺水压力标准偏差和工艺水硬度两个指标。

（一）工艺水压力标准偏差

【评价目的】该指标为定量指标，用于评价真空回潮环节公辅系统供应工艺水压力的稳定性。

【数据采集】检测位置为松散回潮设备入口处的工艺水管道。数据采集于能管系统或就地压力表，采集的数据为测试批物料经过松散回潮环节从开始到结束的工艺水压力数据。采集频率为 1 分钟一次。

【评价方法】测试批松散回潮工艺水供水压力标准偏差，样本量不少于 30。计算公式为：

$$\sigma = \sqrt{\frac{\sum_{i=1}^{n} (x_i - \bar{x})^2}{n-1}}$$

式中：σ 为工艺水压力标准偏差；

x_i 为工艺水压力的样本测量值；

n 为测量样本量；

x̄ 为工艺水压力测量均值。

【示例】参照松散回潮出口物料含水率标准偏差计算方法。

（二）工艺水硬度

【评价目的】该指标为定量指标，用于评价真空回潮环节公辅系统供应工艺水水质是否合格。

【数据采集】检测位置为松散回潮设备入口处的工艺水管道。数据采集于化验室的检测结果，采集的数据为测试批物料经过松散回潮环节工艺水压力稳定时抽样检测。

【评价方法】工艺用水点采样测定水硬度（以 $CaCO_3$ 计）。

【示例】某卷烟工厂测试期间松散回潮工艺水供水的硬度为 0.024mg/L。

五、关键区域环境温湿度稳定性

关键区域环境温湿度稳定性主要选取了贮叶区域、贮丝区域、卷接包区域、辅料平衡库区域的环境温湿度。

（一）贮叶环境温度标准偏差

【评价目的】该指标为定量指标，用于评价贮叶区域环境温度的时间维度和空间维度的综合稳定性。

【数据采集】数据采集于能管系统，采样频率不大于 10 分钟。采集的数据为测试批物料在贮叶区域贮存时，该区域内各温度测试点从开始到结束的完整原始数据。温度测试点应不少于 5 个，位置应分散均匀。单个测试点的样本量不少于 30。

【评价方法】以测试批贮叶期间贮叶区域内，单个测试点采集到的单点温度值作为统计样本量，计算所有统计样本量的标准偏差。计算公式为：

$$\sigma = \sqrt{\frac{\sum_{i=1}^{n}(x_i - \bar{x})^2}{n-1}}$$

式中：σ 为贮叶环境温度标准偏差；

x_i 为贮叶环境温度的样本测量值；

n 为测量样本量；

$\bar{x}$ 为贮叶环境温度测量均值。

【示例】某厂的测试批贮叶期间贮叶区域内环境温度值如表 3-3 所示。

根据表 3-3 数据，$N = 180$，$\bar{x} = 30.329℃$，则：

某卷烟工厂贮叶区域内的环境温度标准偏差 $\sigma = \sqrt{\dfrac{\sum_{i=1}^{n}(x_i - \bar{x})^2}{n-1}} =$

$\sqrt{\dfrac{\sum_{i=1}^{n}(x_i - 30.329)^2}{180-1}} = 0.295$

表 3-3　某厂的测试批贮叶期间贮叶区域内环境温度值　　　　　单位：℃

样本序号	1#测试点温度	2#测试点温度	3#测试点温度	4#测试点温度	5#测试点温度	6#测试点温度
时间 1	30.3	30.2	30	30.7	30.2	30.6
时间 2	30.4	30.2	30	30.7	30.2	30.6
时间 3	30.4	30.3	30.1	30.7	30.2	30.5
时间 4	30.3	30.2	30	30.9	30.2	30.4
时间 5	30.3	30.1	30.1	30.7	30.2	30.4
时间 6	30.3	30.2	30	30.7	30.3	30.3
时间 7	30.3	30.2	30	30.8	30.2	30.2
时间 8	30.3	30.1	30	31	30.2	30.2
时间 9	30.3	30.1	29.9	31	30.3	30.2
时间 10	30.2	30.1	29.9	31	30.3	30.2
时间 11	30.2	30.1	29.9	30.9	30.3	30.1
时间 12	30.2	30.1	29.9	30.9	30.3	30.1
时间 13	30.2	30.2	29.9	30.9	30.3	30.1
时间 14	30.2	30.1	29.9	30.9	30.3	30.1
时间 15	30.2	30.2	29.9	30.9	30.3	30.1
时间 16	30.2	30.1	29.9	30.9	30.3	30.1
时间 17	30.2	30.1	29.9	30.9	30.3	30.1
时间 18	30.3	30.1	29.9	30.8	30.3	30.1
时间 19	30.3	30.1	29.9	30.8	30.4	30.1
时间 20	30.3	30.2	29.9	30.8	30.5	30.1
时间 21	30.5	30.4	29.9	31	30.6	30.2
时间 22	30.5	30.4	29.9	30.7	30.5	30.1
时间 23	30.4	30.4	29.9	30.8	30.3	30.1
时间 24	30.5	30.5	29.9	30.8	30.4	30.3
时间 25	30.5	30.6	29.9	31	30.3	30.4
时间 26	30.5	30.5	29.9	30.7	30.2	30.4
时间 27	30.5	30.5	29.9	30.9	30.4	30.4
时间 28	30.5	30.5	30	30.7	30.4	30.4
时间 29	30.6	30.6	30	30.8	30.5	30.4
时间 30	30.6	30.6	29.9	30.8	30.5	30.4

（二）贮叶环境湿度标准偏差

【评价目的】该指标为定量指标，用于评价贮叶区域环境湿度时间维度和空间维度的综合稳定性。

【数据采集】数据采集于能管系统，采样频率不大于 10 分钟。采集的数据为测试批物料在贮叶区域贮存时，该区域内各湿度测试点从开始到结束的完整原始数据。湿度测试点应不少于 5 个，位置应分散均匀。单个测试点的样本量不少于 30。

【评价方法】以测试批贮叶期间贮叶区域内，单个测试点采集到的单点湿度值作为统计样本量，样本量不少于 30，计算所有统计样本量的标准偏差。计算公式为：

$$\sigma = \sqrt{\frac{\sum\limits_{i=1}^{n}(x_i - \bar{x})^2}{n-1}}$$

式中：σ 为贮叶环境湿度标准偏差；

x_i 为贮叶环境湿度的样本测量值；

n 为测量样本量；

$\bar{x}$ 为贮叶环境湿度测量均值。

【示例】参照贮叶环境温度标准偏差计算方法。

（三）贮丝环境温度标准偏差

【评价目的】该指标为定量指标，用于评价贮丝区域环境温度时间维度和空间维度的综合稳定性。

【数据采集】数据采集于能管系统，采样频率不大于 10 分钟。采集的数据为测试批物料在贮丝区域贮存时，该区域内各温度测试点从开始到结束的完整原始数据。温度测试点应不少于 5 个，位置应分散均匀。单个测试点的样本量不少于 30。

【评价方法】以测试批贮丝期间贮丝区域内，单个测试点采集到的单点温度值作为统计样本量，样本量不少于 30，计算所有统计样本量的标准偏差。计算公式为：

$$\sigma = \sqrt{\dfrac{\sum\limits_{i=1}^{n} (x_i - \bar{x})^2}{n-1}}$$

式中：σ 为贮丝环境温度标准偏差；

x_i 为贮丝环境温度的样本测量值；

n 为测量样本量；

$\bar{x}$ 为贮丝环境温度测量均值。

【示例】参照贮叶环境温度标准偏差计算方法。

（四）贮丝环境湿度标准偏差

【评价目的】该指标为定量指标，用于评价贮丝区域环境湿度时间维度和空间维度的综合稳定性。

【数据采集】数据采集于能管系统，采样频率不大于 10 分钟。采集的数据为测试批物料在贮丝区域贮存时，该区域内各湿度测试点从开始到结束的完整原始数据。湿度测试点应不少于 5 个，位置应分散均匀。单个测试点的样本量不少于 30。

【评价方法】以测试批贮丝期间贮丝区域内，单个测试点采集到的单点湿度值作为统计样本量，样本量不少于 30，计算所有统计样本量的标准偏差。计算公式为：

$$\sigma = \sqrt{\dfrac{\sum\limits_{i=1}^{n} (x_i - \bar{x})^2}{n-1}}$$

式中：σ 为贮丝环境湿度标准偏差；

x_i 为贮丝环境湿度的样本测量值；

n 为测量样本量；

$\bar{x}$ 为贮丝环境湿度测量均值。

【示例】参照贮叶环境温度标准偏差计算方法。

（五）卷接包环境温度标准偏差

【评价目的】该指标为定量指标，用于评价卷接包区域环境温度时间维度和空间维度的综合稳定性。

【数据采集】数据采集于能管系统，采样频率不大于 10 分钟。采集的数据为测试批物料在卷接包区域生产时，该区域内各温度测试点从开始到结束的完整原始数据。温度测试点应不少于 5 个，位置应分散均匀。单个测试点的样本量不少于 30。

【评价方法】以测试批卷接包生产期间卷接包区域内，单个测试点采集到的单点温度值作为统计样本量，样本量不少于 30，计算所有统计样本量的标准偏差。计算公式为：

$$\sigma = \sqrt{\frac{\sum\limits_{i=1}^{n} (x_i - \bar{x})^2}{n - 1}}$$

式中：σ 为卷接包环境温度标准偏差；

x_i 为卷接包环境温度的样本测量值；

n 为测量样本量；

$\bar{x}$ 为卷接包环境温度测量均值。

【示例】参照贮叶环境温度标准偏差计算方法。

（六）卷接包环境湿度标准偏差

【评价目的】该指标为定量指标，用于评价卷接包区域环境湿度时间维度和空间维度的综合稳定性。

【数据采集】数据采集于能管系统，采样频率不大于 10 分钟。采集的数据为测试批物料在卷接包区域生产时，该区域内各湿度测试点从开始到结束的完整原始数据。湿度测试点应不少于 5 个，位置应分散均匀。单个测试点的样本量不少于 30。

【评价方法】以测试批卷接包生产期间卷接包区域内，单个测试点采集到的单点湿度值作为统计样本量，样本量不少于 30，计算所有统计样本量的标准偏差。计算公式为：

$$\sigma = \sqrt{\frac{\sum\limits_{i=1}^{n} (x_i - \bar{x})^2}{n - 1}}$$

式中：σ 为卷接包环境湿度标准偏差；

x_i 为卷接包环境湿度的样本测量值；

n 为测量样本量；

$\bar{x}$ 为卷接包环境湿度测量均值。

【示例】参照贮叶环境温度标准偏差计算方法。

(七) 辅料平衡库环境温度标准偏差

【评价目的】该指标为定量指标，用于评价辅料平衡库区域环境温度时间维度和空间维度的综合稳定性。

【数据采集】数据采集于能管系统，采样频率不大于 10 分钟。采集的数据为测试批物料卷接包生产期间辅料平衡库区域内，各温度测试点从开始到结束的完整原始数据。温度测试点应不少于 5 个，位置应分散均匀。单个测试点的样本量不少于 30。

【评价方法】以测试批卷接包生产期间辅料平衡库区域内，单个测试点采集到的单点温度值作为统计样本量，计算所有统计样本量的标准偏差。计算公式为：

$$\sigma = \sqrt{\frac{\sum_{i=1}^{n}(x_i - \bar{x})^2}{n-1}}$$

式中：σ 为辅料平衡库环境温度标准偏差；

x_i 为辅料平衡库环境温度样本测量值；

n 为测量样本量；

$\bar{x}$ 为辅料平衡库环境温度测量均值。

【示例】参照贮叶环境温度标准偏差计算方法。

(八) 辅料平衡库环境湿度标准偏差

【评价目的】该指标为定量指标，用于评价辅料平衡库区域环境湿度时间维度和空间维度的综合稳定性。

【数据采集】数据采集于能管系统，采样频率不大于 10 分钟。采集的数据为测试批物料卷接包生产期间辅料平衡库区域内，各湿度测试点从开始到结束的完整原始数据。湿度测试点应不少于 5 个，位置应分散均匀。单个测试点的样本量不少于 30。

【评价方法】以测试批卷接包生产期间辅料平衡库区域内，单个测试点采集到的单点湿度值作为统计样本量，样本量不少于 30，计算所有统计样本量的标准偏差。计算公式为：

$$\sigma = \sqrt{\dfrac{\sum\limits_{i=1}^{n} (x_i - \bar{x})^2}{n - 1}}$$

式中：σ 为辅料平衡库环境湿度标准偏差；

x_i 为辅料平衡库环境湿度的样本测量值；

n 为测量样本量；

$\bar{x}$ 为辅料平衡库环境湿度测量均值。

【示例】参照贮叶环境温度标准偏差计算方法。

第四章 生产效能水平指标解析

生产效能水平的评价指标包括卷包设备运行效率、制丝综合有效作业率、设备运行维持费用、原材料利用效率、能源利用效率、在岗职工人均劳动生产率 6 个二级指标，卷接包设备运行效率等 12 个三级指标和耗丝偏差率等 11 个四级指标。评价指标体系及指标权重见表 4-1。

表 4-1　生产效能水平评价指标体系及指标权重

一级指标/权重	二级指标/权重	三级指标/权重	四级指标/权重
2 生产效能水平/0.25	2.1 卷包设备运行效率/0.20	2.1.1 卷接包设备运行效率/0.80	—
		2.1.2 滤棒成型设备运行效率/0.15	—
		2.1.3 超龄卷接包设备运行效率/0.05	—
	2.2 制丝综合有效作业率/0.10	2.2.1 烟片处理综合有效作业率/0.35	—
		2.2.2 制叶丝综合有效作业率/0.35	—
		2.2.3 掺配加香综合有效作业率/0.30	—
	2.3 设备运行维持费用/0.10	2.3.1 单位产量设备维持费用/1.00	—

一级指标/权重	二级指标/权重	三级指标/权重	四级指标/权重
2 生产效能水平/0.25	2.4 原材料利用效率/0.30	2.4.1 原料消耗/0.55	2.4.1.1 耗丝偏差率/0.40
			2.4.1.2 出叶丝率/0.40
			2.4.1.3 出梗丝率/0.10
			2.4.1.4 出膨丝率/0.10
		2.4.2 卷烟材料消耗/0.45	2.4.2.1 单箱耗嘴棒量/0.40
			2.4.2.2 单箱耗卷烟纸量/0.30
			2.4.2.3 单箱耗商标纸（小盒）量/0.30
	2.5 能源利用效率/0.20	2.5.1 单位产量综合能耗/0.50	—
		2.5.2 耗水量/0.20	—
		2.5.3 动力设备运行能效/0.30	2.5.3.1 锅炉系统煤汽比/0.30
			2.5.3.2 压缩空气系统电气比/0.30
			2.5.3.3 制冷系统性能系数/0.30
			2.5.3.4 配电系统节能技术应用/0.10
	2.6 在岗职工人均劳动生产率/0.10	—	—

第一节　卷接包设备运行效率

一、卷接包设备运行效率

【评价目的】该指标为定量指标，用于评价卷接包设备历史运行效率。

【数据采集】随机选取参与卷制测试批物料的卷包机组，统计同型号卷接包设备报告期产量及实际生产时间，根据实际生产时间计算额定产能，计算结果以卷接设备和包装设备中效率较低的为准。

【评价方法】以卷接包联机中卷接或包装额定产能较低的作为基准，计算卷接包设备运行效率。

（1）卷接设备运行效率计算公式如下：

$$\eta_C = \frac{\sum\limits_{i=1}^{n} Q_{i实际}}{\sum\limits_{i=1}^{n} Q_{i报告期实际生产天数额定产能}} \times 100\%$$

$$Q_{i报告期实际生产天数额定产能} = \sum\limits_{j=1}^{m} T_j \times S_i$$

式中：η_C 为卷接设备运行效率；

n 为卷接设备数量；

$Q_{i实际}$ 为第 i 台卷接设备实际卷烟产量；

$Q_{i报告期实际生产天数额定产能}$ 为报告期第 i 台卷接设备实际生产天数额定产能；

m 为第 i 台卷接设备实际生产天数；

T_j 为第 j 天排产班次累计时间，排产班次累计排产时间（分钟）= 制度工时（分钟）- 生产计划提前完成停机时间（分钟）- 换牌时间（分钟）- 试制生产时间（分钟）- 外部因素停机时间（分钟）- 停机就餐时间（分钟）- 保养时间（分钟）；

S_i 为第 i 台卷接设备的铭牌速度（经过改造、项修或大修等方式修改了设备铭牌速度的卷烟工业企业，依据中国烟草机械集团有限责任公司相关规定，按照调整后的铭牌速度计算）。

（2）包装设备计算公式如下：

$$\eta_p = \frac{\sum\limits_{i=1}^{n} Q_{i实际}}{\sum\limits_{i=1}^{n} Q_{i报告期实际生产天数额定产能}} \times 100\%$$

$$Q_{i实际生产天数额定产能} = \sum\limits_{j=1}^{m} T_j \times S_i$$

式中：η_p 为包装设备运行效率；

n 为包装设备数量；

$Q_{i实际}$ 为第 i 台包装设备实际卷烟产量；

$Q_{i报告期实际生产天数额定产能}$ 为报告期第 i 台包装设备实际生产天数额定产能；

m 为第 i 台包装设备实际生产天数；

T_j 为第 j 天排产班次累计时间，排产班次累计排产时间（分钟）＝制度工时（分钟）－生产计划提前完成停机时间（分钟）－换牌时间（分钟）－试制生产时间（分钟）－外部因素停机时间（分钟）－停机就餐时间（分钟）－保养时间（分钟）；

S_i 为第 i 台包装设备的铭牌速度（经过改造、项修或大修等方式修改了设备铭牌速度的卷烟工业企业，依据中国烟草机械集团有限责任公司相关规定，按照调整后的铭牌速度计算）。

【示例】某卷烟工厂参与卷制测试批物料的同型号的两组卷接包机组，2021年实际产量如表4-2所示。

表4-2　某卷烟工厂卷接包设备运行效率测试数据

机型	产量（万支）	工作日（天）	每日理论产量（万支）
ZJ17+ZB45	109375	234.5	486
ZJ17+ZB45	113395	236.5	486
ZJ118+ZB45	124013	236.5	583.2
ZJ118+ZB45	123753	236.5	583.2

则其理论产量为：

$Q_{i实际生产天数额定产能}$ ＝ 234.5 × 486 ＋ 236.5 × 486 ＋ 236.5 × 583.2 ＋ 236.5 × 583.2 ＝ 504759.6（万支）

$\sum_{i=1}^{n} Q_{i实际}$ ＝ 109375＋113395＋124013＋123753＝470536（万支）

则其卷接包设备运行效率 η_c ＝470536/504759.6×100%＝93.22%

二、滤棒成型设备运行效率

【评价目的】该指标为定量指标，用于评价滤棒成型设备历史运行效率。

【数据采集】统计所有滤棒成型设备报告期产量及实际生产时间，根据实际生产时间计算额定产能。

【评价方法】滤棒成型设备运行效率计算公式如下：

$$\eta = \frac{\sum\limits_{i=1}^{n} Q_{i\text{实际}}}{\sum\limits_{i=1}^{n} Q_{i\text{报告期实际生产天数额定产能}}} \times 100\%$$

$$Q_{i\text{报告期实际生产天数额定产能}} = \sum\limits_{j=1}^{m} T_j \times S_i$$

式中：η 为滤棒成型设备运行效率；

n 为滤棒成型设备数量；

$Q_{i\text{实际}}$ 为第 i 台滤棒成型设备实际产量；

$Q_{i\text{报告期实际生产天数额定产能}}$ 为报告期第 i 台滤棒成型设备实际生产天数额定产能；

m 为第 i 台滤棒成型设备实际生产天数；

T_j 为第 j 天排产班次累计时间，排产班次累计排产时间（分钟）＝制度工时（分钟）－生产计划提前完成停机时间（分钟）－换牌时间（分钟）－试制生产时间（分钟）－外部因素停机时间（分钟）－停机就餐时间（分钟）－保养时间（分钟）；

S_i 为第 i 台滤棒成型设备的铭牌速度（经过改造、项修或大修等方式修改了设备铭牌速度的卷烟工业企业，依据中国烟草机械集团有限责任公司相关规定，按照调整后的铭牌速度计算）。

【示例】参照卷接包设备运行效率计算方法。

三、超龄卷接包设备运行效率

【评价目的】该指标为定量指标，用于评价超龄卷接包设备历史运行效率。

【数据采集】统计超龄卷接包设备报告期产量及实际生产时间，根据实际生产时间计算额定产能。

【评价方法】以超龄卷接包（单机超龄即纳入统计，财务口径为 10 年）联机中卷接或包装额定产能较低的作为基准。超龄卷接包设备运行效率计算公式如下：

$$\eta = \frac{\sum\limits_{i=1}^{n} Q_{i实际}}{\sum\limits_{i=1}^{n} Q_{i报告期实际生产天数额定产能}} \times 100\%$$

$$Q_{i报告期实际生产天数额定产能} = \sum\limits_{j=1}^{m} T_j \times S_i$$

式中：η 为超龄卷接包设备运行效率；

n 为超龄卷接包设备数量；

$Q_{i实际}$ 为第 i 台超龄卷接包设备实际产量；

$Q_{i报告期实际生产天数额定产能}$ 为报告期第 i 台超龄卷接包设备实际生产天数额定产能；

m 为第 i 台超龄卷接包设备实际生产天数；

T_j 为第 j 天排产班次累计时间，排产班次累计排产时间（分钟）＝制度工时（分钟）－生产计划提前完成停机时间（分钟）－换牌时间（分钟）－试制生产时间（分钟）－外部因素停机时间（分钟）－停机就餐时间（分钟）－保养时间（分钟）；

S_i 为第 i 台超龄卷接包设备的铭牌速度（经过改造、项修或大修等方式修改了设备铭牌速度的卷烟工业企业，依据中国烟草机械集团有限责任公司相关规定，按照调整后的铭牌速度计算）。

【示例】参照卷接包设备运行效率计算方法。

第二节 制丝线综合有效作业率

一、烟片处理综合有效作业率

【评价目的】该指标为定量指标，用于评价生产线烟片处理段综合有效作业率。

【数据采集】统计测试生产线烟片处理段前 1 个月实际产量与生产线总运行时间，根据生产线总运行时间计算额定产量。生产设备运行总时间为 1 个月内本工段任一设备，每天从开机至停机的运行时间总和。

【评价方法】烟片处理综合有效作业率公式如下：

$$\eta = \frac{Q_i}{T \times S_i} \times 100\%$$

式中：η 为烟片处理综合有效作业率；

Q_i 为烟片处理段 1 个月测试生产线产量；

T 为烟片处理段生产设备运行总时间；

S_i 为烟片处理段生产线额定生产能力。

【示例】某卷烟工厂统计测试生产线烟片处理段前 1 个月实际产量为 1676840kg，实际运行总时间为 368h，设计生产能力为 6000kg/h，则：

烟片处理综合有效作业率 $\eta = \frac{Q_i}{T \times S_i} \times 100\% = \frac{1676840}{368 \times 6000} \times 100\% = 75.94\%$

二、制叶丝综合有效作业率

【评价目的】该指标为定量指标，用于评价生产线制叶丝段综合有效作业率。

【数据采集】统计测试生产线制叶丝段前 1 个月实际产量与生产线总运行时间，根据生产线总运行时间计算额定产量。生产设备运行总时间为 1 个月内本工段任一设备，每天从开机至停机的运行时间总和。

【评价方法】制叶丝综合有效作业率计算公式如下：

$$\eta = \frac{Q_i}{T \times S_i} \times 100\%$$

式中：η 为制叶丝综合有效作业率；

Q_i 为制叶丝段 1 个月测试生产线产量；

T 为制叶丝段生产设备运行总时间；

S_i 为制叶丝段生产线额定生产能力。

【示例】参照烟片处理综合有效作业率计算方法。

三、掺配加香综合有效作业率

【评价目的】该指标为定量指标，用于评价生产线掺配加香段综合有效作业率。

【数据采集】统计测试生产线掺配加香段前 1 个月实际产量与生产线总运行

时间，根据生产线总运行时间计算额定产量。生产设备运行总时间为 1 个月内本工段任一设备，每天从开机至停机的运行时间总和。

【评价方法】掺配加香综合有效作业率计算公式如下：

$$\eta = \frac{Q_i}{T \times S_i} \times 100\%$$

式中：η 为掺配加香综合有效作业率；

Q_i 为掺配加香段 1 个月测试生产线产量；

T 为掺配加香段生产设备运行总时间；

S_i 为掺配加香段生产线额定生产能力。

【示例】参照烟片处理综合有效作业率计算方法。

第三节　设备运行维持费用

其三级指标为单位产量设备维持费用，介绍如下：

【评价目的】该指标为定量指标，用于评价生产经济性。

【数据采集】收集统计历史数据。

【评价方法】按照《卷烟工业企业设备管理绩效评价方法》（YC/T 579—2019）计算，设备维持费用由资本性委外维修费用、费用性委外维修费用和备件消耗费用构成。单位产量设备维持费用计算公式如下：

$$C_e = \frac{TC}{Q}$$

式中：C_e 为单位产量设备维持费用；

TC 为设备维持费用；

Q 为设备产量。

【示例】某卷烟工厂 2021 年 1~3 月设备维持费用为 102.7 万元，产量为 178036 万支，则：

单位产量设备维持费用 $C_e = \dfrac{TC}{Q} = \dfrac{102.7}{178036} = 0.000577$ （万元/万支）= 5.77

（元/万支）

第四节　原材料利用效率

一、原料消耗

（一）耗丝偏差率

【评价目的】该指标为定量指标，用于评价生产过程中物料消耗。

【数据采集】统计投入烟丝重量（加香后、出烟丝柜），产出成品的净含烟丝量。投入烟丝重量以离卷烟机最近的电子秤数据为准。

【评价方法】耗丝偏差率计算公式如下：

$$\eta = \frac{W_T - C \times Q_i}{W_T} \times 100\%$$

式中：η 为耗丝偏差率；

C 为单支烟丝含烟丝量（抽检）；

Q_i 为产出的合格成品量；

W_T 为投入烟丝总重量。

【示例】某卷烟工厂测试批投入烟丝总重量为 5629.74kg，产出的合格成品量为 276 箱（折合 1380 万支），单支烟丝净含烟丝量为 357.5mg，则：

$$耗丝偏差率 \eta = \frac{W_T - C \times Q_i}{W_T} \times 100\% = \frac{5629.74 - 357.5 \times 1380/10}{5629.74} \times 100\% = 12.37\%$$

（二）出叶丝率

【评价目的】该指标为定量指标，用于评价生产过程中物料消耗。

【数据采集】统计物料投入量（含片烟、再造烟叶等烟草原料）及产出叶丝量（烘丝后）。物料投入量按投入生产线的片烟或再造烟叶等烟草原料的净物料重量统计并按标准含水率（12%）折算重量。产出叶丝量（烘丝后）按标准含水率（12%）折算重量。

【评价方法】出叶丝率计算公式如下：

$$R = \frac{W_L}{W_T} \times 100\%$$

式中：R 为出叶丝率；

W_L 为测试批产出叶丝标准重量；

W_T 为投料片烟（含片烟、再造烟叶等）标准重量。

【示例】某卷烟工厂投料标准重量为 5323.03kg，产出叶丝标准重量为 5194.63kg，则：

$$出叶丝率 R = \frac{W_L}{W_T} \times 100\% = \frac{5194.63}{5323.03} \times 100\% = 97.59\%$$

（三）出梗丝率

【评价目的】该指标为定量指标，用于评价生产过程中物料消耗。

【数据采集】统计烟梗投入量及产出梗丝量（烘梗丝后），折算为标准重量。

【评价方法】出梗丝率计算公式如下：

$$R = \frac{W_L}{W_T} \times 100\%$$

式中：R 为出梗丝率；

W_L 为测试批产出梗丝标准重量；

W_T 为投料烟梗标准重量。

【示例】参照出叶丝率计算方法。

（四）出膨丝率

【评价目的】该指标为定量指标，用于评价生产过程中物料消耗。

【数据采集】统计片烟投入量及产出膨丝量（装箱或进柜后）。

【评价方法】出膨丝率计算公式如下：

$$R = \frac{W_L}{W_T} \times 100\%$$

式中：R 为出膨丝率；

W_L 为测试批产出膨丝标准重量；

W_T 为投料片烟标准重量。

【示例】参照出叶丝率计算方法。

二、卷烟材料消耗

（一）单箱耗嘴棒量

【评价目的】该指标为定量指标，用于评价卷包生产过程中辅材消耗。

【数据采集】统计生产测试批卷烟过程中嘴棒消耗量及成品数量，嘴棒消耗量以卷烟机消耗的滤棒数量为准。

备注：①该指标只计算生产环节的消耗；②嘴棒消耗量统一按100mm标准支进行折算；③卷烟产量应与嘴棒消耗量数据口径保持对应匹配。嘴棒消耗量计算公式如下：

$$嘴棒消耗量 = \frac{嘴棒消耗量（按100mm折）}{\sum \dfrac{各规格卷烟产量}{总卷烟产量} \times \dfrac{滤棒长度}{25}}$$

【评价方法】单箱耗嘴棒量计算公式如下：

$$U = \frac{W_f}{Q}$$

式中：U为单箱耗嘴棒量；

W_f为嘴棒消耗量；

Q为报告期卷烟产量。

【示例】某卷烟工厂标准烟支合格成品产量为276箱，嘴棒实际消耗为350.24万支，则：

$$单箱耗嘴棒量\ U = \frac{W_f}{Q} = \frac{350.24 \times 10000}{276} = 12689.86（支/箱）$$

（二）单箱耗卷烟纸量

【评价目的】该指标为定量指标，用于评价卷包生产过程中辅材消耗。

【数据采集】统计生产测试批卷烟过程中卷烟纸消耗量及卷烟产量。其中，卷烟纸消耗量包括卷烟生产使用量、引纸量、筒芯剩余量及卷烟生产过程的消耗。卷烟纸消耗量按照盘纸消耗折算系数（见表4-3）统一折算盘纸消耗量。

$$\text{折算盘纸消耗量} = \frac{\text{生产耗盘纸总量}}{\sum \frac{\text{各规格卷烟产量}}{\text{总卷烟产量}} \times \text{各规格折算系数}}$$

盘纸消耗量各规格折算系数标准：非细支和细支卷烟规格统一以 24.3×（59+25）mm 为标准进行折算。

盘纸消耗量各规格折算系数计算方法如下：

$$\text{各规格折算系数} = \frac{\text{烟支长度（不含滤嘴）}}{59}$$

具体折算系数如表 4-3 所示。

表 4-3　盘纸消耗折算系数

规格	折算系数	规格	折算系数
50	0.8475	62	1.0508
54	0.9153	64	1.0847
55	0.9322	65	1.1017
56	0.9492	67	1.1356
57	0.9661	69	1.1695
58	0.9831	70	1.1864
59	1.0000	72	1.2203
60	1.0169		

注：规格为烟支长度（不含滤嘴），表中未列明的规格，折算系数依照公式计算。

备注：①本指标只计算生产环节的消耗；②双盘纸消耗量按乘以 2 折算为单盘纸计算；③卷烟产量应与盘纸消耗总量数据口径保持对应匹配；④无嘴烟支长度按照 59mm/支折算。

【评价方法】单箱耗卷烟纸量计算公式如下：

$$U = \frac{W_f}{Q}$$

式中：U 为单箱耗卷烟纸量；

W_f 为折算盘纸消耗量；

Q 为报告期卷烟产量。

【示例】某卷烟工厂标准烟支合格成品产量为 276 箱，烟支为标准长度，卷烟纸实际消耗为 938600m，则：

单箱耗卷烟纸量 $U = \dfrac{W_f}{Q} = \dfrac{938600}{276} = 3400.7$（m/箱）

（三）单箱耗商标纸（小盒）量

【评价目的】该指标为定量指标，用于评价卷包生产过程中辅材消耗。

【数据采集】统计生产测试批包装过程中商标纸（小盒）消耗量及成品数量。

备注：①该指标只计算生产工艺环节的商标纸消耗；②卷烟产量应与商标纸（小盒）消耗数量数据口径保持对应匹配；③非标准盒规格卷烟商标纸消耗量要统一折算成标准包装（20 支/盒）消耗量计算，计算公式为：

非标准盒卷烟商标纸折算消耗量 = 非标准盒卷烟实际消耗商标纸数量 × $\dfrac{\text{非标准盒支数}}{20}$

【评价方法】单箱耗商标纸（小盒）量计算公式如下：

$$U = \dfrac{W_f}{Q}$$

式中：U 为单箱耗商标纸（小盒）量；

W_f 为商标纸（小盒）消耗数量；

Q 为报告期卷烟产量。

【示例】某卷烟工厂标准盒规格卷烟合格成品产量为 276 箱，小盒实际消耗为 69.3 万张，则：

单箱耗商标纸（小盒）量 $U = \dfrac{W_f}{Q} = \dfrac{69.3 \times 10000}{276} = 2510.87$（张/箱）

第五节　能源利用效率

本节主要从单位产量综合能耗、耗水量、动力设备运行能效三方面进行测评，其中动力设备运行能效包含锅炉系统煤汽比、压缩空气系统电气比、制冷系统性能系数、配电系统节能技术应用四个指标。

一、单位产量综合能耗

【评价目的】该项指标为定量指标，用于评价卷烟工厂的能源消耗情况，为卷烟工厂分类对标指标。

【数据采集】卷烟综合能源消耗是指卷烟工业企业在卷烟生产过程及其生产区域生活中消耗的能源，折算为标准煤计算。根据《烟草行业工商统计调查制度》（2017）中烟草行业工业企业能源购进和消费月报，天然气（气态）的参考折标煤系数为 11.0~13.3tce/万 m^3（按经验，取 13tce/万 m^3 或 1.3kgce/m^3），柴油的参考折标煤系数为 1.4571tce/t 或 1.4571kgce/kg，热力的参考折标煤系数为 0.0341tce/百万 kJ 或 0.0341kgce/MJ，电力的参考折标煤系数为 1.229tce/万 kW·h 或 0.1229kgce/kW·h。

数据采集于企业能源消耗统计报表。数据为卷烟工厂报告期全年的卷烟生产总量、消耗的天然气和柴油总量及耗电量、外购的热力耗量（根据实际情况进行采集），不含三产公司、子公司及上级派驻部门等的能源消耗。

卷烟生产总量（自产）指卷烟工业企业实际生产的卷烟成品数量总和。涉及烟丝（含膨胀烟丝、梗丝、再造烟叶）外销或外购的卷烟工业企业，参照《烟草行业工商统计调查制度》，按 40kg 烟丝折合 3 万支卷烟的换算原则从以上卷烟产量中相应增减。

【评价方法】评价对象分冬季供暖地区和冬季非供暖地区。单位产量综合能耗计算公式如下：

$$e = \frac{\sum_{i=1}^{n}(E_i \times \rho_i)}{Q}$$

式中：e 为单位产量综合能耗；

E_i 为报告期内产品生产消耗的第 i 种能源实物量；

n 为报告期内产品生产消耗的能源种类数；

ρ_i 为第 i 种能源折标煤系数；

Q 为报告期卷烟产量。

【示例】某卷烟工厂上年度耗电量为 26829600kW·h，天然气消耗量为 2680463Nm³，卷烟产量为 549444 箱。则：

$$单箱卷烟综合能耗 \ e = \frac{\sum_{i=1}^{n}(E_i \times \rho_i)}{Q} = \frac{26829600 \times 0.1229 + 2680463 \times 1.3}{549444} = 12.34$$

（kgce/箱）

二、耗水量

【评价目的】该项指标为定量指标，用于评价卷烟工厂的水资源消耗情况。

【数据采集】数据采集于企业能源消耗统计报表。数据为卷烟工厂上年度全年的卷烟生产总量及取用新水总量，不含三产公司、子公司及上级派驻部门等的耗水量。

【评价方法】耗水量是指单位产量耗水量。计算公式如下：

$$v = \frac{V_T}{Q}$$

式中：v 为耗水量；

V_T 为报告期卷烟生产过程及其生产区域生活取用新水总量；

Q 为报告期卷烟产量。

【示例】某卷烟工厂上年度耗水量为 $210686 m^3$，卷烟产量为 549444 箱，则：

$$单位产量耗水量 \ v = \frac{V_T}{Q} = \frac{210686}{549444 \times 5} = 0.07669 （m^3/万支）$$

三、动力设备运行能效

动力设备运行能效包含锅炉系统煤汽比、压缩空气系统电气比、制冷系统性能系数、配电系统节能技术应用。

（一）锅炉系统煤汽比

【评价目的】该项指标为定量指标，用于评价卷烟工厂锅炉系统的能源消耗情况。

【数据采集】数据采集于能管系统。数据为锅炉系统报告期消耗的天然气、柴油、电量及生产的蒸汽量、除氧器耗汽量。根据《烟草行业工商统计调查制度》（2017）中烟草行业工业企业能源购进和消费月报，天然气（气态）的参考折标煤系数为 11.0~13.3tce/万 m³（按经验，取 13tce/万 m³，即 1.3kgce/m³），柴油的参考折标煤系数为 1.4571tce/t，电力的参考折标煤系数为 1.229tce/万 kW·h。

【评价方法】锅炉系统煤汽比计算公式如下：

$$R = \frac{\sum_{i=1}^{n}(E_i \times \rho_i)}{S - S_D}$$

式中：R 为锅炉系统煤汽比；

E_i 为报告期内锅炉系统消耗的第 i 种能源实物量；

n 为报告期内锅炉系统消耗的能源种类数；

ρ_i 为第 i 种能源折标煤系数；

S 为锅炉系统生产蒸汽量；

S_D 为除氧器耗汽量。

【示例】某卷烟工厂上年度锅炉系统生产蒸汽量为 27199.61t，其中除氧器耗汽量为 3568.47t，天然气总消耗量为 1653626Nm³，耗电量为 159680kW·h，则：

$$锅炉系统煤汽比 R = \frac{\sum_{i=1}^{n}(E_i \times \rho_i)}{S - S_D} = \frac{159680 \times 0.1229 + 1653626 \times 1.3}{27199.61 - 3568.47} = 91.80$$

（kgce/t）

（二）压缩空气系统电气比

【评价目的】该项指标为定量指标，用于评价卷烟工厂压缩空气系统的能源利用效率。

【数据采集】数据采集于能管系统。数据为压缩空气系统（含干燥机、冷却塔和水泵）报告期内消耗的电量及生产的压缩空气量。

【评价方法】压缩空气系统电气比计算公式如下：

$$R = \frac{E}{P}$$

式中：R 为压缩空气系统电气比；

E 为报告期压缩空气系统消耗的电量；

P 为报告期压缩空气系统生产的压缩空气量。

【示例】某卷烟工厂上年度压缩空气系统全年消耗的电量为 1773472kW·h，生产的压缩空气量为 14073231Nm³，则：

$$压缩空气系统电气比 R = \frac{E}{P} = \frac{1773472}{14073231} = 0.1260 \ (kW \cdot h/Nm^3)$$

（三）制冷系统性能系数

【评价目的】该项指标为定量指标，用于评价卷烟工厂制冷系统的能源利用效率。

【数据采集】数据采集于能管系统。数据为制冷系统（含冷却塔、冷冻、冷却水泵）运行负荷最大月份获得的冷量及消耗的电量。其中，运行负荷最大月份一般为 7 月或 8 月。

【评价方法】制冷系统性能系数计算公式如下：

$$COP = \frac{C}{E}$$

式中：COP 为制冷系统性能系数；

C 为制冷系统运行负荷最大月份生产的冷量；

E 为制冷系统运行负荷最大月份消耗的电量。

【示例】某卷烟工厂制冷系统运行负荷最大月份为 7 月，该月制冷系统生产的冷量为 2066578.1kW·h，制冷系统消耗的电量为 429444.9kW·h，则：

$$制冷系统性能系数 COP = \frac{C}{E} = \frac{2066578.1}{429444.9} = 4.81$$

（四）配电系统节能技术应用

【评价目的】该项指标为定性指标，用于评价卷烟工厂配电系统的节能技术应用情况。

【数据采集】是否具备谐波治理措施；是否采用《三相配电变压器能效限定值及节能评价值》（GB 20052—2006）的能效目标值或节能评价值的变压器。

【评价方法】询问并查看卷烟工厂的谐波治理设备，并根据 GB 20052—2006 第 4 章技术要求中，配电变压器目标能效限定值和配电变压器的节能限定值小节的表 3（见表 4-4）和表 4（见表 4-5）判断是否符合变压器目标能效限定值及节能评价值要求。具备谐波治理措施计 50 分；采用 GB 20052—2006 的能效目标值或节能评价值的变压器计 50 分。

【示例】某卷烟工厂的变压器检测报告（变压器型号 SCZB11）如表 4-6 所示。

经调研，该卷烟工厂具有谐波治理设备，选用变压器的负载损耗 F120℃满足表 4-4 和表 4-5。该项指标计 100 分。

表 4-4　油浸式配电变压器目标能效限定值及节能评价值

额定容量 SN（kVA）	损耗 W		短路阻抗 Uk（%）
	空载 P。	负载 Pk（75℃）	
30	100	600	4.0
50	130	870	
63	150	1040	
80	180	1250	
100	200	1500	
125	240	1800	
160	280	2200	
200	340	2600	
250	400	3050	
315	80	3650	
400	570	4300	
500	680	5150	
630	810	6200	4.5
800	980	7500	
1000	1150	10300	
1250	1360	12000	
1600	1640	14500	

表 4-5　干式配电变压器目标能效限定值及节能评价值

额定容量 SN（kVA）	损耗 W				短路阻抗 Uk（%）
	空载 P_o	负载 P_k			
		B（100℃）	F（120℃）	H（145℃）	
30	190	670	710	760	4
50	270	940	1000	1070	
80	370	1290	1380	1480	
100	400	1480	1570	1690	
125	470	1740	1850	1980	
160	550	2000	2130	2280	
200	630	2370	2530	2710	
250	720	2590	2760	2960	
315	880	3270	3470	3730	
400	980	3750	3990	4280	
500	1160	4590	4880	5230	
630	1350	5530	5880	6290	
630	1300	5610	5960	6400	6
800	1520	6550	6960	7460	
1000	1770	7650	8130	8760	
1250	2090	9100	9690	10370	
1600	2450	11050	11730	12580	
2000	3320	13600	14450	15560	
2500	4000	16150	17170	18450	

表 4-6　某卷烟工厂的变压器检测报告

额定容量 （kVA）	空载损耗 W	负载损耗 W		
		B（100℃）	F（120℃）	H（145℃）
1000	1586		7825	
1000	1580		7491	

额定容量 （kVA）	空载损耗 W	负载损耗 W		
		B（100℃）	F（120℃）	H（145℃）
1000	1582		7959	
1000	1590		7856	
1000	1580		7491	
1000	1586		7916	
1250	1922		9441	
1250	1922		9425	
1250	1798		9481	
1250	1786		9569	

第六节　在岗职工人均劳动生产率

【评价目的】该项指标为定量指标，用于评价卷烟工厂在岗职工的人均劳动生产率，为卷烟工厂分类对标指标。

【数据采集】数据采集于卷烟工厂报告期全年的卷烟生产总量（自产）及平均在岗职工人数。

平均在岗职工人数从当年度1月开始计算，按报告期进行计算填报。在岗职工指在本单位工作且与本单位签订劳动合同，并由单位支付各项工资和社会保险、住房公积金的人员，包括应订立劳动合同而未订立劳动合同的人员、处于试用期的人员、编制外招用的人员以及由于学习、病伤、产假等原因暂未工作仍由单位支付工资的人员，不包括离开本单位仍保留劳动关系的职工（内部退养、外派其他单位工作超一年期等人员）以及本单位使用并由本单位直接支付工资的劳务派遣人员、劳务外包人员和烟叶生产季节性用工。

【评价方法】在岗职工人均劳动生产率计算公式如下：

$$P = \frac{Q}{N}$$

式中：P 为在岗职工人均劳动生产率；

Q 为报告期卷烟产量；

N 为报告期全厂月度平均在岗职工人数。

【示例】某卷烟工厂上年度的卷烟实际产量为 670359.1 箱，该年度工厂月平均的在岗正式职工人数为 1694 人，则：

在岗职工人均劳动生产率 $P = \dfrac{Q}{N} = \dfrac{670359.1}{1694} = 395.73$ （箱/人）

第五章　安全、健康、环保和清洁生产水平指标解析

　　绿色生产水平（安全、健康、环保和清洁生产水平）评价指标包括职业健康与安全生产、环境影响与清洁生产2项二级指标，作业现场噪声等11项三级指标。评价指标体系及指标权重如表5-1所示。

表5-1　绿色生产水平评价指标体系及指标权重

一级指标/权重	二级指标/权重	三级指标/权重
3 绿色生产水平/0.10	3.1 职业健康与安全生产/0.55	3.1.1 作业现场噪声/0.20
		3.1.2 作业现场粉尘浓度/0.20
		3.1.3 企业安全标准化达标等级/0.60
	3.2 环境影响与清洁生产/0.45	3.2.1 单箱化学需氧量排放量/0.20
		3.2.2 氮氧化物排放浓度/0.10
		3.2.3 二氧化硫排放浓度/0.10
		3.2.4 单箱二氧化碳排放量/0.15
		3.2.5 厂界噪声/0.10
		3.2.6 锅炉排放颗粒物浓度/0.10
		3.2.7 异味排放浓度/0.10
		3.2.8 清洁生产等级/0.15

第一节　职业健康与安全生产

该指标主要从作业现场噪声、作业现场粉尘浓度、企业安全标准化达标等级三个方面进行评价。

一、作业现场噪声

【评价目的】该项指标为定量指标，用于评价卷烟工厂作业现场的噪声情况。

【数据采集】数据采集于最近一次第三方检测的作业现场噪声检测结果。根据最近一次第三方检测的作业现场噪声，统计 8h 或 40h 等效声级超标点位数量。

【评价方法】根据《工作场所有害因素职业接触限值 第 2 部分：物理因素》（GBZ 2.2—2007）11.2.1 节噪声职业接触限值，如表 5-2 所示。

表 5-2　工作场所噪声职业接触限值

接触时间	接触限值 ［dB（A）］	备注
5d/w，=8h/d	85	非稳态噪声计算 8h 等效声级
5d/w，≠8h/d	85	计算 8h 等效声级
≠5d/w	85	计算 40h 等效声级

噪声测试方法参照《工作场所物理因素测量 噪声》（GBZ/T 189.8—2007）。根据第三方检测结果，对 8h 或 40h 等效声级超标点位数量进行统计。

【示例】某卷烟工厂最近一次第三方检测的作业现场噪声结果如表 5-3 所示，主要对制丝车间、滤棒车间、卷包车间、能动车间、污水站、锅炉房等作业区域进行了检测。

从检测结果中可以看到，制丝车间、滤棒车间、卷包车间、能动车间、污水站、锅炉房等区域的室内噪声全部低于 85dB，各工种接触噪声强度符合国家职业接触限值要求，符合国家及行业有关环保及职业卫生标准要求。作业现场噪声的超标点位数量为 0。

表 5-3　作业现场噪声第三方检测结果

车间/部门	岗位/工种	检测地点	检测结果 dB（A）	接触时间（h）	$L_{EX.8h}$检测结果 dB（A）	职业接触限值 dB（A）	结果判定
制丝车间	叶片备料	叶片备料区	81.1	7.2	80.6	85	合格
	切片	叶片分切区	78.8	7.2	78.3	85	合格
	翻箱喂料	翻箱喂料	82.3	7.2	81.8	85	合格
	剔杂	异物剔除区	83.2	7.2	82.7	85	合格
	切丝/梗	切丝/梗区	83.0	7.2	82.5	85	合格
	梗丝加料	梗丝加料区	83.8	7.2	83.3	85	合格
	压棒	压棒间	85.1	7.2	84.6	85	合格
	加香	混丝加香区	74.8	7.2	74.3	85	合格
	送丝	风力送丝区	71.7	7.2	71.2	85	合格
	梗丝加香	梗丝加香区	73.6	7.2	73.1	85	合格
	掺兑	混丝配比区	72.7	7.2	72.2	85	合格
	除尘	除尘区	92.9	0.6	82.6	85	合格
		控制区	76.7	6.6			
滤棒车间	成型机司机	成型机操作	85.3	7.2	84.8	85	合格
	成型机副司机	成型机副操作	85.2	7.2	84.7	85	合格
	发射机司机	发射机操作	82.9	7.2	824	85	合格
卷包车间	废烟处理操作	废烟处理机	80.3	4.5	77.8	85	合格
	废烟处理辅助	废烟处理机	80.1	4.5	77.6	85	合格
	B1卷接辅助	B1卷包线操作处	85.6	4.4	84.0	85	合格
		B1卷包线工具柜	82.5	2.2			

车间/部门	岗位/工种	检测地点	检测结果 dB（A）	接触时间（h）	$L_{EX,8h}$检测结果 dB（A）	职业接触限值 dB（A）	结果判定
卷包车间	B1 卷接包装辅助	B1 卷包线操作处	85.9	4.4	84.3	85	合格
		B1 卷包线工具柜	82.6	2.2			
	B1 卷烟操作	B1 卷包线操作处	86.1	4.4	84.4	85	合格
		B1 卷包线工具柜	82.7	2.2			
	B1 包装辅机操作	B1 卷包线操作处	85.3	4.4	83.8	85	合格
		B1 卷包线工具柜	82.8	2.2			
	B1 包装主机操作	B1 卷包线操作处	85.7	4.4	84.1	85	合格
		B1 卷包线工具柜	82.6	2.2			
	B2 卷接辅助	B2 卷包线操作处	85.3	4.4	83.9	85	合格
		B2 卷包线工具柜	83.2	2.2			
	B2 卷接包装辅助	B2 卷包线操作处	85.1	4.4	83.8	85	合格
		B2 卷包线工具柜	83.2	2.2			
	B2 卷烟操作	B2 卷包线操作处	86.7	4.4	84.8	85	合格
		B2 卷包线工具柜	82.1	2.2			
	B2 包装辅机操作	B2 卷包线操作处	85.8	4.4	84.2	85	合格
		B2 卷包线工具柜	82.6	2.2			
	B2 包装主机操作	B2 卷包线操作处	86.5	4.4	84.7	85	合格
		B2 卷包线工具柜	82.3	2.2			
	B3 卷接辅助	B3 卷包线操作处	85.5	4.4	84.0	85	合格
		B3 卷包线工具柜	83.1	2.2			
	B3 卷接包装辅助	B3 卷包线操作处	85.7	4.4	84.1	85	合格
		B3 卷包线工具柜	82.7	2.2			
	B3 卷烟操作	B3 卷包线操作处	86.0	4.4	84.4	85	合格
		B3 卷包线工具柜	83.1	2.2			
	B3 包装辅机操作	B3 卷包线操作处	85.8	4.4	84.3	85	合格
		B3 卷包线工具柜	83.0	2.2			

车间/部门	岗位/工种	检测地点	检测结果 dB（A）	接触时间（h）	$L_{EX,8h}$检测结果 dB（A）	职业接触限值 dB（A）	结果判定
卷包车间	B3 包装主机操作	B3 卷包线操作处	85.9	4.4	84.2	85	合格
		B3 卷包线工具柜	82.9	2.2			
	B4 卷接辅助	B4 卷包线操作处	85.4	4.4	83.9	85	合格
		B4 卷包线工具柜	82.7	2.2			
	B4 卷接包装辅助	B4 卷包线操作处	85.3	4.4	83.8	85	合格
		B4 卷包线工具柜	82.6	2.2			
	B4 卷烟操作	B4 卷包线操作处	85.7	4.4	84.2	85	合格
		B4 卷包线工具柜	83.0	2.2			
	B4 包装辅机操作	B4 卷包线操作处	85.3	4.4	83.7	85	合格
		B4 卷包线工具柜	82.3	2.2			
	B4 包装主机操作	B4 卷包线操作处	85.4	4.4	83.8	85	合格
		B4 卷包线工具柜	82.5	2.2			
	B5 卷接辅助	B5 卷包线操作处	85.9	4.4	84.3	85	合格
		B5 卷包线工具柜	82.7	2.2			
	B5 卷接包装辅助	B5 卷包线操作处	85.8	4.4	84.2	85	合格
		B5 卷包线工具柜	82.6	2.2			
	B5 卷烟操作	B5 卷包线操作处	85.3	4.4	83.8	85	合格
		B5 卷包线工具柜	82.9	2.2			
	B5 包装辅机操作	B5 卷包线操作处	85.4	4.4	84.1	85	合格
		B5 卷包线工具柜	83.3	2.2			
	B5 包装主机操作	B5 卷包线操作处	85.7	4.4	84.2	85	合格
		B5 卷包线工具柜	83.3	2.2			
	B6 卷接辅助	B6 卷包线操作处	86.1	4.4	84.5	85	合格
		B6 卷包线工具柜	83.1	2.2			
	B6 卷接包装辅助	B6 卷包线操作处	85.6	4.4	84.1	85	合格
		B6 卷包线工具柜	82.0	2.2			

车间/部门	岗位/工种	检测地点	检测结果 dB（A）	接触时间（h）	$L_{EX.8h}$检测结果 dB（A）	职业接触限值 dB（A）	结果判定
卷包车间	B6 卷烟操作	B6 卷包线操作处	86.2	4.4	84.4	85	合格
		B6 卷包线工具柜	82.2	2.2			
	B6 包装辅机操作	B6 卷包线操作处	85.3	4.4	83.8	85	合格
		B6 卷包线工具柜	82.5	2.2			
	B6 包装主机操作	B6 卷包线操作处	85.8	4.4	84.2	85	合格
		B6 卷包线工具柜	82.7	2.2			
	A1 卷接辅助	A1 卷包线操作处	86.6	4.4	84.8	85	合格
		A1 卷包线工具柜	82.5	2.2			
	A1 卷接包装辅助	A1 卷包线操作处	85.7	4.4	84.1	85	合格
		A1 卷包线工具柜	82.6	2.2			
	A1 卷烟操作	A1 卷包线操作处	86.8	4.4	84.9	85	合格
		A1 卷包线工具柜	82.0	2.2			
	A1 包装辅机操作	A1 卷包线操作处	86.3	4.4	84.5	85	合格
		A1 卷包线工具柜	82.4	2.2			
	A1 包装主机操作	A1 卷包线操作处	86.7	4.4	84.9	85	合格
		A1 卷包线工具柜	82.6	2.2			
	A2 卷接辅助	A2 卷包线操作处	86.3	4.4	84.6	85	合格
		A2 卷包线工具柜	82.8	2.2			
	A2 卷接包装辅助	A2 卷包线操作处	86.1	4.4	84.5	85	合格
		A2 卷包线工具柜	83.2	2.2			
	A2 卷烟操作	A2 卷包线操作处	86.7	4.4	84.9	85	合格
		A2 卷包线工具柜	82.3	2.2			
	A2 包装辅机操作	A2 卷包线操作处	86.3	4.4	84.6	85	合格
		A2 卷包线工具柜	82.6	2.2			
	A2 包装主机操作	A2 卷包线操作处	86.5	4.4	84.8	85	合格
		A2 卷包线工具柜	82.8	2.2			

车间/部门	岗位/工种	检测地点	检测结果 dB（A）	接触时间（h）	$L_{EX.8h}$检测结果 dB（A）	职业接触限值 dB（A）	结果判定
卷包车间	A3卷接辅助	A3卷包线操作处	85.8	4.4	84.3	85	合格
		A3卷包线工具柜	83.1	2.2			
	A3卷接包装辅助	A3卷包线操作处	85.7	4.4	84.1	85	合格
		A3卷包线工具柜	82.4	2.2			
	A3卷烟操作	A3卷包线操作处	86.2	4.4	84.6	85	合格
		A3卷包线工具柜	83.3	2.2			
	A3包装辅机操作	A3卷包线操作处	86.0	4.4	84.4	85	合格
		A3卷包线工具柜	83.1	2.2			
	A3包装主机操作	A3卷包线操作处	85.6	4.4	84.0	85	合格
		A3卷包线工具柜	82.5	2.2			
	A5卷接辅助	A5卷包线操作处	86.2	4.4	84.5	85	合格
		A5卷包线工具柜	82.7	2.2			
	A5卷接包装辅助	A5卷包线操作处	86.3	4.4	84.5	85	合格
		A5卷包线工具柜	82.4	2.2			
	A5卷烟操作	A5卷包线操作处	86.4	4.4	84.7	85	合格
		A5卷包线工具柜	83.0	2.2			
	A5包装辅机操作	A5卷包线操作处	86.2	4.4	84.5	85	合格
		A5卷包线工具柜	82.7	2.2			
	A5包装主机操作	A5卷包线操作处	86.3	4.4	84.6	85	合格
		A5卷包线工具柜	82.5	2.2			
	A6卷接辅助	A6卷包线操作处	85.9	4.4	84.3	85	合格
		A6卷包线工具柜	82.8	2.2			
	A6卷接包装辅助	A6卷包线操作处	85.8	4.4	84.2	85	合格
		A6卷包线工具柜	82.7	2.2			
	A6卷烟操作	A6卷包线操作处	86.1	4.4	84.5	85	合格
		A6卷包线工具柜	82.9	2.2			

车间/部门	岗位/工种	检测地点	检测结果 dB（A）	接触时间（h）	L_EX.8h 检测结果 dB（A）	职业接触限值 dB（A）	结果判定
卷包车间	A6 包装辅机操作	A6 卷包线操作处	86.0	4.4	84.4	85	合格
		A6 卷包线工具柜	82.8	2.2			
	A6 包装主机操作	A6 卷包线操作处	86.2	4.4	84.5	85	合格
		A6 卷包线工具柜	82.6	2.2			
	A7 卷接辅助	A7 卷包线操作处	86.6	4.4	84.8	85	合格
		A7 卷包线工具柜	82.5	2.2			
	A7 卷接包装辅助	A7 卷包线操作处	86.5	4.4	84.7	85	合格
		A7 卷包线工具柜	82.6	2.2			
	A7 卷烟操作	A7 卷包线操作处	86.4	4.4	84.8	85	合格
		A7 卷包线工具柜	83.1	2.2			
	A7 包装辅机操作	A7 卷包线操作处	86.1	4.4	84.5	85	合格
		A7 卷包线工具柜	82.8	2.2			
	A7 包装主机操作	A7 卷包线操作处	86.2	4.4	84.6	85	合格
		A7 卷包线工具柜	82.9	2.2			
	A8 卷接辅助	A8 卷包线操作处	85.7	4.4	84.1	85	合格
		A8 卷包线工具柜	82.6	2.2			
	A8 卷接包装辅助	A8 卷包线操作处	85.3	4.4	83.8	85	合格
		A8 卷包线工具柜	82.7	2.2			
	A8 卷烟操作	A8 卷包线操作处	86.3	4.4	84.6	85	合格
		A8 卷包线工具柜	82.8	2.2			
	A8 包装辅机操作	A8 卷包线操作处	85.2	4.4	83.7	85	合格
		A8 卷包线工具柜	82.5	2.2			
	A8 包装主机操作	A8 卷包线操作处	85.5	4.4	84.0	85	合格
		A8 卷包线工具柜	82.8	2.2			
	A9 卷接辅助	A9 卷包线操作处	84.3	4.4	82.9	85	合格
		A9 卷包线工具柜	82.3	2.2			

车间/部门	岗位/工种	检测地点	检测结果 dB（A）	接触时间（h）	$L_{EX,8h}$检测结果 dB（A）	职业接触限值 dB（A）	结果判定
卷包车间	A9卷接包装辅助	A9卷包线操作处	84.5	4.4	83.0	85	合格
		A9卷包线工具柜	82.0	2.2			
	A9卷烟操作	A9卷包线操作处	84.9	4.4	83.5	85	合格
		A9卷包线工具柜	82.9	2.2			
	A9包装辅机操作	A9卷包线操作处	84.7	4.4	83.4	85	合格
		A9卷包线工具柜	82.8	2.2			
	A9包装主机操作	A9卷包线操作处	84.8	4.4	83.3	85	合格
		A9卷包线工具柜	82.4	2.2			
	封箱操作	封箱机旁	84.0	6.6	83.2	85	合格
	封箱辅助操作	封箱机旁	83.8	6.6	83.0	85	合格
	勤杂	封箱机旁	83.6	6.6	82.8	85	合格
能动车间	空调操作	空调机房	77.6	0.6	66.4	85	合格
	空压	空压机房	89.2	0.6	78.0	85	合格
污水站	污水处理	压滤机	77.2	0.6	71.7	85	合格
		气浮净化装置	78.6	0.6			
		格栅间	71.6	3			
锅炉房	司炉	锅炉房	77.4	3	73.1	85	合格
		风机室	83.6	1			

二、作业现场粉尘浓度

【评价目的】该项指标为定量指标，用于评价卷烟工厂作业现场的粉尘浓度情况，为职业病危害因素。

【数据采集】数据采集于最近一次第三方检测的作业现场粉尘浓度检测结果。粉尘测试方法按照《工作场所空气中粉尘测定》进行。

【评价方法】根据《工作场所有害因素职业接触限值　第 1 部分：化学因素》（GBZ 2.1—2019）4.2 节工作场所空气中粉尘的职业接触限值中工作场所空气中粉尘职业接触限值，如表 5-4 所示。

表 5-4　工作场所空气中粉尘职业接触限值

序号	中文名	英文名	化学文摘号 CAS 号	PC-TWA mg/m³		临界不良健康效应	备注
				总尘	呼尘		
43	烟草尘	Tobacco dust	—	2	—	鼻咽炎；肺损伤	—
49	其他粉尘ᵃ	Particles not otherwise regulated	—	8	—	—	—

注：a 指游离 SiO_2 低于 10%，不含石棉和有毒物质，而未制定职业接触限值的粉尘。

根据最近一次第三方检测的作业现场粉尘浓度（指岗位人员职业接触粉尘时间加权平均浓度 CTWA），统计超标点位数量。

【示例】某卷烟工厂最近一次第三方检测的作业现场粉尘浓度结果如表 5-5 所示，主要对制丝车间、滤棒车间、卷包车间、能动车间、污水站等场所进行了检测。

从检测结果中可以看到，制丝车间、滤棒车间、卷包车间、能动车间、污水站等区域的烟草尘全部低于 $2mg/m^3$，其他粉尘全部低于 $8mg/m^3$。各工种接触的粉尘浓度符合国家职业接触限值要求，符合国家及行业有关环保与职业卫生标准要求。作业现场粉尘浓度的超标点位数量为 0。

三、企业安全标准化达标等级

【评价目的】该项指标为定性指标，用于评价卷烟工厂的安全生产标准化水平。

【数据采集】政府部门公示最近一次的企业安全生产标准化等级。

【评价方法】国家将企业安全生产标准化达标等级进行三级划分，不同的等级，授予机构不同。企业安全生产标准化达标等级分为一级企业、二级企业、三级企业，其中一级为最高。安全生产标准化一级企业由国家安全监管总局公告，证书、牌匾由其确定的评审组织单位发放；二级企业的公告和证书、牌匾的发放，由省级安全监管部门确定；三级企业由地市级安全监管部门确定，经省级安全监管部门同意，也可以授权县级安全监管部门确定。

表 5-5　作业现场粉尘浓度第三方检测结果

车间/部门	岗位/工种	检测地点	检测项目	日接触时间（h）	C_{TWA}	PC-TWA	结果判定
制丝车间	叶片备料	叶片备料区	烟草尘	7.2	0.9	2	合格
	切片	叶片分切区	烟草尘	7.2	1.2	2	合格
	翻箱喂料	翻箱喂料	烟草尘	7.2	0.9	2	合格
	剔杂	异物剔除区	烟草尘	7.2	0.6	2	合格
	切丝/梗	切丝/梗区	烟草尘	7.2	0.9	2	合格
	梗丝加料	梗丝加料区	烟草尘	7.2	0.7	2	合格
	压棒	压棒间	烟草尘	7.2	0.6	2	合格
	加香	混丝加香区	烟草尘	7.2	1.1	2	合格
	送丝	风力送丝区	烟草尘	7.2	1.0	2	合格
	梗丝加香	梗丝加香区	烟草尘	7.2	0.7	2	合格
	掺兑	混丝配比区	烟草尘	7.2	1.0	2	合格
	除尘	除尘区	烟草尘	7.2	0.1	2	合格
滤棒车间	成型机司机	成型机操作	其他粉尘	7.2	0.4	8	合格
	成型机副司机	成型机副操作	其他粉尘	7.2	0.4	8	合格
	发射机司机	发射机操作	其他粉尘	7.2	0.3	8	合格
卷包车间	废烟处理操作	废烟处理机	烟草尘	4.5	0.3	2	合格
	废烟处理辅助	废烟处理机	烟草尘	4.5	0.3	2	合格
	B1 卷接辅助	B1 卷包生产线	其他粉尘	6.6	0.5	8	合格
	B1 卷接包装辅助	B1 卷包生产线	其他粉尘	6.6	0.3	8	合格
	B1 卷烟操作	B1 卷包生产线	其他粉尘	6.6	0.5	8	合格
	B1 包装辅机操作	B1 卷包生产线	其他粉尘	6.6	0.4	8	合格
	B1 包装主机操作	B1 卷包生产线	其他粉尘	6.6	0.3	8	合格
	B2 卷接辅助	B2 卷包生产线	其他粉尘	6.6	0.4	8	合格
	B2 卷接包装辅助	B2 卷包生产线	其他粉尘	6.6	0.4	8	合格
	B2 卷烟操作	B2 卷包生产线	其他粉尘	6.6	0.6	8	合格

车间/部门	岗位/工种	检测地点	检测项目	日接触时间（h）	C_TWA	PC-TWA	结果判定
卷包车间	B2 包装辅机操作	B2 卷包生产线	其他粉尘	6.6	0.4	8	合格
	B2 包装主机操作	B2 卷包生产线	其他粉尘	6.6	0.3	8	合格
	B3 卷接辅助	B3 卷包生产线	其他粉尘	6.6	0.4	8	合格
	B3 卷接包装辅助	B3 卷包生产线	其他粉尘	6.6	0.3	8	合格
	B3 卷烟操作	B3 卷包生产线	其他粉尘	6.6	0.5	8	合格
	B3 包装辅机操作	B3 卷包生产线	其他粉尘	6.6	0.3	8	合格
	B3 包装主机操作	B3 卷包生产线	其他粉尘	6.6	0.2	8	合格
	B4 卷接辅助	B4 卷包生产线	其他粉尘	6.6	0.4	8	合格
	B4 卷接包装辅助	B4 卷包生产线	其他粉尘	6.6	0.3	8	合格
	B4 卷烟操作	B4 卷包生产线	其他粉尘	6.6	0.4	8	合格
	B4 包装辅机操作	B4 卷包生产线	其他粉尘	6.6	0.3	8	合格
	B4 包装主机操作	B4 卷包生产线	其他粉尘	6.6	0.4	8	合格
	B5 卷接辅助	B5 卷包生产线	其他粉尘	6.6	0.4	8	合格
	B5 卷接包装辅助	B5 卷包生产线	其他粉尘	6.6	0.4	8	合格
	B5 卷烟操作	B5 卷包生产线	其他粉尘	6.6	0.4	8	合格
	B5 包装辅机操作	B5 卷包生产线	其他粉尘	6.6	0.3	8	合格
	B5 包装主机操作	B5 卷包生产线	其他粉尘	6.6	0.4	8	合格
	B6 卷接辅助	B6 卷包生产线	其他粉尘	6.6	0.7	8	合格
	B6 卷接包装辅助	B6 卷包生产线	其他粉尘	6.6	0.5	8	合格
	B6 卷烟操作	B6 卷包生产线	其他粉尘	6.6	0.7	8	合格
	B6 包装辅机操作	B6 卷包生产线	其他粉尘	6.6	0.6	8	合格
	B6 包装主机操作	B6 卷包生产线	其他粉尘	6.6	0.6	8	合格
	A1 卷接辅助	A1 卷包生产线	其他粉尘	6.6	0.6	8	合格
	A1 卷接包装辅助	A1 卷包生产线	其他粉尘	6.6	0.4	8	合格
	A1 卷烟操作	A1 卷包生产线	其他粉尘	6.6	0.6	8	合格
	A1 包装辅机操作	A1 卷包生产线	其他粉尘	6.6	0.5	8	合格

车间/ 部门	岗位/工种	检测地点	检测项目	日接触时间 （h）	C_{TWA}	PC- TWA	结果 判定
卷包 车间	A1 包装主机操作	A1 卷包生产线	其他粉尘	6.6	0.4	8	合格
	A2 卷接辅助	A2 卷包生产线	其他粉尘	6.6	0.4	8	合格
	A2 卷接包装辅助	A2 卷包生产线	其他粉尘	6.6	0.3	8	合格
	A2 卷烟操作	A2 卷包生产线	其他粉尘	6.6	0.5	8	合格
	A2 包装辅机操作	A2 卷包生产线	其他粉尘	6.6	0.3	8	合格
	A2 包装主机操作	A2 卷包生产线	其他粉尘	6.6	0.4	8	合格
	A3 卷接辅助	A3 卷包生产线	其他粉尘	6.6	0.4	8	合格
	A3 卷接包装辅助	A3 卷包生产线	其他粉尘	6.6	0.4	8	合格
	A3 卷烟操作	A3 卷包生产线	其他粉尘	6.6	0.4	8	合格
	A3 包装辅机操作	A3 卷包生产线	其他粉尘	6.6	0.3	8	合格
	A3 包装主机操作	A3 卷包生产线	其他粉尘	6.6	0.2	8	合格
	A5 卷接辅助	A5 卷包生产线	其他粉尘	6.6	0.4	8	合格
	A5 卷接包装辅助	A5 卷包生产线	其他粉尘	6.6	0.3	8	合格
	A5 卷烟操作	A5 卷包生产线	其他粉尘	6.6	0.4	8	合格
	A5 包装辅机操作	A5 卷包生产线	其他粉尘	6.6	0.4	8	合格
	A5 包装主机操作	A5 卷包生产线	其他粉尘	6.6	0.4	8	合格
	A6 卷接辅助	A6 卷包生产线	其他粉尘	6.6	0.5	8	合格
	A6 卷接包装辅助	A6 卷包生产线	其他粉尘	6.6	0.4	8	合格
	A6 卷烟操作	A6 卷包生产线	其他粉尘	6.6	0.6	8	合格
	A6 包装辅机操作	A6 卷包生产线	其他粉尘	6.6	0.4	8	合格
	A6 包装主机操作	A6 卷包生产线	其他粉尘	6.6	0.4	8	合格
	A7 卷接辅助	A7 卷包生产线	其他粉尘	6.6	0.5	8	合格
	A7 卷接包装辅助	A7 卷包生产线	其他粉尘	6.6	0.3	8	合格
	A7 卷烟操作	A7 卷包生产线	其他粉尘	6.6	0.4	8	合格
	A7 包装辅机操作	A7 卷包生产线	其他粉尘	6.6	0.4	8	合格
	A7 包装主机操作	A7 卷包生产线	其他粉尘	6.6	0.5	8	合格

车间/部门	岗位/工种	检测地点	检测项目	日接触时间（h）	C_{TWA}	PC-TWA	结果判定
卷包车间	A8 卷接辅助	A8 卷包生产线	其他粉尘	6.6	0.4	8	合格
	A8 卷接包装辅助	A8 卷包生产线	其他粉尘	6.6	0.4	8	合格
	A8 卷烟操作	A8 卷包生产线	其他粉尘	6.6	0.3	8	合格
	A8 包装辅机操作	A8 卷包生产线	其他粉尘	6.6	0.3	8	合格
	A8 包装主机操作	A8 卷包生产线	其他粉尘	6.6	0.6	8	合格
	A9 卷接辅助	A9 卷包生产线	其他粉尘	6.6	0.3	8	合格
	A9 卷接包装辅助	A9 卷包生产线	其他粉尘	6.6	0.6	8	合格
	A9 卷烟操作	A9 卷包生产线	其他粉尘	6.6	0.5	8	合格
	A9 包装辅机操作	A9 卷包生产线	其他粉尘	6.6	0.3	8	合格
	A9 包装主机操作	A9 卷包生产线	其他粉尘	6.6	0.3	8	合格
	勤杂	封箱机	其他粉尘	6.6	0.1	8	合格
能动车间	空调操作	加药机	其他粉尘	0.6	0.2	8	合格
污水站	污水处理	空调机房	其他粉尘	0.6	0.1	8	合格

【示例】某卷烟工厂为安全生产标准化二级（省级）企业（烟草）。

第二节　环境影响与清洁生产

该指标主要从单箱化学需氧量排放量、氮氧化物排放浓度、二氧化硫排放浓度、单箱二氧化碳排放量、厂界噪声、锅炉排放颗粒物浓度、异味排放浓度、清洁生产等级八个方面进行评价。

一、单箱化学需氧量排放量

【评价目的】该项指标为定量指标，用于评价卷烟工厂的废水排放情况，为卷烟工厂分类对标指标。

【数据采集】数据采集于第三方检测的各废水排放口浓度检测结果、卷烟工厂报告期全年的废水排放总量及卷烟生产总量（自产）。

【评价方法】化学需氧量排放浓度不得超过《污水综合排放标准》（GB 8978—1996）第4章技术内容中第二类污染物最高允许排放浓度（见表5-6）。单箱化学需氧量排放量计算公式如下：

$$D = \frac{G \times W}{Q}$$

式中：D 为单箱化学需氧量排放量；

G 为报告期各废水排放口化学需氧量平均浓度（据第三方检测报告）；

W 为废水排放量；

Q 为报告期卷烟产量。

表5-6 第二类污染物最高允许排放浓度　　　　　单位：mg/L

序号	污染物	适用范围	一级标准	二级标准	三级标准
5	化学需氧量（COD）	甜菜制糖、合成脂肪酸、湿法纤维板、染料、洗毛、有机磷农药工业	100	200	1000
		味精、酒精、医药原料药、生物制药、苎麻脱胶、皮革、化纤浆粕工业	100	300	1000
		石油化工工业（包括石油炼制）	60	120	500
		城镇二级污水处理厂	60	120	500
		其他排污单位	100	150	500

【示例】以某卷烟工厂的最近一次第三方废水检测结果为例，检测结果如表5-7所示。

根据检测结果，废水排放指标全部符合国家排放标准要求。其中，该工厂的全年废水排放总量为92361.07m³，化学需氧量平均值为41mg/L，该工厂全年卷烟产量为549444箱，则：

$$单箱化学需氧量排放量 D = \frac{G \times W}{Q} = \frac{92361.07 \times 10^3 \times 41 \times 10^{-3}}{549444} = 6.89（g/箱）$$

表 5-7　第三方废水检测结果　　　　　　　　　　　　　　单位：mg/L

序号	监测项目	第一次检测结果	第二次检测结果	第三次检测结果	平均值或范围	《污水综合排放标准》（GB 8978—1996）中表4一级标准	是否达标
1	水温（℃）	18.9	18.8	18.7	18.8	—	—
2	pH值（无量纲）	6.92	6.94	6.95	6.92~6.95	6~9	达标
3	悬浮物	12	16	17	15	70	达标
4	化学需氧量	42	43	39	41	100	达标
5	五日生化需氧量	10.1	10.4	9.8	10.1	20	达标
6	总氮	6.54	6.48	6.68	6.57	—	—
7	石油类	1.02	1.03	0.93	0.99	5	达标
8	氨氮	2.11	2.37	2.57	2.35	15	达标
9	总磷	0.02	0.02	0.02	0.02	0.5	达标

注：①低于方法检出限的结果用"方法检出限+L"表示。②根据环函〔1998〕28号中规定，《污水综合排放标准》（GB 8978—1996）中污染项目磷酸盐指总磷，即磷酸盐限值为总磷限值。

二、氮氧化物排放浓度

【评价目的】该项指标为定量指标，用于评价锅炉大气污染物的氮氧化物排放情况。

【数据采集】数据采集于最近一次第三方检测的锅炉排放的氮氧化物平均排放浓度。

按照《锅炉大气污染物排放标准》（GB 13271—2014）第5节大气污染物监测要求，实测的锅炉颗粒物、二氧化硫、氮氧化物、汞及其化合物的排放浓度，应执行 GB 5468 或 GB/T 16157 规定，按公式折算为基准氧含量排放浓度。各类燃烧设备的基准氧含量按表5-8的规定执行。

表 5-8　基准氧含量　　　　　　　　　　　　　　单位：%

锅炉类型	基准氧含量（O_2）
燃煤锅炉	9
燃油、燃气锅炉	3.5

其计算公式如下：

$$\rho = \rho' \times \frac{21 - \varphi\ (O_2)}{21 - \varphi'\ (O_2)}$$

式中：ρ 为大气污染物基准氧含量排放浓度（mg/m³）；

ρ' 为实测的大气污染物排放浓度（mg/m³）；

$\varphi'\ (O_2)$ 为实测的氧含量；

$\varphi\ (O_2)$ 为基准氧含量。

每个项目均以所有测量点检测数据的最大值为依据。

【评价方法】氮氧化物平均排放浓度不得超过 GB 13271—2014 第 4 章大气污染物排放控制要求。新建锅炉大气污染物排放浓度限值和大气污染物特别排放限值如表 5-9、表 5-10 所示。

表 5-9　新建锅炉大气污染物排放浓度限值　　　　单位：mg/m³

污染物项目	限值			污染物排放监控位置
	燃煤锅炉	燃油锅炉	燃气锅炉	
颗粒物	50	30	20	烟囱或烟道
二氧化硫	300	200	50	
氮氧化物	300	250	200	
汞及其化合物	0.05	—	—	
烟气黑度（林格曼黑度，级）	≤1			烟囱排放口

表 5-10　大气污染物特别排放限值　　　　单位：mg/m³

污染物项目	限值			污染物排放监控位置
	燃煤锅炉	燃油锅炉	燃气锅炉	
颗粒物	30	30	20	烟囱或烟道
二氧化硫	200	100	50	
氮氧化物	200	200	150	
汞及其化合物	0.05	—	—	
烟气黑度（林格曼黑度，级）	≤1			烟囱排放口

【示例】某卷烟工厂最近一次第三方检测的锅炉烟气排放数据如表 5-11
所示。

表 5-11 锅炉烟气排放第三方检测结果

检测断面位置	生产用锅炉 1#排气筒出口		燃料种类		天然气
被检测设备名称	燃气锅炉				
检测结果					

	参数名称	单位	第一次	第二次	第三次	第四次	标准限值
基本参数	测点排气温度	℃	120.7	121.3	121.1	121.5	—
	测点排气含湿量	%	6.5	6.3	6.6	6.4	—
	含氧量	%	2.9	3.0	3.2	3.1	—
	测点流速	m/s	7.9	8.0	7.6	7.7	—
	标干流量	m^3/h	13374	13557	12835	13025	—
	烟道截面积	m^2	0.7854				
	排气筒高度	M	27.5				
	基准氧含量	%	3.5				
颗粒物	实测浓度	mg/m^3	8.6	8.9	9.2	8.8	—
	折算浓度	mg/m^3	8.3	8.7	9.0	8.6	20
二氧化硫	实测浓度	mg/m^3	ND3	ND3	ND3	ND3	—
	折算浓度	mg/m^3	ND3	ND3	ND3	ND3	50
氮氧化物	实测浓度	mg/m^3	44	43	40	40	—
	折算浓度	mg/m^3	43	42	39	39	200
烟气黑度		级	<1				—

注：报告中的"ND"表示未检出，"ND"后面的数据表示方法检出限值。

由检测结果可知，锅炉的氮氧化物排放浓度符合 GB 13271—2014 要求。

三、二氧化硫排放浓度

【评价目的】该项指标为定量指标，用于评价锅炉大气污染物的二氧化硫排
放情况。

【数据采集】数据采集于最近一次第三方检测锅炉排放二氧化硫的检测结果。按照 GB 13271—2014 第 5 节大气污染物监测要求,实测的锅炉颗粒物、二氧化硫、氮氧化物、汞及其化合物的排放浓度应执行 GB 5468 或 GB/T 16157 规定,按公式折算为基准氧含量排放浓度。各类燃烧设备的基准氧含量按表 5-12 的规定执行。

表 5-12　基准氧含量　　　　　　　　　　　　　　　　　　单位:%

锅炉类型	基准氧含量（O_2）
燃煤锅炉	9
燃油、燃气锅炉	3.5

其计算公式如下:

$$\rho = \rho' \times \frac{21 - \varphi(O_2)}{21 - \varphi'(O_2)}$$

式中: ρ 为大气污染物基准氧含量排放浓度（mg/m^3）;

ρ' 为实测的大气污染物排放浓度（mg/m^3）;

$\varphi'(O_2)$ 为实测的氧含量;

$\varphi(O_2)$ 为基准氧含量。

每个项目均以所有测量点检测数据的最大值为依据。

【评价方法】锅炉排放的二氧化硫平均排放浓度不得超过 GB 13271—2014 第 4 节大气污染物排放控制要求。新建锅炉大气污染物排放浓度限值和大气污染物特别排放限值如表 5-13、表 5-14 所示。

表 5-13　新建锅炉大气污染物排放浓度限值　　　　　　　单位:mg/m^3

污染物项目	限值			污染物排放监控位置
	燃煤锅炉	燃油锅炉	燃气锅炉	
颗粒物	50	30	20	烟囱或烟道
二氧化硫	300	200	50	
氮氧化物	300	250	200	
汞及其化合物	0.05	—	—	
烟气黑度（林格曼黑度,级）	≤1			烟囱排放口

表5-14　大气污染物特别排放限值　　　　单位：mg/m³

污染物项目	限值			污染物排放监控位置
	燃煤锅炉	燃油锅炉	燃气锅炉	
颗粒物	30	30	20	烟囱或烟道
二氧化硫	200	100	50	
氮氧化物	200	200	150	
汞及其化合物	0.05	—	—	
烟气黑度（林格曼黑度，级）	≤1			烟囱排放口

【示例】某卷烟工厂最近一次第三方检测的锅炉烟气排放数据如表5-15所示。

表5-15　锅炉烟气排放数据第三方检测结果

检测断面位置	生产用锅炉1#排气筒出口		燃料种类		天然气	
被检测设备名称	燃气锅炉					

检测结果

	参数名称	单位	第一次	第二次	第三次	第四次	标准限值
基本参数	测点排气温度	℃	120.7	121.3	121.1	121.5	—
	测点排气含湿量	%	6.5	6.3	6.6	6.4	—
	含氧量	%	2.9	3.0	3.2	3.1	—
	测点流速	m/s	7.9	8.0	7.6	7.7	—
	标干流量	m³/h	13374	13557	12835	13025	—
	烟道截面积	m²	0.7854				
	排气筒高度	M	27.5				
	基准氧含量	%	3.5				
颗粒物	实测浓度	mg/m³	8.6	8.9	9.2	8.8	—
	折算浓度	mg/m³	8.3	8.7	9.0	8.6	20
二氧化硫	实测浓度	mg/m³	ND3	ND3	ND3	ND3	—
	折算浓度	mg/m³	ND3	ND3	ND3	ND3	50

检测断面位置			生产用锅炉1#排气筒出口			燃料种类		天然气	
氮氧化物	实测浓度	mg/m³	44	43	40	40	—		
	折算浓度	mg/m³	43	42	39	39	200		
烟气黑度		级	<1					—	

注：报告中的"ND"表示未检出，"ND"后面的数据表示方法检出限值。

由检测结果可知，锅炉的二氧化硫排放浓度符合 GB 13271—2014 要求。

四、单箱二氧化碳排放量

【评价目的】该项指标为定量指标，用于评价卷烟工厂的二氧化碳排放情况。

【数据采集】数据采集于卷烟工厂上年度全年的能源消耗或二氧化碳排放总量、卷烟生产总量。根据《烟草行业工商统计调查制度（2022）》中"四、主要指标解释及说明"，二氧化碳排放量指企业为组织正常生产和生活投入使用的设备、机械、器具所排放的二氧化碳。排放二氧化碳的主要设备和机械有锅炉、燃油汽车、厨具等，不含购进干冰、压缩二氧化碳。

计量办法：二氧化碳排放重点设备（如锅炉）需安装计量装置。计量燃油汽车、厨具等设备排放的二氧化碳数量时可以采用推算的办法。

推算参考依据：每千克标准煤燃烧后产生 2.5 千克二氧化碳；每升汽油、柴油燃烧后产生 2.4 千克二氧化碳，或者每千克汽油、柴油燃烧后产生 3.1 千克二氧化碳；每立方米天然气燃烧后产生 1.8 千克二氧化碳。

【评价方法】单箱二氧化碳排放量计算公式如下：

$$C = \frac{\sum_{i=1}^{n}(E_i \times r_i)}{Q}$$

式中：C 为单位产量综合能耗；

E_i 为报告期内产品生产消耗的第 i 种能源实物量；

n 为报告期内产品生产消耗的能源种类数；

r_i 为第 i 种能源燃烧后产生二氧化碳折算系数；

Q 为报告期卷烟产量。

【示例】某卷烟工厂上年度全年天然气耗量为 2045958m³，卷烟产量为

252388.2 箱，则：

$$单箱二氧化碳排放量 C = \frac{\sum_{i=1}^{n}(E_i \times r_i)}{Q} = \frac{2045958 \times 1.8}{252388.2} = 14.59(kg/箱)$$

五、厂界噪声

【评价目的】该项指标为定性指标，用于评价卷烟工厂厂界的噪声情况。

【数据采集】数据采集于最近一次第三方检测的工业企业厂界噪声。

【评价方法】企业厂界噪声不得超过《工业企业厂界环境噪声排放标准》（GB 12348—2008）第4节环境噪声排放限值标准。工业企业厂界环境噪声排放限值如表5-16所示。

表5-16　工业企业厂界环境噪声排放限值　　　　单位：dB（A）

厂界外声环境功能区类别　　　　　　时段	昼间	夜间
0	50	40
1	55	45
2	60	50
3	65	55
4	70	55

每个项目均以所有测量点检测数据的最大值为依据。

【示例】某卷烟工厂最近一次第三方检测的厂界噪声结果如表5-17所示。

表5-17　厂界噪声第三方检测结果　　　　单位：Db（A）

测点编号	测点位置	检测结果			
		第一次		第二次	
		昼间	夜间	昼间	夜间
1#	东厂界1#	54	42	55	42
2#	东厂界2#	57	46	57	47
4#	西厂界1#	52	41	51	40

测点编号	测点位置	检测结果			
		第一次		第二次	
		昼间	夜间	昼间	夜间
5#	西厂界 2#	57	47	56	46
标准限值		60	50	60	50
3#	南厂界	53	42	53	42
6#	北厂界	61	51	60	52
标准限值		70	55	70	55

由检测结果可以看到，东厂界 1#和 2#、西厂界 1#和 2#的昼夜间噪声检测结果符合 GB 12348—2008 表 1 中 2 类功能区标准限值要求；南厂界、北厂界的昼夜间噪声检测结果符合 GB 12348—2008 表 1 中 4 类功能区排放标准限值要求。

六、锅炉排放颗粒物浓度

【评价目的】该项指标为定量指标，用于评价锅炉大气污染物的颗粒物排放情况。

【数据采集】数据采集于最近一次第三方检测的锅炉排放的颗粒物检测结果。

【评价方法】锅炉排放颗粒物浓度不得超过 GB 13271—2014 第 4 节大气污染物排放控制要求。新建锅炉大气污染物排放浓度限值和大气污染物特别排放限值如表 5-18、表 5-19 所示。

【示例】某卷烟工厂最近一次第三方检测的锅炉烟气排放数据如表 5-20 所示。

表 5-18　新建锅炉大气污染物排放浓度限值　　　　单位：mg/m³

污染物项目	限值			污染物排放监控位置
	燃煤锅炉	燃油锅炉	燃气锅炉	
颗粒物	50	30	20	烟囱或烟道
二氧化硫	300	200	50	
氮氧化物	300	250	200	
汞及其化合物	0.05	—	—	
烟气黑度（林格曼黑度，级）	≤1			烟囱排放口

表 5-19 大气污染物特别排放限值　　　　　　　　　　　单位：mg/m³

污染物项目	限值			污染物排放监控位置
	燃煤锅炉	燃油锅炉	燃气锅炉	
颗粒物	30	30	20	烟囱或烟道
二氧化硫	200	100	50	
氮氧化物	200	200	150	
汞及其化合物	0.05	—	—	
烟气黑度（林格曼黑度，级）	≤1			烟囱排放口

表 5-20 锅炉烟气排放数据第三方检测结果

检测断面位置	生产用锅炉1#排气筒出口			燃料种类		天然气
被检测设备名称	燃气锅炉					

检测结果

	参数名称	单位	第一次	第二次	第三次	第四次	标准限值
基本参数	测点排气温度	℃	120.7	121.3	121.1	121.5	—
	测点排气含湿量	%	6.5	6.3	6.6	6.4	—
	含氧量	%	2.9	3.0	3.2	3.1	—
	测点流速	m/s	7.9	8.0	7.6	7.7	—
	标干流量	m³/h	13374	13557	12835	13025	—
	烟道截面积	m²	0.7854				
	排气筒高度	M	27.5				
	基准氧含量	%	3.5				
颗粒物	实测浓度	mg/m³	8.6	8.9	9.2	8.8	—
	折算浓度	mg/m³	8.3	8.7	9.0	8.6	20
二氧化硫	实测浓度	mg/m³	ND3	ND3	ND3	ND3	—
	折算浓度	mg/m³	ND3	ND3	ND3	ND3	50
氮氧化物	实测浓度	mg/m³	44	43	40	40	—
	折算浓度	mg/m³	43	42	39	39	200
烟气黑度		级	<1				—

注：报告中的"ND"表示未检出，"ND"后面的数据表示方法检出限值。

由检测结果可知，锅炉的颗粒物排放浓度符合 GB 13271—2014 要求。

七、异味排放浓度

【评价目的】该项指标为定性指标，用于评价卷烟工厂排放的异味情况。

【数据采集】数据采集于最近一次第三方检测的有组织排放的异味气体臭气浓度。每个项目均以所有测量点检测数据的最大值为依据。

【评价方法】异味排放浓度不得超过《恶臭污染物排放标准》（GB 14554—93）第 4 节技术内容规定。恶臭污染物厂界标准值和恶臭污染物排放标准值分别如表 5-21、表 5-22 所示。

表 5-21　恶臭污染物厂界标准值

序号	控制项目	单位	一级	二级		三级	
				新扩改建	现有	新扩改建	现有
1	氨	mg/m^3	1.0	1.5	2.0	4.0	5.0
3	硫化氢	mg/m^3	0.03	0.03	0.1	0.32	0.60
9	臭气浓度	无量纲	10	20	30	60	70

表 5-22　恶臭污染物排放标准值

序号	控制项目	排气筒高度（m）	排放量（kg/h）
1	硫化氢	15	0.33
		20	0.58
		25	0.90
		30	1.3
		35	1.8
		40	2.3
		60	5.2
		80	9.3
		100	14
		120	21

序号	控制项目	排气筒高度（m）	排放量（kg/h）
6	氨	15	4.9
		20	8.7
		25	14
		30	20
		35	27
		40	35
		60	75
9	臭气浓度	15	2000
		25	6000
		35	15000
		40	20000
		50	40000
		≥60	60000

【示例】某卷烟工厂最近一次第三方检测的异味气体排放检测结果如表5-23所示。

表5-23 异味气体排放第三方检测结果

点位	样品编号	检测结果（mg/m³）		
		氨	硫化氢	臭气浓度（无量纲）
WQ1	WQ1-01	0.13	0.001	<10
	WQ1-02	0.12	0.002	<10
	WQ1-03	0.11	0.001	<10
	WQ1-04	0.12	0.002	<10
WQ2	WQ2-01	0.24	0.002	11
	WQ2-02	0.23	0.002	12
	WQ2-03	0.22	0.003	12
	WQ2-04	0.23	0.002	14

点位	样品编号	检测结果（mg/m³）		
		氨	硫化氢	臭气浓度（无量纲）
WQ3	WQ3-01	0.20	0.002	11
	WQ3-02	0.21	0.003	12
	WQ3-03	0.18	0.003	13
	WQ3-04	0.20	0.003	14
WQ4	WQ4-01	0.20	0.003	11
	WQ4-02	0.18	0.005	12
	WQ4-03	0.21	0.004	11
	WQ4-04	0.19	0.005	13
WQ5	WQ5-01	0.21	0.005	12
	WQ5-02	0.22	0.005	12
	WQ5-03	0.22	0.004	13
	WQ5-04	0.21	0.005	12
WQ6	WQ6-01	0.17	0.003	12
	WQ6-02	0.20	0.004	11
	WQ6-03	0.18	0.003	12
	WQ6-04	0.17	0.003	13

由检测结果可以看出，排放的异味气体氨、硫化氢、臭气浓度监测结果均符合 GB 14554—93 二级新扩改建标准值要求。

八、清洁生产等级

【评价目的】该项指标为定性指标，用于评价卷烟工厂的清洁生产情况。

【数据采集】按照《卷烟企业清洁生产评价准则》（YC/T 199—2011）收集卷烟工厂清洁生产评价数据。

【评价方法】根据 YC/T 199—2011 清洁生产的评价采用打分制，单位工业增加值综合能耗、烟叶总损耗率、卷接包装材料的选用与包装结构、使用烫金和烫银接装纸的比例以及卷烟盒、条包装纸成本占卷烟工业销售价格的比例不计入卷烟工厂的评价项目，总分为 450 分，层级采用 AAAA、AAA、AA、A 四个等级。评价时对应各条款打分，累计得分就是最终得分。卷烟工厂最终得分在 400 分及以上的为 AAAA 级；350~399 分的为 AAA 级；300~349 分的为 AA 级；250~299 分的为 A 级。

【示例】根据 YC/T 199—2011，某卷烟工厂的清洁生产等级为 AAAA 级。

第六章 智能制造水平指标解析

智能制造水平评价指标包括信息支撑、生产、物流和管理 4 个一级指标，网络环境等 10 个二级指标，网络覆盖及互联互通能力等 24 个三级指标。评价指标体系结构及指标权重如表 6-1 所示。

表 6-1 智能制造水平评价指标体系

一级指标/权重	二级指标/权重	三级指标/权重	四级指标/权重
4 智能制造水平/0.25	4.1 信息支撑/0.20	4.1.1 网络环境/0.50	4.1.1.1 网络覆盖及互联互通能力/0.40
			4.1.1.2 网络安全保障能力/0.60
		4.1.2 信息融合/0.50	4.1.2.1 数据交换能力/0.10
			4.1.2.2 数据融合能力/0.20
			4.1.2.3 各系统集成水平/0.70
	4.2 生产/0.40	4.2.1 计划调度/0.20	4.2.1.1 计划编制/0.60
			4.2.1.2 生产调度/0.40
		4.2.2 生产控制/0.20	—
		4.2.3 质量控制/0.60	4.2.3.1 标准管理数字化水平/0.10
			4.2.3.2 质量数据应用水平/0.50
			4.2.3.3 防差错能力/0.20
			4.2.3.4 批次追溯能力/0.20
	4.3 物流/0.20	4.3.1 仓储管理/0.50	4.3.1.1 货位管理能力/0.40
			4.3.1.2 物料管理能力/0.60
		4.3.2 配送管理/0.50	4.3.2.1 配送自动化水平/0.40
			4.3.2.2 配送管控能力/0.60

一级指标/权重	二级指标/权重	三级指标/权重	四级指标/权重
4 智能制造水平/0.25	4.4 管理/0.20	4.4.1 设备管理/0.40	4.4.1.1 设备运行状态监控能力/0.40
			4.4.1.2 设备故障诊断能力/0.30
			4.4.1.3 设备全生命周期管理/0.30
		4.4.2 能源管理/0.40	4.4.2.1 能源供应状态监视水平/0.30
			4.4.2.2 能源供应异常预警能力/0.40
			4.4.2.3 能源供应调度水平/0.30
		4.4.3 安全环境管理/0.20	4.4.3.1 综合管理信息化水平/0.30
			4.4.3.2 安、消防技防水平/0.50
			4.4.3.3 环境指标监视能力/0.20

智能制造水平各初始指标评价域及打分标准如表6-2所示。

表6-2 智能制造水平初始指标说明

调查内容	评价内容	评分标准
网络覆盖及互联互通能力	对无线网络覆盖情况和网络互联互通能力进行评价	1 实现无线网络的室内全覆盖；50分 2 实现无线网络的厂区全覆盖；20分 3 实现生产网和企业网的互联互通；30分
网络安全保障能力	对网络的关键设备冗余、安全防范、态势分析以及数据安全保障能力进行评价	1 实现关键网络节点（汇聚）的设备冗余；30分 2 实现网络安全的基本防范；30分 3 实现网络安全的整体态势分析；20分 4 实现重要数据的安全防护；20分
数据交换能力	对数据交互规范、平台统一性和异常报警的水平进行评价	1 制定信息系统的数据交互规范；40分 2 实现数据交互的统一监控；40分 3 实现数据交互异常的自动报警；20分
数据融合能力	对数据字典规范、数据服务和共享水平进行评价	1 制定统一的数据字典规范；30分 2 实现基础数据的统一服务；40分 3 建立统一的数据共享中心；30分

调查内容	评价内容	评分标准
各系统的集成水平	对各应用系统间的信息集成水平进行评价	1 实现生产制造执行系统与制丝、卷包、能源集控系统的集成；50分 2 实现生产制造执行系统与各物流高架库系统的集成；30分 3 实现生产制造执行系统与ERP系统的集成；10分 4 实现生产制造执行系统与产品设计系统的集成；10分
计划编制	对生产计划排产和原材料预约的自动化能力进行评价	1 对自动排产功能的在用情况进行评价（制丝排产、卷包排产和原辅料预约方面的应用情况，制丝排产在用15分，卷包排产在用15分，原辅料自动预约在用10分）；40分 2 对排产计划可执行性进行评价（需人工辅助调整后执行25分，可直接执行40分）；40分 3 对智能排产水平进行评价，排产计划可根据实际执行情况自学习、自修正；20分
生产调度	对卷烟生产调度的自动化能力进行评价	1 根据生产计划，实现作业指令的自动分解下发；30分 2 对工单自动下发覆盖面进行评价（制丝工序20分，卷包机组20分）；40分 3 实现工艺标准随作业指令同步下达；30分
生产控制	对生产运行状态、计划完成情况和异常状态的信息获取能力进行评价	1 实现生产执行状态的数据采集；20分 2 实现生产执行状态的可视化监视；20分 3 实现生产执行进度异常的自动报警；30分 4 实现生产运行状态的自动分析；30分
标准管理数字化水平	对信息系统中标准的管理应用水平进行评价	1 实现标准管理的信息化；20分 2 对标准管理应用的覆盖面进行评价（工艺质量标准20分，检验标准20分，判定标准20分）；60分 3 可自动接收上级部门下发的质量标准并转化为厂级质量标准；20分

调查内容	评价内容	评分标准
质量数据应用水平	对质量数据的应用水平进行评价	1 实现质量数据的实时在线采集（烟丝、烟支、滤棒）；10 分 2 实现质量数据的实时可视化展示（烟丝、烟支、滤棒）；10 分 3 实现质量数据的多维分析和多级预警；30 分 4 实现质量异常的联动控制；30 分 5 实现基于大数据的控制参数自动预判预控；20 分
防差错能力	从标准、牌号、物料三个维度对卷烟生产过程防差错能力进行评价	1 实现防差错管理的信息化；20 分 2 对防差错覆盖面进行评价（标准、牌号、物料）；60 分 3 实现防差错信息周期性统计分析；20 分
批次追溯能力	对卷烟生产批次的追溯效率进行评价	1 实现批次追溯管理的信息化；20 分 2 对批次追溯的深度进行评价（厂内制丝、原材料可追溯到投料批次，卷包可追溯到机组；厂外原材料可追溯到产地，成品可追溯到地市级公司）；50 分 3 对批次追溯的效率进行评价（人工辅助系统实现追溯10 分，系统一键追溯 30 分）；30 分
货位管理能力	对货位管理颗粒度和货位存储策略进行评价	1 对仓储货位管理信息系统的覆盖面进行评价（原料配方库 10 分，辅料库 10 分，成品库 10 分，滤棒库 10 分）；40 分 2 实现仓储的单货位管理；30 分 3 实现货位存储策略的灵活调整（货位和货区可实现优先级、指定专用等管理）；30 分
物料管理能力	对物料仓储信息管理、存储策略和自动盘库的能力进行评价	1 对物料库存信息管理的覆盖面进行评价（原料配方库、辅料库、成品库、滤棒库）；20 分 2 对物料出入库信息管理的覆盖面进行评价（原料配方库、辅料库、成品库、滤棒库）；20 分 3 实现物料存储策略的灵活调整（先进先出、指定专用、物料存储异常预警等）；40 分 4 实现物料的自动盘库；20 分

调查内容	评价内容	评分标准
配送自动化水平	对物料配送自动化装备覆盖情况进行综合评价	对物流配送自动化装备的覆盖情况进行评价（烟包输送、空纸箱回收、糖料配送及回收、香精配送及回收、掺配退料、喂丝退料、卷烟材料配送及回收、甘油酯输送、废烟支废材料回收、滤棒配送、丝束配送、成品卷烟分拣）；100分
配送管控能力	对物料配送信息自动获取、状态监视和异常报警的能力进行评价	1 实现物流配送过程数据的自动获取（物料、时间、地点）；20分 2 实现配送过程的可视化展示；20分 3 实现配送过程状态的异常报警；30分 4 实现配送系统的智能统筹调配；30分
设备运行状态监控能力	对设备运行状态和异常状态的信息获取能力进行评价	1 实现设备（叶丝干燥设备、卷接机、包装机、成型机）运行数据的自动获取；30分 2 实现设备运行数据的可视化展示；20分 3 实现制丝设备的远程控制（松散回潮、加料、叶丝干燥、加香）；30分 4 实现设备异常的自动预警；20分
设备故障诊断能力	对设备故障诊断的智能化水平进行评价	1 实现设备故障分析的信息化；50分 2 实现设备故障的多维度分析；30分 3 实现基于大数据的设备故障自诊断；20分
设备全生命周期管理	对设备全生命周期管理的信息化水平进行评价	1 实现设备全生命周期管理的信息化；40分 2 设备全生命周期管理信息化的覆盖面：采购、使用、维修、报废；30分 3 实现设备管理的自动预警（维修、更换）；30分
能源供应状态监视水平	对供能设备运行信息获取、状态监视和异常报警的能力进行评价	1 实现供能设备（锅炉、压缩空气、制冷、除尘、排潮、真空）运行数据的自动获取；40分 2 实现供能设备运行数据的可视化展示；40分 3 实现设备异常的自动预警；20分
能源供应异常预警能力	对能源异常预警的精细度进行评价	1 实现生产能源的异常指标报警；35分 2 实现末端能源指标的异常报警；35分 3 实现生产批次能源消耗的统计分析；15分 4 实现能源消耗异常的自动预警；15分

调查内容	评价内容	评分标准
能源供应调度水平	对能源运行调度的智能化水平进行评价	1 根据生产计划，实现能源供应计划的自动生成（开台数量、开机时间及预计供应总量）；40分 2 根据生产设备实际运行情况，实现供能设备的自动关联控制（工艺空调、除尘、排潮、真空）；30分 3 实现基于大数据的空调设备运行自优化（开台数量、开机时间、设备参数）；30分
综合管理信息化水平	对安全环境综合管理的信息化覆盖情况和移动应用水平进行评价	1 实现安全综合管理的信息化，覆盖：危险作业管理、相关方管理、预警预测综合指标评价、安全风险分级管控和隐患排查治理、培训管理、安全目标管理、交通管理、环保管理、应急物资管理、事件事故管理；70分 2 实现安全管理应用的移动化：危险作业管理、相关方管理、安全风险分级管控和隐患排查治理；30分
安、消防技防水平	对安全防范、消防控制和跨系统安全联动的水平进行评价	1 具有安全防范系统（视频监控15分，入侵报警15分，出入口控制15分）；45分 2 具有消防物联网控制系统，并实现设备故障的远程监控和异常报警的实时提醒；35分 3 具有跨系统的安全联动机制；20分
环境指标监视能力	对环境指标（污水、烟尘、厂界噪声）的自动采集、可视化展示和异常预警能力进行评价	1 实现环境指标数据的自动采集（污水20分，烟尘20分，厂界噪声20分）；60分 2 实现环境指标的可视化展示；30分 3 实现环境指标的异常预警；10分

第一节　信息支撑

本节主要从网络环境和信息融合两个方面对信息支撑水平进行评价。

一、网络环境

（一）网络覆盖及互联互通能力

【评价目的】该项指标为定性指标，用于评价卷烟工厂的网络覆盖及互联互通能力。

【数据采集】调查测试无线网络在厂区范围内、产区的室内覆盖情况和网络互联互通情况。

【评价方法】由专业人员进行判定打分。网络覆盖及互联互通能力评价共计100分，其中：实现无线网络的室内全覆盖满分50分，实现无线网络的厂区全覆盖满分20分，实现生产网和企业网的互联互通满分30分。

评分依据如表6-3所示。

表6-3 网络覆盖及互联互通能力评分依据

序号	评价内容	评分标准
1	实现无线网络的室内全覆盖	1.1 实现无线网络的办公区全覆盖；20分
		1.2 实现无线网络的生产区域全覆盖；20分
		1.3 实现无线网络的仓储区域全覆盖；10分
2	实现无线网络的厂区全覆盖；20分	
3	实现生产网和企业网的互联互通	3.1 实现生产网和管理网的互联互通；15分
		3.2 实现5G融合能力；15分

（二）网络安全保障能力

【评价目的】该项指标为定性指标，用于评价卷烟工厂的网络安全保障情况。

【数据采集】调查测试网络的关键设备冗余、安全防范、态势分析以及数据安全保障能力。

【评价方法】由专业人员进行判定打分。网络安全保障能力评价共计100分，其中：实现关键网络节点（汇聚）的设备冗余30分，实现网络安全的基本防范30分，实现网络安全的整体态势分析20分，实现重要数据的安全防护20分。

评分依据如表6-4所示。

表6-4 网络安全保障能力评分依据

序号	评价内容	评分标准
1	实现关键网络节点（汇聚）的设备冗余	1.1 实现汇聚层关键网络节点设备冗余；15分
		1.2 实现核心层关键网络节点设备冗余；15分
2	实现网络安全的基本防范	2.1 根据安全重要程度实现分区分域管理；10分
		2.2 实现网络数据流量异常监测和安全审计；10分
		2.3 实现关键主机设备安全防护；10分
3	实现网络安全的整体态势分析；20分	
4	实现重要数据的安全防护；20分	

二、信息融合

（一）数据交换能力

【评价目的】该项指标为定性指标，用于评价卷烟工厂的数据交换情况。

【数据采集】对数据交互规范、平台统一性和异常报警的水平进行评价。

【评价方法】由专业人员进行判定打分。数据交换能力评价共计100分，其中：制定信息系统的数据交互规范40分，实现数据交互的统一监控40分，实现数据交互异常的自动报警20分。

评分依据如表6-5所示。

表6-5 数据交换能力评分依据

序号	评价内容	评分标准
1	制定信息系统的数据交互规范；40分	
2	实现数据交互的统一监控	2.1 实现数据交互的统一监控；20分
		2.2 实现异常数据的统一监测；20分
3	实现数据交互异常的自动报警；20分	

（二）数据融合能力

【评价目的】该项指标为定性指标，用于评价卷烟工厂的数据融合情况。

【数据采集】对数据字典规范、数据服务和共享水平进行评价。

【评价方法】由专业人员进行判定打分。数据融合能力评价共计100分，其中：制定统一的数据字典规范30分，实现基础数据的统一服务40分，建立统一的数据共享中心30分。

评分依据如表6-6所示。

表6-6 数据融合能力评分依据

序号	评价内容	评分标准
1	制定统一的数据字典规范；30分	
2	实现基础数据的统一服务	2.1 实现基础数据的统一服务发布；20分
		2.2 实现基础数据的统一服务鉴权；10分
		2.3 实现基础数据的统一服务生命周期管理；10分
3	建立统一的数据共享中心	3.1 实现统一的共享数据存储；10分
		3.2 实现数据的开放共享；10分
		3.3 实现数据的分析决策应用；10分

（三）各系统的集成水平

【评价目的】该项指标为定性指标，用于评价卷烟工厂各系统的集成情况。

【数据采集】调查工厂各应用系统间的信息集成水平。

【评价方法】由专业人员进行判定打分。各系统的集成水平评价共计100分，其中：实现生产制造执行系统与制丝、卷包、能源集控系统的集成50分，实现生产制造执行系统与各物流高架库系统的集成30分，实现生产制造执行系统与ERP系统的集成10分，实现生产制造执行系统与产品设计系统的集成10分。

评分依据如表6-7所示。

表 6-7　各系统的集成水平评分依据

序号	评价内容	评分标准
1	实现生产制造执行系统与制丝、卷包、能源集控系统的集成	1.1 实现生产制造执行系统与制丝集控系统的集成；20 分
		1.2 实现生产制造执行系统与卷包数采系统的集成；20 分
		1.3 实现生产制造执行系统与能源管理系统的集成；10 分
2	实现生产制造执行系统与各物流高架库系统的集成	2.1 实现生产制造执行系统与制丝各高架库系统的集成；15 分
		2.2 实现生产制造执行系统与卷包各高架库系统的集成；15 分
3	实现生产制造执行系统与 ERP 系统的集成；10 分	
4	实现生产制造执行系统与产品设计系统的集成；10 分	

第二节　生　产

本节主要从计划调度、生产控制和质量控制三个方面对生产水平进行评价。

一、计划调度

（一）计划编制

【评价目的】该项指标为定性指标，用于评价卷烟工厂的计划编制情况。

【数据采集】调查工厂自动排产系统应用情况。

【评价方法】由专业人员进行判定打分。计划编制能力评价共计 100 分，其中：自动排产功能的在用情况 40 分，排产计划可执行性 40 分，智能排产水平 20 分。

评分依据如表 6-8 所示。

表 6-8 计划编制评分依据

序号	评价内容	评分标准
1	自动排产功能的在用情况	1.1 制丝排产在用；15 分
		1.2 卷包排产在用；15 分
		1.3 原辅料自动预约在用；10 分
2	排产计划可执行性	2.1 需人工辅助调整后执行；25 分
		2.2 可直接执行；40 分
3	智能排产水平，排产计划可根据实际执行情况自学习、自修正；20 分	

（二）生产调度

【评价目的】该项指标为定性指标，用于评价卷烟工厂的生产调度情况。

【数据采集】调查工厂卷烟生产过程中，调度的自动化能力。

【评价方法】由专业人员进行判定打分。生产调度能力评价共计 100 分，其中：根据生产计划，实现作业指令的自动分解下发 30 分，对工单自动下发覆盖面进行评价 40 分，实现工艺标准随作业指令同步下达 30 分。

评分依据如表 6-9 所示。

表 6-9 生产调度评分依据

序号	评价内容	评分标准
1	根据生产计划，实现作业指令的自动分解下发	1.1 卷包工序；15 分
		1.2 制丝工序；15 分
2	对工单自动下发覆盖面进行评价	2.1 制丝工序；20 分
		2.2 卷包工序；20 分
3	实现工艺标准随作业指令同步下达	3.1 制丝工序；15 分
		3.2 卷包工序；15 分

二、生产控制

【评价目的】该项指标为定性指标，用于评价卷烟工厂的生产调度情况。

【数据采集】调查工厂卷烟生产过程中的数据采集、可视化监视、异常情况自动报警和运行状态的自动分析情况。

【评价方法】由专业人员进行判定打分。生产控制评价共计100分，其中：实现生产执行状态的数据采集20分，实现生产执行状态的可视化监视20分，实现生产执行进度异常的自动报警30分，实现生产运行状态的自动分析30分。

评分依据如表6-10所示。

表6-10　生产控制评分依据

序号	评价内容与评分标准
1	实现生产执行状态的数据采集；20分
2	实现生产执行状态的可视化监视；20分
3	实现生产执行进度异常的自动报警；30分
4	实现生产运行状态的自动分析；30分

三、质量控制

（一）标准管理数字化水平

【评价目的】该项指标为定性指标，用于评价卷烟工厂的标准管理数字化情况。

【数据采集】调查工厂卷烟生产过程中，标准管理的信息化、标准管理应用的覆盖面和质量标准并转化情况。

【评价方法】由专业人员进行判定打分。标准管理数字化水平评价共计100分，其中：实现标准管理的信息化20分，对标准管理应用的覆盖面进行评价60分，可自动接收上级部门下发的质量标准并转化为厂级质量标准20分。

评分依据如表6-11所示。

表 6-11　标准管理数字化水平评分依据

序号	评价内容	评分标准
1	实现标准管理的信息化；20 分	
2	对标准管理应用的覆盖面进行评价	2.1 工艺质量标准；20 分
		2.2 检验标准；20 分
		2.3 判定标准；20 分
3	可自动接收上级部门下发的质量标准并转化为厂级质量标准；20 分	

（二）质量数据应用水平

【评价目的】该项指标为定性指标，用于评价卷烟工厂的质量数据应用情况。

【数据采集】调查工厂卷烟生产过程中，质量数据的实时在线采集、可视化展示、多维分析和多级预警、质量异常的联动控制、控制参数自动预判预控情况。

【评价方法】由专业人员进行判定打分。质量数据应用水平评价共计 100 分，其中：实现质量数据的实时在线采集（烟丝、烟支、滤棒）10 分，实现质量数据的实时可视化展示（烟丝、烟支、滤棒）10 分，实现质量数据的多维分析和多级预警 30 分，实现质量异常的联动控制 30 分，实现基于大数据的控制参数自动预判预控 20 分。

评分依据如表 6-12 所示。

表 6-12　质量数据应用水平评分依据

序号	评价内容	评分标准
1	实现质量数据的实时在线采集（烟丝、烟支、滤棒）；10 分	
2	实现质量数据的实时可视化展示（烟丝、烟支、滤棒）；10 分	
3	实现质量数据的多维分析和多级预警	3.1 实现质量数据的多维分析；15 分
		3.2 实现质量数据的多维预警；15 分
4	实现质量异常的联动控制；30 分	
5	实现基于大数据的控制参数自动预判预控；20 分	

（三）防差错能力

【评价目的】该项指标为定性指标，用于评价卷烟工厂的防差错情况。

【数据采集】从标准、牌号、物料三个维度调查卷烟生产过程防差错管理状况。

【评价方法】由专业人员进行判定打分。防差错能力评价共计 100 分，其中：实现防差错管理的信息化 20 分，对防差错覆盖面进行评价（标准、牌号、物料）60 分，实现防差错信息周期性统计分析 20 分。

评分依据如表 6-13 所示。

表 6-13　防差错能力评分依据

序号	评价内容	评分标准
1	实现防差错管理的信息化；20 分	
2	对防差错覆盖面进行评价	2.1 对标准下发与校验防差错能力进行评价；20 分
		2.2 对生产牌号管理防差错能力进行评价；20 分
		2.3 对投料、掺配、烟丝配送等工艺环节的物料管理防差错能力进行评价；20 分
3	实现防差错信息周期性统计分析；20 分	

（四）批次追溯能力

【评价目的】该项指标为定性指标，用于评价卷烟工厂的批次追溯情况。

【数据采集】调查工厂卷烟生产过程中，追溯管理的信息化、追溯的深度和追溯效率情况。

【评价方法】由专业人员进行判定打分。批次追溯能力评价共计 100 分，其中：实现批次追溯管理的信息化 20 分，对批次追溯的深度进行评价 50 分，对批次追溯的效率进行评价 30 分。

评分依据如表 6-14 所示。

表 6-14　批次追溯能力评分依据

序号	评价内容	评分标准
1	实现批次追溯管理的信息化；20 分	
2	对批次追溯的深度进行评价	2.1 厂内制丝、原材料可追溯到投料批次；20 分
		2.2 卷包可追溯到机组；10 分
		2.3 厂外原材料可追溯到产地；10 分
		2.4 成品可追溯到地市级公司；10 分
3	对批次追溯的效率进行评价	若采用人工辅助系统实现追溯；10 分
		若实现系统一键追溯；30 分

第 三 节　　物　流

本节主要从仓储管理和配送管理两个方面对物流水平进行评价。

一、仓储管理

（一）货位管理能力

【评价目的】该项指标为定性指标，用于评价卷烟工厂的货位管理情况。

【数据采集】调查工厂卷烟生产过程中，仓储货位管理信息系统的覆盖面、仓储单货位管理和货位存储策略情况。

【评价方法】由专业人员进行判定打分。货位管理能力评价共计 100 分，其中：对仓储货位管理信息系统的覆盖面进行评价 40 分，实现仓储的单货位管理 30 分，实现货位存储策略的灵活调整 30 分。

评分依据如表 6-15 所示。

表 6-15　货位管理能力评分依据

序号	评价内容	评分标准
1	对仓储货位管理信息系统的覆盖面进行评价	1.1 原料配方库；10 分
		1.2 辅料库；10 分
		1.3 成品库；10 分
		1.4 滤棒库；10 分
2	实现仓储的单货位管理	2.1 原料配方库；10 分
		2.2 辅料库；5 分
		2.3 成品库；10 分
		2.4 滤棒库；5 分
3	实现货位存储策略的灵活调整	3.1 货位和货区可实现优先级管理；15 分
		3.2 指定专用等管理；15 分

（二）物料管理能力

【评价目的】该项指标为定性指标，用于评价卷烟工厂的物料管理情况。

【数据采集】调查工厂卷烟生产过程中，物料库存和进出库信息管理的覆盖面、存储策略和自动盘库情况。

【评价方法】由专业人员进行判定打分。物料管理能力评价共计 100 分，其中：对物料库存信息管理的覆盖面评价 20 分，对物料出入库信息管理的覆盖面进行评价 20 分，实现物料存储策略的灵活调整 40 分，实现物料的自动盘库 20 分。

评分依据如表 6-16 所示。

表 6-16　物料管理能力评分依据

序号	评价内容	评分标准
1	对物料库存信息管理的覆盖面进行评价	1.1 原料配方库；5 分
		1.2 辅料库；5 分
		1.3 成品库；5 分
		1.4 滤棒库；5 分

序号	评价内容	评分标准
2	对物料出入库信息管理的覆盖面进行评价	2.1 原料配方库；5分
		2.2 辅料库；5分
		2.3 成品库；5分
		2.4 滤棒库；5分
3	实现物料存储策略的灵活调整	3.1 先进先出；10分
		3.2 指定专用；10分
		3.3 物料存储异常预警；10分
		3.4 其他功能；10分
4	实现物料的自动盘库；20分	

二、配送管理

（一）配送自动化水平

【评价目的】该项指标为定性指标，用于评价卷烟工厂的配送自动化情况。

【数据采集】调查工厂卷烟生产过程中，物料配送自动化装备覆盖情况。

【评价方法】由专业人员进行判定打分。配送自动化水平评价共计100分。评分依据如表6-17所示。

（二）配送管控能力

【评价目的】该项指标为定性指标，用于评价卷烟工厂的配送管控情况。

【数据采集】调查工厂卷烟生产过程中，物料配送信息自动获取、状态监视、异常报警和系统统筹情况。

【评价方法】由专业人员进行判定打分。配送管控能力评价共计100分，其中：实现物流配送过程数据的自动获取（物料、时间、地点）20分，实现配送过程的可视化展示20分，实现配送过程状态的异常报警30分，实现配送系统的智能统筹调配30分。

表 6-17　配送自动化水平评分依据

序号	评价内容	评分标准
1	对物流配送自动化装备的覆盖情况进行评价	1.1 烟包输送；10 分
		1.2 空纸箱自动回收；5 分
		1.3 香糖料配送及回收；10 分
		1.4 掺配退料；10 分
		1.5 喂丝退料；10 分
		1.6 卷烟材料配送及回收；10 分
		1.7 甘油酯输送；10 分
		1.8 废烟支废材料回收；10 分
		1.9 滤棒配送；5 分
		1.10 丝束配送；10 分
		1.11 成品卷烟分拣；10 分

评分依据如表 6-18 所示。

表 6-18　配送管控能力评分依据

序号	评价内容与评分标准
1	实现物流配送过程数据的自动获取（物料、时间、地点）；20 分
2	实现配送过程的可视化展示；20 分
3	实现配送过程状态的异常报警；30 分
4	实现配送系统的智能统筹调配；30 分

第四节　管理

本节主要从设备管理、能源管理和安全环境管理三个方面对管理进行评价。

一、设备管理

（一）设备运行状态监控能力

【评价目的】该项指标为定性指标，用于评价卷烟工厂的设备运行状态监控情况。

【数据采集】调查工厂卷烟生产过程中，设备运行数据获取、可视化展示、远程控制、异常预警等情况。

【评价方法】由专业人员进行判定打分。设备运行状态监控能力评价共计100分，其中：实现设备运行数据的自动获取30分，实现设备运行数据的可视化展示20分，实现制丝设备的远程控制（回潮、加料、叶丝干燥设备、加香等）30分，实现设备异常的自动预警20分。

评分依据如表6-19所示。

表6-19　设备运行状态监控能力评分依据

序号	评价内容	评分标准
1	实现设备运行数据的自动获取	1.1 叶丝干燥设备；10分
		1.2 卷接机；10分
		1.3 包装机；5分
		1.4 成型机；5分
2	实现设备运行数据的可视化展示；20分	
3	实现制丝设备的远程控制（回潮、加料、叶丝干燥设备、加香等）；30分	
4	实现设备异常的自动预警；20分	

（二）设备故障诊断能力

【评价目的】该项指标为定性指标，用于评价卷烟工厂的设备故障诊断的智能化水平情况。

【数据采集】调查工厂卷烟生产过程中，设备故障分析维度、信息化水平、覆盖面和预警情况。

【评价方法】由专业人员进行判定打分。设备故障诊断能力评价共计100分，其中：实现设备故障分析的信息化50分，实现设备故障的多维度分析30分，实现基于大数据的设备故障自诊断20分。

评分依据如表6-20所示。

表6-20 设备故障诊断能力评分依据

序号	评价内容	评分标准
1	实现设备故障分析的信息化	1.1 制丝工序；25分
		1.2 卷包工序；25分
2	实现设备故障的多维度分析	2.1 制丝工序；15分
		2.2 卷包工序；15分
3	实现基于大数据的设备故障自诊断；20分	

（三）设备全生命周期管理

【评价目的】该项指标为定性指标，用于评价卷烟工厂的设备全生命周期管理情况。

【数据采集】调查工厂卷烟生产过程中，设备全生命周期管理信息化、覆盖面和预警情况。

【评价方法】由专业人员进行判定打分。设备全生命周期管理评价共计100分，其中：实现设备全生命周期管理的信息化40分，设备全生命周期管理信息化的覆盖面30分，实现设备管理的自动预警30分。

评分依据如表6-21所示。

表6-21 设备全生命周期管理评分依据

序号	评价内容	评分标准
1	实现设备全生命周期管理的信息化；40分	
2	设备全生命周期管理信息化的覆盖面	2.1 采购；5分
		2.2 使用；10分
		2.3 维修；10分
		2.4 报废；5分

序号	评价内容	评分标准
3	实现设备管理的自动预警	3.1 维修；15 分
		3.2 更换；15 分

二、能源管理

（一）能源供应状态监视水平

【评价目的】该项指标为定性指标，用于评价卷烟工厂的能源供应状态监控情况。

【数据采集】调查工厂卷烟生产过程中，供能设备运行信息获取、运行数据可视化和设备报警情况。

【评价方法】由专业人员进行判定打分。能源供应状态监视水平评价共计100 分，其中：实现供能设备运行数据的自动获取 40 分，实现供能设备运行数据的可视化展示 40 分，实现设备异常的自动预警 20 分。

评分依据如表 6-22 所示。

表 6-22　能源供应状态监视水平评分依据

序号	评价内容	评分标准
1	实现供能设备运行数据的自动获取	1.1 锅炉；10 分
		1.2 空压；10 分
		1.3 制冷；5 分
		1.4 除尘；5 分
		1.5 排潮；5 分
		1.6 真空；5 分
2	实现供能设备运行数据的可视化展示；40 分	
3	实现设备异常的自动预警；20 分	

（二）能源异常预警能力

【评价目的】该项指标为定性指标，用于评价卷烟工厂的能源异常预警情况。

【数据采集】调查工厂卷烟生产过程中，能源消费的稳定性、能源消耗的统计以及实现自动报警情况。

【评价方法】由专业人员进行判定打分。能源异常预警能力评价共计100分，其中：实现生产能源的异常指标报警35分，实现末端能源指标的异常报警35分，实现生产批次能源消耗的统计分析15分，实现能源消耗异常的自动预警15分。

评分依据如表6-23所示。

表6-23　能源异常预警能力评分依据

序号	评价内容	评分标准
1	实现生产能源的异常指标报警；35分（对供电、蒸汽、压空、真空、制冷等关键能源的异常指标报警覆盖面进行评价）	
2	实现末端能源指标的异常报警；35分（对供电、蒸汽、压空、真空、制冷等末端能源的异常指标报警覆盖面进行评价）	
3	实现生产批次能源消耗的统计分析；15分	
4	实现能源消耗异常的自动预警；15分	

（三）能源运行调度水平

【评价目的】该项指标为定性指标，用于评价卷烟工厂的能源运行调度情况。

【数据采集】调查工厂卷烟生产过程中，能源运行调度的智能化水平情况。

【评价方法】由专业人员进行判定打分。能源运行调度水平评价共计100分，其中：根据生产计划，实现能源供应计划的自动生成40分，根据生产设备实际运行情况，实现供能设备的自动关联控制30分，实现基于大数据的空调设备运行自优化30分。

评分依据如表6-24所示。

表6-24　能源运行调度水平评分依据

序号	评价内容	评分标准
1	根据生产计划，实现能源供应计划的自动生成	1.1 开台数量；10分
		1.2 开机时间；10分
		1.3 预计供应总量；20分

序号	评价内容	评分标准
2	根据生产设备实际运行情况，实现供能设备的自动关联控制	2.1 空调；10 分
		2.2 除尘排潮；10 分
		2.3 真空；10 分
3	实现基于大数据的空调设备运行自优化	3.1 开台数量；10 分
		3.2 开机时间；10 分
		3.3 设备参数；10 分

三、安全环境管理

（一）综合管理信息化水平

【评价目的】该项指标为定性指标，用于评价卷烟工厂的综合管理信息化情况。

【数据采集】调查工厂卷烟生产过程中，安全环境综合管理的信息化覆盖情况和移动应用水平情况。

【评价方法】由专业人员进行判定打分。综合管理信息化水平评价共计 100 分，其中：实现安全综合管理的信息化覆盖 70 分，实现安全管理应用的移动化，30 分。

评分依据如表 6-25 所示。

表 6-25　综合管理信息化水平评分依据

序号	评价内容	评分标准
1	实现安全综合管理的信息化覆盖	1.1 危险作业管理；10 分
		1.2 相关方管理；10 分
		1.3 预警预测综合指标评价；10 分
		1.4 隐患排查治理；10 分
		1.5 培训管理；5 分
		1.6 安全目标管理；5 分

序号	评价内容	评分标准
1	实现安全综合管理的信息化覆盖	1.7 交通管理；5 分
		1.8 环保管理；5 分
		1.9 应急物资管理；5 分
		1.10 事件事故管理；5 分
2	实现安全管理应用的移动化	2.1 危险作业管理；10 分
		2.2 相关方管理；10 分
		2.3 隐患排查治理；10 分

（二）安、消防技防水平

【评价目的】该项指标为定性指标，用于评价卷烟工厂的安防、消防及跨系统联动情况。

【数据采集】调查工厂的安全防范、消防控制和跨系统安全联动情况。

【评价方法】由专业人员进行判定打分。安、消防技防水平评价共计 100 分，其中：具有安全防范系统 45 分，具有消防控制系统，并实现设备故障的远程监控和异常报警的实时提醒 35 分，具有跨系统的安全联动机制 20 分。

评分依据如表 6-26 所示。

表 6-26　安、消防技防水平评分依据

序号	评价内容	评分标准
1	具有安全防范系统	1.1 视频监控；15 分
		1.2 入侵报警；15 分
		1.3 出入口控制；15 分
2	具有消防控制系统，并实现设备故障的远程监控和异常报警的实时提醒	2.1 设备故障的远程监控；20 分
		2.2 异常报警的实时提醒；15 分
3	具有跨系统的安全联动机制；20 分	

（三）环境指标监视能力

【评价目的】该项指标为定性指标，用于评价卷烟工厂的设备全生命周期管理情况。

【数据采集】调查工厂卷烟生产过程中，环境指标（污水、烟尘、厂界噪声）的自动采集、可视化展示和异常预警情况。

【评价方法】由专业人员进行判定打分。环境指标监视能力评价共计 100 分，其中：实现环境指标数据的自动采集 60 分，实现环境指标的可视化展示 30 分，实现环境指标的异常预警 10 分。

评分依据如表 6-27 所示。

表 6-27 环境指标监视能力评分依据

序号	评价内容	评分标准
1	实现环境指标数据的自动采集	1.1 污水；20 分
		1.2 烟尘；20 分
		1.3 厂界噪声；20 分
2	实现环境指标的可视化展示	2.1 污水；10 分
		2.2 烟尘；10 分
		2.3 厂界噪声；10 分
3	实现环境指标的异常预警；10 分	

第七章 数据处理与综合评价

第一节 数据处理

对于从数据采集系统获得的数据，工艺及设备参数数据首尾截取规则按表7-1，非稳态指数数据首尾截取规则按表7-2。

表7-1 中控数采数据截取规则

指标内容		开始条件	结束条件
物料流量		物料瞬时流量大于100kg/h，且时间延时180s	物料瞬时流量小于100kg/h，且时间前移180s
出口物料含水率	低水分物料（≤15%）	出口物料含水率大于8%，且时间延时180s	出口物料含水率小于8%，且时间前移180s
	中高水分物料（>15%，且≤23%）	出口物料含水率大于12%，且时间延时180s	出口物料含水率小于12%，且时间前移180s
	高水分物料（>23%）	出口物料含水率大于20%，且时间延时180s	出口物料含水率小于20%，且时间前移180s
出口物料温度		与出口物料含水率同步	与出口物料含水率同步
热风温度、筒壁温度、工艺气体温度等其他项目		与工序出口含水率起始点同步	与工序入口物料流量结束点同步

表7-2 非稳态指数数据处理方法

工序出口物料含水率设定值	开始计点条件	结束计点条件
低水分物料（≤15%）	出口物料含水率大于8%的第一个点	出口物料含水率小于8%的第一个点
中高水分物料（>15%，且≤23%）	出口物料含水率大于12%的第一个点	出口物料含水率小于12%的第一个点
高水分物料（>23%）	出口物料含水率大于20%的第一个点	出口物料含水率小于20%的第一个点

除了表7-1和表7-2剔除的数据外，过程中产生的异常数据不予剔除。

对评价对象测评过程中，末级指标（指标体系中无下级的指标）及其上一级指标同时缺失数据的，该指标权重均分至具有相同上级指标的其他同等级指标。仅缺失工序时进行折算，若存在对应工序，但测试数据无传感器获取，不应作为测评指标缺失，应采用人工检测替代自动获取，否则所对应项视作得分为0。

数据处理过程中，常用到的统计指标如下：

（1）平均数，也称均值，是一组数据相加后除以数据的个数得到的结果。根据未经分组数据计算的平均数称为简单平均数。设一组样本数据为 x_1，x_2，$\cdots$，x_n，样本量（样本数据的个数）为 n，则简单样本平均数用 $\bar{x}$ 表示，计算公式为：

$$\bar{x} = \frac{x_1 + x_2 + \cdots + x_n}{n} = \frac{\sum_{i=1}^{n} x_i}{n}$$

（2）极差，也称全距，是一组数据的最大值与最小值之差。设一组样本数据的最大值为 $\max(x_i)$，最小值为 $\min(x_i)$，则极差用 R 表示，计算公式为：

$$R = \max(x_i) - \min(x_i)$$

（3）标准偏差，也称标准差，是离差平方和平均后的方根，是方差的算术平方根。设一组样本数据为 x_1，x_2，$\cdots$，x_n，样本量（样本数据的个数）为 n，平均数用 $\bar{x}$ 表示，则标准偏差用 σ 表示，计算公式为：

$$\sigma = \sqrt{\frac{\sum_{i=1}^{n} (x_i - \bar{x})^2}{n - 1}}$$

（4）变异系数，也称离散系数，是一组数据的标准差与其相应的平均数之比。设一组样本数据为 x_1，x_2，$\cdots$，x_n，样本量（样本数据的个数）为 n，平均数用 $\bar{x}$ 表示，标准偏差用 σ 表示，则变异系数用 C_v 表示，计算公式为：

$$C_v = \frac{\sigma}{\bar{x}}$$

第二节　评分

（1）按《定量指标计算口径及计算限值》的要求评价定量指标，计算公式如下。

定量指标为望大特性：

$$S = \begin{cases} 100 & （C \geqslant A） \\ (C-B)/(A-B) \times 100 & （B < C < A） \\ 0 & （C \leqslant B） \end{cases}$$

定量指标为望小特性：

$$S = \begin{cases} 100 & （C \leqslant A） \\ (B-C)/(B-A) \times 100 & （A < C < B） \\ 0 & （C \geqslant B） \end{cases}$$

式中：S 为指标评分；

C 为实测值；

A 为上限值；

B 为下限值。

《定量指标计算限值》如表 7-3 所示。

表 7-3　定量指标计算限值

序号	定量指标	指标单位	指标特性	上限值	下限值
1.1.1.1	松散回潮工序流量变异系数	%	望小	0.01	1.00
1.1.1.2	松散回潮机加水流量变异系数	%	望小	5.00	15.00
	松散回潮出口物料含水率标准偏差	%	望小	0.05	1.00

続表

续表

序号	定量指标	指标单位	指标特性	上限值	下限值
1.1.1.3	松散回潮机热风温度变异系数	%	望小	0.50	4.00
	松散回潮机排潮负压变异系数	%	望小	10.00	100.00
1.1.1.4	松散回潮出口物料温度标准偏差	℃	望小	0.50	2.00
1.1.1.5	加料工序流量变异系数	%	望小	0.01	0.20
1.1.1.6	加料机排潮负压变异系数	%	望小	10.00	100.00
	加料机排潮开度变异系数	%	望小	1.00	5.00
	加料机循环风机频率变异系数	%	望小	0.50	5.00
	加料机回风温度变异系数	%	望小	0.50	4.00
1.1.1.7	加料出口物料温度标准偏差	℃	望小	0.50	2.00
1.1.1.8	加料出口物料含水率标准偏差	%	望小	0.05	1.00
1.1.1.9	总体加料精度	%	望小	0.01	0.20
1.1.1.10	加料比例变异系数	%	望小	0.01	1.00
1.1.2.1	叶丝宽度标准偏差	mm	望小	0.03	0.10
1.1.2.2	叶丝干燥工序流量变异系数	%	望小	0.01	0.20
1.1.2.3	叶丝干燥入口物料含水率标准偏差	%	望小	0.05	0.40
1.1.2.4	滚筒干燥机筒壁温度标准偏差	℃	望小	0.20	1.50
	气流干燥工艺气体温度变异系数	%	望小	0.20	2.00
1.1.2.5	滚筒干燥机热风温度标准偏差	℃	望小	0.10	1.00
	气流干燥工艺气体流量变异系数	%	望小	0.10	1.00
1.1.2.6	滚筒干燥机热风风速标准偏差	m/s	望小	0.005	0.10
	气流干燥蒸汽流量变异系数	%	望小	0.20	4.00
1.1.2.7	滚筒干燥机排潮负压变异系数	%	望小	10.00	100.00
	气流干燥系统内负压变异系数	%	望小	10.00	100.00
1.1.2.8	叶丝干燥出口物料温度标准偏差	℃	望小	0.50	2.00
1.1.2.9	叶丝干燥出口物料含水率标准偏差	%	望小	0.05	0.40
1.1.3.1	掺配丝总体掺配精度	%	望小	0.01	0.20
	掺配比例变异系数	%	望小	0.01	1.00
1.1.3.2	加香工序流量变异系数	%	望小	0.01	1.00
1.1.3.3	总体加香精度	%	望小	0.01	0.20

146 | YC/T 587—2020《卷烟工厂生产制造水平综合评价方法》实施指南

続表

序号	定量指标	指标单位	指标特性	上限值	下限值
1.1.3.4	加香比例变异系数	%	望小	0.01	1.00
1.1.4.1	烟丝含水率标准偏差	%	望小	0.05	0.40
1.1.4.2	烟丝整丝率标准偏差	%	望小	0.50	2.00
1.1.4.3	烟丝碎丝率标准偏差	%	望小	0.05	0.50
1.1.4.4	烟丝填充值标准偏差	cm³/g	望小	0.05	0.30
1.1.5.1	梗丝加料总体加料精度	%	望小	0.01	0.20
1.1.5.2	梗丝干燥工序流量变异系数	%	望小	0.01	0.20
1.1.5.3	梗丝干燥出口物料温度标准偏差	℃	望小	0.50	2.00
1.1.5.4	梗丝干燥出口物料含水率标准偏差	%	望小	0.05	0.40
1.1.5.5	梗丝整丝率标准偏差	%	望小	0.50	2.00
1.1.5.6	梗丝碎丝率标准偏差	%	望小	0.05	0.50
1.1.5.7	梗丝填充值标准偏差	cm³/g	望小	0.05	0.50
1.1.6.1	膨丝回潮出口物料含水率标准偏差	%	望小	0.05	0.40
1.1.6.2	膨丝整丝率标准偏差	%	望小	0.50	2.00
1.1.6.3	膨丝碎丝率标准偏差	%	望小	0.05	0.50
1.1.6.4	膨丝填充值标准偏差	cm³/g	望小	0.05	0.50
1.1.7.1	滤棒压降变异系数	%	望小	2.00	5.00
1.1.7.2	滤棒长度变异系数	%	望小	0.05	0.20
1.1.7.3	滤棒硬度变异系数	%	望小	1.00	2.00
1.1.7.4	滤棒圆度圆周比	%	望小	1.00	2.00
1.1.7.5	滤棒圆周变异系数	%	望小	0.10	0.20
1.1.8.1	无嘴烟支重量变异系数	%	望小	2.50	5.00
1.1.8.2	有嘴烟支吸阻变异系数	%	望小	2.50	8.00
1.1.8.3	有嘴烟支圆周变异系数	%	望小	0.15	0.50
1.1.8.4	卷接和包装的总剔除率	%	望小	0.50	2.00
1.1.8.5	目标重量极差	mg	望小	5.00	15.00
1.2.1.1	烟支含水率标准偏差	%	望小	0.10	0.20
1.2.1.2	烟支含末率变异系数	%	望小	10.00	30.00
1.2.1.3	端部落丝量变异系数	%	望小	20.00	100.00

序号	定量指标	指标单位	指标特性	上限值	下限值
1.2.1.4	烟支重量变异系数	%	望小	1.50	3.00
1.2.1.5	烟支吸阻变异系数	%	望小	1.50	5.00
1.2.1.6	烟支硬度变异系数	%	望小	3.00	5.00
1.2.1.7	烟支圆周变异系数	%	望小	0.15	0.30
1.2.1.8	卷制与包装质量得分		望大	100.00	90.00
1.2.2.1	批内烟气焦油量变异系数	%	望小	1.00	5.00
1.2.2.2	批内烟气烟碱量变异系数	%	望小	1.00	5.00
1.2.2.3	批内烟气CO量变异系数	%	望小	1.00	5.00
1.3.1.1	制丝主线百小时故障停机次数	次/百小时	望小	0.20	0.60
1.3.1.2	卷接包设备有效作业率	%	望大	100.00	85.00
			望大	100.00	50.00
			望大	100.00	60.00
1.3.1.3	滤棒成型设备有效作业率	%	望大	100.00	50.00
1.3.2.1	松散回潮非稳态指数	%	望小	1.50	5.00
1.3.2.2	烟片（叶丝）加料非稳态指数	%	望小	1.50	5.00
1.3.2.3	叶丝干燥非稳态指数	%	望小	1.50	5.00
1.4.1.1	蒸汽压力标准偏差	MPa	望小	0.01	0.10
1.4.1.2	蒸汽过热度极差	℃	望小	0.30	1.00
1.4.2.1	真空压力变异系数	%	望小	0.00	3.00
1.4.3.1	压缩空气压力标准偏差	MPa	望小	0.00	0.10
1.4.4.1	工艺水压力标准偏差	MPa	望小	0.00	0.10
1.4.4.2	工艺水硬度	mg/L	望小	0.00	90.00
1.4.5.1	贮叶环境温度标准偏差	℃	望小	0.10	2.00
1.4.5.2	贮叶环境湿度标准偏差	%	望小	0.50	3.00
1.4.5.3	贮丝环境温度标准偏差	℃	望小	0.10	2.00
1.4.5.4	贮丝环境湿度标准偏差	%	望小	0.50	3.00
1.4.5.5	卷接包环境温度标准偏差	℃	望小	0.10	2.00
1.4.5.6	卷接包环境湿度标准偏差	%	望小	0.50	3.00
1.4.5.7	辅料平衡库环境温度标准偏差	℃	望小	0.10	2.00

序号	定量指标	指标单位	指标特性	上限值	下限值
1.4.5.8	辅料平衡库环境湿度标准偏差	%	望小	0.50	3.00
2.1.1	卷接包设备运行效率	%	望大	100.00	50.00
2.1.2	滤棒成型设备运行效率	%	望大	100.00	50.00
2.1.3	超龄卷接包设备运行效率	%	望大	90.00	40.00
2.2.1	烟片处理综合有效作业率	%	望大	85.00	50.00
2.2.2	制叶丝综合有效作业率	%	望大	85.00	50.00
2.2.3	掺配加香综合有效作业率	%	望大	85.00	50.00
2.3.1	单位产量设备维持费用	元/万支	望小	10.00	40.00
2.4.1.1	耗丝偏差率	%	望小	5.00	10.00
2.4.1.2	出叶丝率	%	望大	100.00	90.00
2.4.1.3	出梗丝率	%	望大	100.00	80.00
2.4.1.4	出膨丝率	%	望大	100.00	80.00
2.4.2.1	单箱耗嘴棒量	支/箱	望小	12500.00	12800.00
2.4.2.2	单箱耗卷烟纸量	米/箱	望小	2950.00	3050.00
2.4.2.3	单箱耗商标纸（小盒）量	张/箱	望小	2500.00	2550.00
2.5.1	单位产量综合能耗	kgce/箱	望小	10.00	25.00
			望小	7.50	22.50
2.5.2	耗水量	m^3/万支	望小	0.10	0.20
2.5.3.1	锅炉系统煤汽比	kgce/t	望小	80.00	110.00
2.5.3.2	压缩空气系统电气比	$kW \cdot h/Nm^3$	望小	0.10	0.20
2.5.3.3	制冷系统性能系数	无量纲	望大	5.00	2.50
2.6	在岗职工人均劳动生产率	箱/人	望大	800.00	100.00
3.1.1	作业现场噪声	个	望小	0	5
3.1.2	作业现场粉尘浓度	个	望小	0	5
3.2.1	单箱化学需氧量排放量	g/箱	望小	0.00	20.00
3.2.2	氮氧化物排放浓度	mg/m^3	望小	50.00	150.00
3.2.3	二氧化硫排放浓度	mg/m^3	望小	0.00	50.00
3.2.4	单箱二氧化碳排放量	kg/箱	望小	9.00	15.00
3.2.6	锅炉排放颗粒物浓度	mg/m^3	望小	5.00	20.00

第三节 定性指标处理

按照《定性指标评分规则》的要求，由多个专家进行定性指标的评价，评分取多个专家打分的算术平均值。《定性指标评分规则》如表7-4所示。

表7-4　定性指标评分规则

序号	定性指标	评价域	评分标准
2.5.3.4	配电系统节能技术应用	是否具备谐波治理措施；是否采用 GB 20052 的能效目标值或节能评价值的变压器	1. 具备谐波治理措施；50 分 2. 采用 GB 20052—2006 的能效目标值或节能评价值的变压器；50 分
3.1.3	企业安全标准化达标等级	政府部门公示的企业安全生产标准化等级	1. 三级（地市级）达标；0 分 2. 二级（省级）达标；60 分 3. 一级（国家级）达标；100 分
3.2.5	厂界噪声	最近一次第三方检测的工业企业厂界噪声	1. 不符合 GB 12348 要求；0 分 2. 符合 GB 12348 要求；100 分
3.2.7	异味排放浓度	最近一次第三方检测的有组织排放的异味气体臭气浓度	1. 不符合 GB 14554 要求；0 分 2. 符合 GB 14554 要求；100 分
3.2.8	清洁生产等级	按照 YC/T 199 评价卷烟工厂清洁生产等级	1. A 级；0 分 2. AA 级；60 分 3. AAA 级；80 分 4. AAAA 级；100 分

第四节 评分方法

每个非末级指标及其下级指标组成评价子系统，先对末级评价子系统进行综合评价，得到末级子系统的综合评分，末级子系统的综合评分作为上一级评价子系统的指标评分，然后逐级评价，最终得到生产制造水平综合评分。

综合评价采用加权平均法，计算公式如下：

$$I_j = \sum_{i=1}^{n} W_i X_i$$

式中：I_j 为评价子系统的综合评分；

n 为指标数量；

i、j 为评价子系统中的指标序数、评价目标序数；

W_i 为各评价指标的权重；

X_i 为各评价指标的评分。

第五节 智能制造评价方法

智能制造水平评估流程包括组建测评组、编制测评计划、现场测评、专家打分、形成智能制造专项测评报告。

一、组建测评组

应组建一个有经验、具备评估能力的测评组实施现场评价活动，应确认一名测评组长及多名测评组员，总人数不少于 5 人。

测评组员职责包括：

（1）应遵守相应的评估要求。

（2）应掌握智能制造水平评价方法。

（3）应按计划的时间进行评估。

（4）应优先关注智能制造水平指标相关内容。

（5）应通过有效的访谈、观察、文件与记录评审、数据采集等获取智能制造水平评价证据。

（6）应确认智能制造水平评价证据的充分性和适宜性，以支持评价发现和评价结论。

（7）应将测评发现形成文件，并编制适宜的智能制造水平评价报告。

（8）应维护信息、数据、文件和记录的保密性和安全性。

（9）应识别与评估有关的各类风险。

评估组长履行评估组员职责的同时，还应履行以下职责：

（1）负责编制智能制造水平评价计划。

（2）负责整个评价活动的组织实施。

（3）实施正式评价前对评估组员进行智能制造水平评价方法的培训。

（4）对评价组员进行客观评价。

（5）对评价结果及智能制造水平评价报告做最后审定。

（6）向受评价方报告评价发现，包括强项、弱项和改进项。

（7）评价活动结束时发布现场评价结论。

二、编制测评计划

智能制造水平评价分为现场评价和测评报告撰写两个阶段，评价前应编制现场评价计划，并与受评价方确认。评价计划至少包括评价目的、评价范围、评价时间、评价人员、评价日程安排等。

三、现场测评

在实施评价的过程中，应通过适当的方法收集并验证与评价目标、评价范围、智能制造评价方法有关的证据，包括与智能制造相关的职能、活动和过程的信息。采集的证据应予以记录，采集方式可包括访谈、观察、现场巡视、文件与记录评审、信息系统演示、数据采集等。

四、专家打分

应对照评估准则，将采集的证据与其满足程度进行对比，形成评估发现。具体的评估发现应包括具有证据支持的符合事项和良好实践、改进方向以及弱项。评估组应对评估发现达成一致意见，必要时进行组内评审。

五、形成智能制造专项测评报告

依据每一项打分结果，结合评价指标权重值，计算工厂得分，并最终形成智能制造专项测评。

第六节　综合评价及持续改进

一、工艺质量水平评价

根据现场交流、查看、测评结果及得分情况，从在制品过程能力、卷烟产品质量水平、设备保障能力、公辅配套保障能力四个方面对工艺质量水平进行综合评价。重点对得分较低的指标进行分析，从生产设备、人员组织、生产管理、计划调度等角度探究工艺质量水平得分较低的原因，提出针对性的改进方案。

二、生产效能水平评价

根据现场交流、查看、测评结果及得分情况，从卷包设备运行效率、制丝综合有效作业率、设备运行维持费用、原材料利用效率、能源利用效率、在岗职工人均劳动生产率六个方面对生产效能水平进行综合评价。重点对得分较低的指标进行分析，从计划调度、人员组织、设备维护、能源管理、原料质量等角度探究生产效能水平得分较低的原因，提出提质增效的改进方案。

三、安全、健康、环保和清洁生产水平评价

根据现场交流、查看、测评结果及得分情况，从职业健康与安全生产、环境影响两个方面对安全、健康、环保和清洁生产水平进行综合评价。重点对得分较低的指标进行分析，结合第三方检测数据报告，多角度探究得分较低的原因，提出相应的改进方案。

四、智能制造水平评价

根据现场交流、查看、测评结果及得分情况，从信息支撑、生产、物流、管理四个方面对智能制造水平进行综合评价。根据测评结果，结合国家、烟草行业数字化转型、智能制造、网信等发展要求与技术发展趋势，寻找自身不足，立足本企业智能工厂需求，规划智能工厂发展蓝图。

五、综合评价与持续改进

从工艺质量水平，生产效能水平，安全、健康、环保和清洁生产水平以及智能制造水平四个方面对卷烟工厂进行总体评价，结合各方面得分情况，对比自身历史测评结果及行业内其他卷烟工厂测评结果，分析自身优点与不足，制定未来提升方案，巩固优势，补齐短板，进一步提升生产制造水平。

第八章　卷烟工厂应用案例分析

第一节　A卷烟工厂生产制造水平综合评价报告

一、总体评价报告

按照烟草行业标准《卷烟工厂生产制造水平综合评价方法》（YC/T 587—2020）及测评大纲，对A卷烟工厂生产制造水平进行了全面测评。测评的主要目的是：客观公正、全面系统地评价易地技改成效与工厂生产制造水平，了解自身优势、查找薄弱环节、明确提升方向，为A卷烟工厂高质量发展提供支撑。测评内容涵盖工艺质量、生产效能、绿色生产、智能制造等方面。总体评价结论如下：

A卷烟工厂易地技改整体设计方案优秀，总体规划合理、工艺技术先进、设备配置精良、设备布置合理；生产线集成大量国内外先进加工技术。易地技术改造使工厂基础设施、设备配置、加工能力、管控水平、信息基础、管理硬件等多方面实现了跨越式发展，技改后的工艺质量水平、生产效能水平、绿色生产水平、智能制造水平等方面均有了大幅提升，生产制造水平总体上达到国内先进水平。易地技改项目达到预期的目的和效果，取得了显著的经济效益和社会效益，也为进一步提升精益制造、绿色制造、智能制造水平及促进企业高质量发展奠定了坚实的基础。

A卷烟工厂生产制造综合水平得分为80.86分，处于行业"二级"中的先进水平。其中，工艺质量水平得分85.24分，处于行业一级（领先）水平；生产效能水平得分81.83分，处于行业二级（先进）水平；绿色生产水平得分79.97

分，处于行业二级（先进）水平；智能制造水平得分72.53分，处于行业二级水平。工厂生产制造水平相比易地技改前有大幅提升，实现了易地技改项目预期的成效和目的。

（一）工艺质量水平

工艺质量水平综合得分为85.24分，处于行业一级水平，总体上较技改前有大幅提升。

在制品过程能力得分89.02分，其中烟片处理过程能力88.48分，制叶丝过程能力79.77分，掺配加香过程能力99.39分，烟丝质量控制能力98.86分，制梗丝过程能力85.83分，滤棒成型过程能力85.90分，卷接包装过程能力92.58分。过程及产品质量指标以及加工参数满足规范及企业加工标准；制丝关键工序物料含水率及温度、加香加料精度、掺配精度、烟丝质量、关键设备参数等过程稳定性较强，非稳态指数较低。

卷烟产品质量水平得分82.91分，其中卷制及包装水平81.09分，烟气质量水平86.30分。测试批次抽检烟支的长度、含水率、圆周、质量、吸阻、硬度、含末率、端部落丝量等主要指标合格率为100%。卷制质量、包装质量、烟气质量等均符合设计值及行业规范，卷烟质量稳定性好，不同机组之间、批次内、批次间卷烟物理质量波动小；批内焦油量、烟碱量、一氧化碳量变异系数较低。

设备保障能力得分78.98分，其中设备稳定性89.43分，非稳态指数68.54分。工艺设备运行良好，测试过程设备效率高，设备故障率低。公辅配套保障能力得分75.41分，车间蒸汽、真空、压空、工艺水及环境温湿度等保障条件良好，能够高质量满足生产需求。

（二）生产效能水平

生产效能水平综合得分为81.67分，达到行业二级水平。其中，卷包设备运行效率87.41分，制丝综合有效作业率85.17分，设备维持费用84.97分，原材料利用效率82.82分，能源利用效率85.92分，人均劳动生产率51.48分。工艺设备运行效率较高，卷包设备有效作业率超过93%，制丝线综合有效作业率接近80%；万支卷烟维持费用14.51万元。生产过程原辅料消耗低，出叶丝率98.13%、出梗丝率92.57%；单箱耗嘴棒量12520.4支、单箱耗卷烟纸量2966.3米、单箱耗商标纸（小盒）量2506.1张。工厂能耗及水耗较低，处于行业先进水平，综合能耗2.39千克标煤/万支烟，水耗为0.074立方米/万支烟。配电、锅炉、空压、制冷、空调、除尘等公用配套系统运行稳定可靠，节能效果良好。企业人均劳动生产率较技改前有明显提升，年人均劳动生产率为460.34箱/人。

（三）绿色生产水平

绿色生产水平得分为79.97分，达到行业二级水平。其中，职业健康与安全生产76.00分，环境影响与清洁生产84.83分。工厂采取了较为完善的粉尘防治、降噪、降温、防爆、防触电、防机械伤害、防烫伤等职业卫生防范措施，作业现场噪声、粉尘浓度等均满足国家及行业标准要求，无超标情况。消防及各类安全设施基本齐全，运行良好，企业安全生产等级达到二级（省级）标准。配置了先进的除尘、除异味、废气处理、噪声处理、污水处理等多种环保设施设备，炉尾气、除尘尾气、异味处理尾气、厂界噪声、废水等排放指标均符合国家及地方环保要求。企业制定了完善的环保、清洁生产等有关的规定或制度，并能有效执行。企业在设计、建造、运营期间，通过多维度、多层次的节能、节水、节地、节材、环保等措施，联合工房基本达到卷烟行业绿色工房二星级或以上标准，在绿色化生产方面处于行业第一方阵。

（四）智能制造水平

智能制造水平得分为72.53分，处于行业二级水平，仍有较大的提升空间。其中，信息支撑78.20分，智能生产64.95分，智能物流81.93分，智能管理72.63分。工厂信息化基础设施比较完善，网络设备安全保障能力完备；在中烟公司规划统筹下，建立了相关的数据规范、标准等要素，为工厂信息化建设奠定了基础；工厂生产制造执行系统以及制丝集控、物流集控、能源管理平台等信息系统对生产、质量、设备、能源等管理支撑基本满足当前业务要求；安全综合信息化管理系统对业务支撑度高，在行业内有较高水平。

二、工艺质量测评报告

（一）主要测评内容

1. 测试牌号及批次

根据测试大纲的内容和要求，以A1品牌卷烟为测试牌号，对A卷烟工厂生产线工艺质量进行全线跟踪测试。

生产线测试批次（略）。

2. 工艺质量水平评价指标体系

工艺质量水平的评价指标如表3-1所示。

（二）在制品过程能力

在制品过程能力主要从烟片处理过程能力、制叶丝过程能力、掺配加香过程能力、成品烟丝质量控制能力、制梗丝过程能力、滤棒成型过程能力、卷接包装过程能力七个方面进行评价。

1. 烟片处理过程能力

重点对制叶丝线松散回潮、叶片加料物料流量、出口温度及关键工艺参数进行测试分析。测评结果如表8-1所示。

表8-1　烟片处理过程能力测试结果

定量指标	指标单位	权重	上限值	下限值	最大值	最小值	平均值	标偏	变异系数	得分
松散回潮工序流量变异系数	%	0.15	0.01	1	5014.9	4977.5	5000.0	5.50	0.11	89.90
松散回潮机加水流量变异系数	%	0.1	5	15	251.07	249.22	250	0.31	0.12	100.00
松散回潮机热风温度变异系数	%	0.1	0.5	4	72.62	69.49	70.74	0.8	1.13	82.00
松散回潮出口物料温度标准偏差	℃	0.15	0.5	2	56.01	50.93	54.08	0.85	1.56	76.93
加料工序流量变异系数	%	0.15	0.01	0.2	5005.7	4993.2	5000.1	2.69	0.05	78.95
加料机热风温度变异系数	%	0.05	0.5	4	121.07	118.62	120.00	0.42	0.35	100.00
加料出口物料温度标准偏差	℃	0.05	0.5	2	56.38	53.6	55.01	0.43	0.78	100.00
加料出口物料含水率标准偏差	%	0.1	0.05	1	22.14	21.01	21.32	0.17	0.81	87.16

定量指标	指标单位	权重	上限值	下限值	最大值	最小值	平均值	标偏	变异系数	得分
总体加料精度	%	0.05	0.01	0.2			0.010			100.00
加料比例变异系数	%	0.1	0.01	1	3.84	3.83	3.84	0.0017	0.04	96.97
总得分										88.48

烟片处理过程能力总得分为 88.48 分，总体水平优秀。松散回潮出口物料含水率标偏较大，有较大提升空间。

2. 制叶丝过程能力

主要对切丝、叶丝干燥工序物料流量、出口含水率及关键工艺参数进行测评；叶丝宽度采用投影仪法检测。测试结果如表 8-2 所示。

表 8-2 制叶丝过程能力测试结果

定量指标	指标单位	权重	上限值	下限值	最大值	最小值	平均值	标偏	变异系数	得分
叶丝宽度标准偏差	mm	0.17	0.03	0.1	1.088	0.943	1.014	0.046	4.49	77.86
叶丝干燥工序流量变异系数	%	0.11	0.01	0.2	5002.9	4996.4	5000.0	1.11	0.02	94.74
叶丝干燥入口物料含水率标准偏差	%	0.11	0.05	0.4	21.86	21.25	21.62	0.118	0.54	80.57
滚筒干燥机筒壁温度标准偏差	℃	0.17	0.2	1.5	144.08	143.89	144	0.030	0.02	100.00
滚筒干燥机热风温度标准偏差	℃	0.17	0.1	1	106.75	104.08	105	0.452	0.43	60.89
滚筒干燥机热风风速标准偏差	m/s	0.11	0.005	0.1	0.4	0.1	0.124	0.0314	25.31	72.21
叶丝干燥出口物料温度标准偏差	℃	0.11	0.5	2	62.88	57.09	60.106	1.026	1.71	64.93

定量指标	指标单位	权重	上限值	下限值	最大值	最小值	平均值	标偏	变异系数	得分
叶丝干燥出口物料含水率标准偏差	%	0.06	0.05	0.4	12.72	12.3	12.53	0.069	0.55	94.69
总得分										79.77

制叶丝过程能力总体良好，叶丝干燥入口物料流量比较稳定，叶丝干燥出口物料含水率控制精度高，标准偏差控制在 0.07% 以内，达到行业先进水平。

3. 掺配加香过程能力

主要测评梗丝掺配精度、加香流量、总体加香精度、加香比例等关键参数。测试结果如表 8-3 所示。

表 8-3　掺配加香过程能力测试结果

定量指标	指标单位	权重	上限值	下限值	最大值	最小值	平均值	标偏	变异系数	得分
掺配丝总体掺配精度（梗丝）	%	0.3	0.01	0.2	—	—	0.01	—	—	100.00
加香工序流量变异系数	%	0.3	0.01	1	5004.9	4996.5	5000.1	1.32	0.03	97.98
总体加香精度	%	0.1	0.01	0.2	—	—	0.01	—	—	100.00
加香比例变异系数	%	0.3	0.01	1	0.6	0.6	0.6	—	—	100.00
总得分										99.39

掺配加香过程能力总得分为 99.39 分，四个指标中有三个得分为满分，测评结果达到优秀水平。

4. 成品烟丝质量控制能力

主要对成品烟丝的含水率、烟丝结构、填充值等指标进行测评，通过同牌号测试前 30 个批次的历史数据计算。测评结果如表 8-4 所示。

表 8-4　成品烟丝质量控制能力测试结果

定量指标	指标单位	权重	上限值	下限值	最大值	最小值	平均值	标偏	变异系数	得分
烟丝含水率标准偏差	%	0.3	0.05	0.4	12.25	12.11	12.18	0.027	0.22	100.00
烟丝整丝率标准偏差	%	0.2	0.5	2	79.07	78.07	78.52	0.284	0.36	100.00
烟丝碎丝率标准偏差	%	0.3	0.05	0.5	2.08	1.85	1.99	0.052	2.63	99.47
烟丝填充值标准偏差	cm³/g	0.2	0.05	0.3	4.54	4.24	4.33	0.062	1.44	95.12
总得分										98.86

根据离线检测结果，测试批次烟丝质量全部满足 A 卷烟工厂加工标准要求；烟丝色泽较好，掺配较均匀，碎丝率较低。根据历史检测数据，成品烟丝质量全部满足工艺标准，批次内、批次间烟丝质量波动很小，稳定性较好。

5. 制梗丝过程能力

主要对梗丝加料、梗丝干燥、成品梗丝质量等指标进行测试，测评结果如表 8-5 所示。

表 8-5　制梗丝过程能力评价结果

定量指标	指标单位	权重	上限值	下限值	最大值	最小值	平均值	标偏	变异系数	得分
梗丝加料总体加料精度	%	0.1	0.01	0.2	—	—	0.01	—	—	100.00
梗丝干燥工序流量变异系数	%	0.15	0.01	0.2	2007.2	1991.6	2000.0	1.79	0.09	57.89
梗丝干燥出口物料温度标准偏差	℃	0.05	0.5	2	53.61	49.25	51.56	0.645	1.25	90.33
梗丝干燥出口物料含水率标准偏差	%	0.2	0.05	0.4	14	13.27	13.51	0.096	0.71	86.86

定量指标	指标单位	权重	上限值	下限值	最大值	最小值	平均值	标偏	变异系数	得分
梗丝整丝率标准偏差	%	0.15	0.5	2	93.41	90.12	91.43	0.69	0.76	87.20
梗丝碎丝率标准偏差	%	0.15	0.05	0.5	0.12	0.07	0.09	0.011	12.59	100.00
梗丝填充值标准偏差	cm³/g	0.2	0.05	0.5	7.12	6.68	6.945	0.113	1.63	85.91
总得分										85.83

根据离线检测结果，测试批次梗丝含水率、梗丝结构、填充值等指标均满足 A 卷烟工厂加工标准要求，成品梗丝形态及色泽良好。根据历史检测数据，梗丝批次间质量控制较为稳定。

6. 滤棒成型过程能力

主要对滤棒主要质量指标进行测试，测评结果如表8-6所示。

表8-6 滤棒成型过程能力测评结果

定量指标	指标单位	权重	上限值	下限值	最大值	最小值	平均值	标偏	变异系数	得分
滤棒压降变异系数	%	0.6	2	5	3103	2811	2941	67.10	2.28	90.67
滤棒长度变异系数	%	0.1	0.05	0.2	100.18	99.79	99.99	0.08	0.08	80.00
滤棒硬度变异系数	%	0.1	1	2	91.30	86.5	88.75	1.11	1.25	75.00
滤棒圆度圆周比	%	0.1	1	2	—	—	0.82	—	—	100.00
滤棒圆周变异系数	%	0.1	0.1	0.2	23.98	23.81	23.90	0.03	0.14	60.00
总得分										85.9

滤棒成型过程能力总得分为85.9分，表现良好。滤棒硬度、圆周变异系数得分较低，建议后期采取措施，提升上述指标稳定性。

7. 卷接包装过程能力

主要通过卷接包装加工过程中的无嘴烟支重量、有嘴烟支吸阻、有嘴烟支圆周、卷接和包装剔除率、烟支目标重量极差等指标进行测评。测评结果如表 8-7 所示。

表 8-7　卷接包装过程能力测评结果

定量指标	指标单位	权重	上限值	下限值	最大值	最小值	平均值	标偏	变异系数	得分
无嘴烟支重量变异系数	%	0.25	2.5	5	0.699	0.619	0.654	0.017	2.603	95.88
有嘴烟支吸阻变异系数	%	0.25	2.5	8	1186	1005	1066.4	33.1	3.11	88.91
有嘴烟支圆周变异系数	%	0.25	0.15	0.5	24.37	23.24	24.22	0.114	0.47	91.43
卷接和包装的总剔除率	%	0.15	0.5	2	—	—	0.648	—	—	90.17
目标重量极差	mg	0.1	5	15	—	—	0.003	—	—	100.00
总得分										92.58

卷接包装过程关键指标得分较高，加工过程中的烟支质量非常稳定；卷包过程剔除率控制在 0.7% 以内，处于行业先进水平。

（三）卷烟产品质量水平

卷烟产品质量水平主要从卷制与包装质量水平、烟气质量水平两个方面进行评价。

1. 卷制与包装质量水平

主要对卷制与包装过程中主要质量指标进行评价。测评结果如表 8-8 所示。

表 8-8　卷制与包装质量水平测试结果

定量指标	指标单位	权重	上限值	下限值	最大值	最小值	平均值	标偏	变异系数	得分
烟支含水率标准偏差	%	0.1	0.1	0.2	12.40	11.98	12.18	0.106	0.87	94.00

定量指标	指标单位	权重	上限值	下限值	最大值	最小值	平均值	标偏	变异系数	得分
烟支含末率变异系数	%	0.1	10	30	2.070	1.060	1.455	0.222	15.25	73.75
端部落丝量变异系数	%	0.05	20	100	4.300	0.200	2.412	0.936	38.82	76.48
烟支重量变异系数	%	0.2	1.5	3	0.891	0.816	0.854	0.015	1.70	86.67
烟支吸阻变异系数	%	0.2	1.5	5	1.180	0.991	1.090	0.037	3.35	47.14
烟支硬度变异系数	%	0.1	3	5	65.710	56.560	61.502	2.002	3.25	87.50
烟支圆周变异系数	%	0.15	0.15	0.3	24.339	24.174	24.258	0.037	0.15	100.00
卷制与包装质量得分		0.1	100	90						99.80
总得分										81.09

卷制与包装质量水平总得分为81.09分，整体表现较好。烟支主要指标均满足工艺规范及工厂加工标准，稳定性较高，总体处于行业先进水平。

2. 烟气质量水平

根据测试批取样烟支，对烟气质量数据进行检测，测评结果如表8-9所示。

表8-9 烟气质量水平测试结果

定量指标	指标单位	权重	上限值	下限值	最大值	最小值	平均值	标偏	变异系数	测评得分
批内烟气焦油量变异系数	%	0.5	1	5	10.92	10.28	10.71	0.156	1.46	88.50
批内烟气烟碱量变异系数	%	0.3	1	5	0.86	0.83	0.83	0.011	1.28	93.00
批内烟气CO量变异系数	%	0.2	1	5	11.88	10.88	11.38	0.247	2.17	70.75
总得分										86.30

根据抽检结果，烟支烟气焦油、烟碱、一氧化碳指标均满足产品质量指标。批内烟气质量较为稳定。

（四）设备保障能力

设备保障能力从工艺设备稳定性、测试批非稳态指数两个方面进行评价。

1. 设备稳定性

从制丝主线百小时故障停机次数、卷接包设备有效作业率和滤棒成型设备有效作业率三个指标评价设备稳定性。测评结果如表8-10所示。

表8-10　设备稳定性评价结果

定量指标	指标单位	权重	上限值	下限值	测试值	测评得分
制丝主线百小时故障停机次数	次/百小时	0.25	0.2	0.6	0.26	85.00
卷接包设备有效作业率	%	0.5	100	60	95.49	88.73
滤棒成型设备有效作业率	%	0.25	100	50	97.63	95.26
总得分						89.43

统计周期内，卷接包设备有效作业率为95.49%，滤棒成型设备有效作业率为97.63%，制丝主线百小时故障停机次数得分为85.00分，设备总体稳定性较好，处于行业先进水平。

2. 非稳态指数

主要评价松散回潮、烟片加料、叶丝干燥三个工序的非稳态指数。测评结果如表8-11所示。

表8-11　非稳态指数评价结果

定量指标	指标单位	权重	上限值	下限值	最大值	最小值	平均值	标偏	变异系数	测评得分
松散回潮非稳态指数	%	0.3	1.5	5	—	—	3.77	—	—	35.14
烟片加料非稳态指数	%	0.3	1.5	5	—	—	2.90	—	—	60.00

定量指标	指标单位	权重	上限值	下限值	最大值	最小值	平均值	标偏	变异系数	测评得分
叶丝干燥非稳态指数	%	0.4	1.5	5	—	—	1.25	—	—	100.00
总得分										68.54

非稳态指数总得分为 68.54 分。本项得分较低，主要是由于松散回潮非稳态指数测评得分仅为 35.14 分，分析松散回潮出口物料含水率时间序列图（见图 8-1）发现：松散回潮工序含水率稳定性较差，波动较大，工序松散效果及入口流量稳定性须进一步提升。

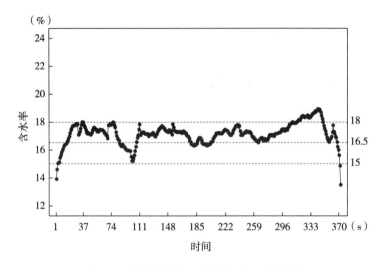

图 8-1　松散回潮出口物料含水率时间序列

（五）公辅配套保障能力

公辅配套保障能力主要从蒸汽质量、真空质量、压缩空气质量、工艺水质量、关键区域环境温湿度稳定性五个方面进行评价。其中，环境温湿度选取贮叶间、贮丝间、卷接包车间和辅料平衡库等关键区域的温湿度。

1. 蒸汽质量

测评叶丝干燥工序的蒸汽压力及蒸汽过热度极差，结果如表 8-12 所示。

表 8-12　蒸汽质量评价结果

定量指标	指标单位	权重	上限值	下限值	最大值	最小值	平均值	标偏	变异系数	测评得分
蒸汽压力标准偏差	MPa	0.5	0.01	0.1	9.99	9.88	9.93	0.03	—	77.78
蒸汽过热度极差	℃	0.5	0.3	1	7.24	6.78	6.86	0.46	—	77.14
总得分										77.46

　　测试期间锅炉及蒸汽系统运行稳定，蒸汽质量满足规范及生产要求，供应质量较高，蒸汽压力波动很小。

　　2. 真空质量

　　测试真空缓冲罐出口真空压力的变异系数，结果如表 8-13 所示。

表 8-13　真空质量评价结果

定量指标	指标单位	权重	上限值	下限值	最大值	最小值	平均值	标偏	变异系数	测评得分
真空压力变异系数	%	0.05	0	3	67.71	64.72	65.31	0.72	1.10	63.33

　　测试期间真空系统运行良好，压力基本稳定，但仍有一定的提升空间。

　　3. 压缩空气质量

　　测评烟丝加香工序压空压力的标准偏差，结果如表 8-14 所示。

表 8-14　压缩空气质量评价结果

定量指标	指标单位	权重	上限值	下限值	最大值	最小值	平均值	标偏	变异系数	测评得分
压缩空气压力标准偏差	MPa	0.15	0	0.1	0.67	0.61	0.63	0.017	—	83.30

　　测试期间，空压机组、储气罐、管路系统等均正常运行，压缩空气压力波动小，比较稳定。

4. 工艺水质量

测评松散回潮工序工艺水压力标偏、工艺水硬度两个指标，结果如表 8-15 所示。

表 8-15　工艺水质量评价结果

定量指标	指标单位	权重	上限值	下限值	最大值	最小值	平均值	标偏	变异系数	测评得分
工艺水压力标准偏差	MPa	0.7	0	0.1	0.41	0.40	0.40	0.03	—	70
工艺水硬度	mg/L	0.3	0	90	0.024	0.024	0.024	—	—	99.97
总得分										78.99

测评过程中，工艺水供应系统运行稳定，工艺水压力稳定；工艺用水采用了反渗透装置，有效降低了水硬度。

5. 关键区域环境温湿度稳定性

主要测评关键区域的温度标准偏差和湿度标准偏差，关键区域选取贮叶间、贮丝间、卷接包车间和辅料平衡库，测评结果如表 8-16 所示。

表 8-16　关键区域环境温湿度稳定性评价结果

定量指标	指标单位	权重	上限值	下限值	最大值	最小值	平均值	标偏	测评得分
贮叶环境温度标准偏差	℃	0.1	0.1	2	31.10	29.90	30.34	0.28	90.53
贮叶环境湿度标准偏差	%	0.15	0.5	3	71.50	63.50	68.52	1.63	54.80
贮丝环境温度标准偏差	℃	0.1	0.1	2	26.80	25.00	26.01	0.4	84.21
贮丝环境湿度标准偏差	%	0.15	0.5	3	64.40	56.20	60.00	1.56	57.60
卷接包环境温度标准偏差	℃	0.1	0.1	2	26.50	22.30	24.31	0.63	72.11
卷接包环境湿度标准偏差	%	0.15	0.5	3	64.80	54.60	59.99	1.53	58.80
辅料平衡库环境温度标准偏差	℃	0.1	0.1	2	24.50	23.50	24.01	0.19	95.26

定量指标	指标单位	权重	上限值	下限值	最大值	最小值	平均值	标偏	测评得分
辅料平衡库环境湿度标准偏差	%	0.15	0.5	3	64.80	57.60	60.00	1.43	62.80
总得分									69.31

各关键区域的环境温度、湿度均满足工艺规范及工厂加工要求。环境温度得分较高,环境湿度需要提升稳定性。

(六)测评结果汇总

工艺质量水平总得分为 85.24 分,达到行业一级水平。得分汇总如表 8-17所示。

表 8-17　工艺质量水平测评得分汇总

序号	指标名称	权重	得分	备注
1	在制品过程能力	0.60	89.02	
2	卷烟产品质量水平	0.15	82.91	
3	设备保障能力	0.15	78.98	
4	公辅配套保障能力	0.10	75.41	
	工艺质量水平总得分		85.24	一级

三、生产效能测评报告

(一)主要测评内容

生产效能水平测评指标如表 4-1所示。

(二)卷包设备运行效率

卷包设备运行效率主要从卷接包设备运行效率、滤棒成型设备运行效率、超龄卷接包设备运行效率三个方面进行评价。

以卷接包联机中卷接或包装额定产能较低的作为基准，计算卷包设备运行效率，本次测评统计周期为2019年11月至2020年10月，结果如表8-18所示。

表8-18　卷接包设备运行效率

机型	产能（箱/h）	工作时间	定额产量	实际产量	有效作业率（%）
GDX2-ZJ118	9.12	4451.46	40597.30	38502.00	94.84
GDX2-ZJ19	9.12	25551.98	233034.10	216602.60	92.95
GDX2-ZJ17	8.40	22588.66	189744.70	178345.20	93.99
GDX2-ZJ17D（细支）	6.60	16827.67	111062.60	102958.80	92.70
合计		69419.77	574438.70	536408.60	93.38

根据滤棒成型设备2019年11月至2020年10月生产数据，计算滤棒产量/实际生产时间额定产能，结果如表8-19所示。

表8-19　2019年11月至2020年10月滤棒成型设备运行效率

机型	产能（件/h）	工作时间	产能定额	实际产量	有效作业率（%）
KDF2（细支）	1.345	18288.19	24590.00	24154.00	98.23
KDF3（细）	1.880	3694.80	6944.00	6237.00	89.81
KDF4	18.000	14258.55	256654.00	238612.00	92.97
合计			288188.00	269003.00	93.34

根据2019年11月至2020年10月统计数据，以超龄卷接包（10年，财务口径）联机中卷接或包装额定产能较低的作为基准，根据第四章第一节公式计算超龄卷接包设备运行效率，结果如表8-20所示。

表8-20　超龄卷接包设备运行效率

机型	转固时间	产能（箱/h）	工作时间	定额产量	实际产量	有效作业率（%）
ZJ19（3#）	2010年1月	9.12	4424.48	40351.30	38056.60	94.31
ZJ19（5#）	2009年12月	9.12	4379.83	39944.00	36342.80	90.98
合计			8804.31	80295.30	74399.40	92.66

根据以上统计结果，卷接包设备运行效率得分情况如表 8-21 所示。

表 8-21　卷接包设备运行效率得分

定量指标	指标单位	权重	上限值	下限值	测试结果	得分
卷接包设备运行效率	%	0.8	100	50	93.38	86.76
滤棒成型设备运行效率	%	0.15	100	50	93.34	86.68
超龄卷接包设备运行效率	%	0.05	90	40	92.66	100.00
总得分						87.41

通过表 8-21 可知，卷接包设备及滤棒成型设备的运行效率均超过 92.0%，卷接包设备总体运行效率得分为 87.41 分。超龄卷接包设备运行效率得分为 100 分，设备运行稳定可靠。

（三）制丝综合有效作业率

统计测试前一个月测试生产线产量、生产设备运行总时间、生产线额定生产能力，计算烟片处理、制叶丝、掺配加香工段综合有效作业率，统计情况如表 8-22 所示。

制丝综合有效作业率得分如表 8-23 所示。

表 8-22　综合有效作业率统计结果

工段	工作时间（h）	产量（kg）	生产能力（kg/h）	额定产能（kg）	有效作业率（%）
烟片处理	182.65	735723	5000	913250	80.56
制叶丝	211.83	842550	5000	1059167	79.55
掺配加香	207.30	821281	5000	1036500	79.24

表 8-23　制丝综合有效作业率得分

定量指标	指标单位	权重	上限值	下限值	测试结果	得分
烟片处理综合有效作业率	%	0.35	85	50	80.56	87.31
制叶丝综合有效作业率	%	0.35	85	50	79.55	84.43
掺配加香综合有效作业率	%	0.3	85	50	79.24	83.54

制丝三大工段有效作业率均在 80% 左右，总体运行效率处于行业中上水平。未来可进一步优化排产计划，尽量安排集中连续生产，加强设备保养与维护，努力缩短预热时间及换批时间，提升设备与工艺参数控制水平，提高制丝设备综合有效作业率。

（四）设备维持费用

单位产量设备维持费用根据第四章第三节公式计算得 14.51 元/万支，单位产量设备维持费用得分情况如表 8-24 所示。

表 8-24　单位产量设备维持费用得分

定量指标	指标单位	权重	上限值	下限值	测试结果	得分
单位产量设备维持费用	元/万支	1.0	10	40	14.51	84.97

单位产量设备维持费用较低，得分为 84.97 分，得分较高与工厂易地技改项目完成时间不久、新购置设备较多等因素有关。

（五）原材料利用效率

根据测试批实际原材料消耗情况，主要对烟草原料、烟用材料的消耗情况及损耗情况进行统计分析。

对制叶丝线主要损耗点位损耗物料重量进行计量统计，结果如表 8-25 所示。

表 8-25　制叶丝线过程损耗

序号	项目	重量（kg）	占投入原料比例（%）	备注
一、投料量				
1	片烟	4978.7		
2	梗丝	733.0		
3	投入原料合计	5711.7		
二、过程损耗				（不含环境除尘）
1	除杂机剔除物	2.00	0.04	
2	加料前筛分烟末	12.20	0.21	

序号	项目	重量（kg）	占投入原料比例（%）	备注
二、过程损耗				（不含环境除尘）
3	切丝机前筛分烟末	6.70	0.12	
4	就地风选剔除物	14.60	0.26	
5	烘丝机除尘	18.53	0.32	
6	叶丝风选除尘	0.88	0.02	
7	加香前筛出物	84.40	1.48	
8	风力喂丝机前筛分烟末	73.00	1.28	
	合计	212.31	3.72	

根据上述结果，叶丝线过程总损耗（未计入环境除尘及输送过程损耗等）比例约为3.72%。制叶丝线损耗较大的环节为加香前筛出物、风力喂丝机前筛分烟末、烘丝机除尘等。

因制梗丝线部分环节损耗不易计量，仅选择计量切梗机退出物料、烘梗丝后风选梗签、烘梗丝后筛出物三个关键环节的损耗情况，结果如表8-26所示。烘丝后风选梗签重量为83.2kg，占投料量的2.76%，烘梗丝后筛出物28.4kg，占投料量的0.94%。

测评过程中，卷包原辅料过程消耗情况如表8-27所示。

表8-26　梗线损耗记录

序号	项目	重量（kg）	占投入原料比例（%）	备注
一、投入量				
	烟梗投料量	3014.7		
二、过程损耗				
1	烘梗丝后风选梗签	83.2	2.76	
2	烘梗丝后筛出物	28.4	0.94	

表 8-27 卷包消耗记录

卷烟牌号	A1	备注
一、投入烟丝量		
烟丝耗量（kg）	5443.7	剔除筛出物
二、成品产出量		
产出成品总量（箱）	159.80	
净烟丝（mg/支）	640	
三、卷包过程损耗		
废烟量（kg）	118.1	
卷烟机梗签剔除量（kg）	49.2	
烟丝耗量（kg）	5443.7	
耗丝偏差率（%）	6.06	

四、辅助材料消耗		
项目	实际用量	单箱消耗量
卷烟纸（m）	474020	2966.3
接装纸（m）	109460	685.0
嘴棒（支）	2000764	12520.4
小盒（张）	403500	2506.1
条盒（张）	40380	250.8

根据测试数据，对原料消耗、卷烟材料利用率进行评价，结果如表 8-28、表 8-29 所示。

表 8-28 原料消耗评价结果

定量指标	指标单位	权重	上限值	下限值	测试结果	得分
耗丝偏差率	%	0.44	5	10	6.06	78.80
出叶丝率	%	0.44	100	90	98.13	81.30
出梗丝率	%	0.12	100	80	92.57	62.85
原料消耗得分						77.99

表 8-29　卷烟材料利用率评价结果

定量指标	指标单位	权重	上限值	下限值	测试结果	得分
单箱耗嘴棒量	支/箱	0.4	12500	12800	12520.4	93.20
单箱耗卷烟纸量	米/箱	0.3	2950	3050	2966.3	83.70
单箱耗商标纸（小盒）量	张/箱	0.3	2500	2550	2506.1	87.80
卷烟材料利用率得分						88.73

原料消耗得分为 77.99 分，卷烟材料利用率得分为 88.73 分，原材料利用效率总得分为 82.82 分，企业采用了定长切丝，出叶丝率仍处于较高水平；卷烟纸、商标纸等消耗较低。

（六）能源利用效率

主要从单位产量综合能耗、耗水量、动力设备运行能效三方面进行测评，其中动力设备运行能效包含锅炉系统煤汽比、压缩空气系统电气比、制冷系统性能系数、配电系统节能技术应用四个指标。

1. 单位产量综合能耗

以 2019 年 11 月至 2020 年 10 月为统计周期，统计工厂耗电量、天然气用量等数据，将电和天然气耗量折算为标准煤，综合能耗计算结果如表 8-30 所示。

表 8-30　综合能耗计算结果

时间	产量（箱）	天然气（kgce）	电（kgce）	单位产量综合能耗（kgce）
2019.11~2020.10	567516.56	3484601.9	3297357.84	11.95

综合能耗为 11.95 千克标准煤/箱（2.39 千克标准煤/万支），A 卷烟工厂属于夏热冬冷地区，综合能耗低于《卷烟厂设计规范》（YC/T 9）、《烟草行业绿色工房评价标准》（YC/T 396）中对综合能耗的相关要求，夏热冬冷地区不宜高于 4.00 千克标准煤/万支。

2. 耗水量

统计 2019 年 11 月至 2020 年 10 月企业用水量及产量，计算万支卷烟耗水量，如表 8-31 所示。

表 8-31 耗水量统计

时间	产量（箱）	水（m³）	万支卷烟耗水量（m³）
2019.11~2020.10	567516.56	210686	0.074

经计算，万支卷烟水耗为 0.074 立方米/万支，显著低于《烟草行业绿色工房评价标准》（YC/T 396）所要求的 0.28 立方米/万支烟，企业节水效果显著。

3. 锅炉系统煤汽比

统计 2019 年 11 月至 2020 年 10 月锅炉系统总产汽量、天然气消耗量等数据，结果如表 8-32 所示。

表 8-32 锅炉系统能耗数据

时间	锅炉总产汽量（t）	除氧器耗汽量（t）	燃料消耗量（Nm³）	耗电量（kW·h）	煤汽比
2019.11~2020.10	36966.73	3500	2557452	99910	99.71

4. 压缩空气系统电气比

统计 2019 年 11 月至 2020 年 10 月压缩空气系统生产数据，根据压缩空气系统耗电量、产生压缩空气量计算电气比，结果如表 8-33 所示。

表 8-33 压缩空气系统能耗数据

时间	空压耗电（kW·h）	空压产量（Nm³）	电气比
2019.11~2020.10	3277162.2	31955524.01	0.1026

5. 制冷系统性能系数

根据制冷系统负荷较大月份（2020 年 7 月）的运行数据，计算结果如表 8-34 所示。

表 8-34 制冷系统性能数据

时间	制冷系统冷量（kW·h）	制冷系统电耗（kW·h）	制冷系统 COP
2020.7	2066578.1	429444.9	4.81

根据以上统计数据，对能源利用效率进行评价，结果如表8-35所示。

表8-35 能源利用效率评价结果

	指标名称	指标单位	权重	上限值	下限值	测试结果	得分
	单位产量综合能耗	kgce/箱	0.5	10	25	11.95	87.00
	耗水量	m³/万支	0.2	0.1	0.2	0.07	100.00
动力设备能效二级指标	动力设备运行能效	—	0.3	—	—	—	77.26
	锅炉系统煤汽比	kgce/t	0.3	80	110	99.71	34.30
	压缩空气电气比	kW·h/Nm³	0.3	0.1	0.2	0.1025	97.50
	制冷系统性能系数	无量纲	0.3	5	2.5	4.81	92.40
	配电系统节能技术应用	—	0.1	—	—	符合GB 20052	100
	能源利用效率总分						86.68

6. 配电系统节能技术应用

企业高压配电系统、低压配电系统、照明系统、电气消防系统等配置完善，运行正常。测评过程中，动力供配电系统运行稳定，电能质量满足设备、装置起动和正常运行的要求。

车间主要区域的照度满足《建筑照明设计标准》（GB 50034）及《卷烟厂设计规范》（YC/T 9）的要求；照明功率密度值不高于 GB 50034 和附录 B 规定的现行值。

变压器具有谐波治理措施，变压器能效目标值或节能评价值满足《三相配电变压器能效限定值及能效等级》（GB 20052）中的相关要求。

企业能源综合利用效率较高。企业配置了先进的雨水收集、污水处理、中水回用系统等多项节水技术，将中水用于绿化浇水、道路洒水、冷却水补水等用途，减少了污水排放量，单位产品耗水量极低。通过多种节能设备和节能措施，使综合能力处于行业先进水平。锅炉、变配电、空调、空压、制冷等系统运行稳定，并采取了相应的节能措施，总体节能效果良好。

7. 在岗职工人均劳动生产率

通过卷烟实际产量及在岗正式职工人数，测算人均生产效率，对技改前后人员生产效率进行对比，技改前选取 2018 年产量，技改后选取 2019 年 11 月至

2020 年 10 月的年产量（见表 8-36）。

表 8-36　技改前后人均劳动生产率对比

项目	时间范围	年人均劳动生产率（箱/人）
技改前	2018	378.45
技改后	2019.11~2020.10	460.34

技改后人均劳动生产率评价得分如表 8-37 所示。

表 8-37　在岗职工人均劳动生产率评价结果

定量指标	指标单位	权重	上限值	下限值	测试结果	得分
在岗职工人均劳动生产率	%	1.0	800	100	460.34	51.48

技改后的企业人均劳动生产率为 460.34 箱/人，比技改前增加了 81.89 箱/人，增幅明显，易地技改项目极大地提升了工厂自动化、信息化水平，提高了劳动生产率。人均劳动生产率在全行业处于中等水平，未来可进一步提升自动化水平和管理水平，减少用工数量，提高劳动生产率。

（七）测评结果汇总

生产效能水平总得分为 81.83 分，处于行业二级水平。二级指标得分汇总如表 8-38 所示。

表 8-38　生产效能水平测评得分汇总

序号	指标名称	权重	得分	备注
1	卷包设备运行效率	0.20	87.41	
2	制丝综合有效作业率	0.10	85.17	
3	单位产量设备维持费用	0.10	84.97	
4	原材料利用效率	0.30	82.82	
5	能源利用效率	0.20	86.68	
6	在岗职工人均劳动生产率	0.10	51.48	
	生产效能水平总得分		81.83	二级

四、绿色生产测评报告

（一）主要测评内容

绿色生产水平（安全、健康、环保和清洁生产水平）评价指标体系及指标权重见表 5-1。

（二）职业健康与安全生产

主要从作业现场噪声、作业现场粉尘浓度两个方面进行评价。

1. 作业现场噪声

对工厂主要生产作业区域室内噪声进行检测，主要包括制丝车间、卷包车间、动力中心、污水站等区域，结果如表 8-39 至表 8-41 所示。

表 8-39　制丝车间噪声检测结果

序号	检测位置	工种	检测地点	接触时间（h/d）	LEX，8h	接触限值	结论
1	制丝车间	叶丝解包工	解包作业区	3	78.5	85	合格
2			叶片风选作业区	2		85	合格
3		梗丝解包工	解包作业区	5	69.7	85	合格
4		叶丝加香料工	加香作业区	3	70.8	85	合格
5		梗丝加香料工	加香作业区	3	73.9	85	合格
6		叶丝切丝工	切丝作业区	3	74.1	85	合格
7		梗丝切丝工	切丝作业区	3	75.7	85	合格
8		烘丝机控制工	中控室	8	60.1	85	合格
9		膨丝操作工	膨丝操作柜旁	5	69.6	85	合格
10		膨丝控制工	膨丝控制室	8	60.3	85	合格
11		贮丝操作工	贮丝操作柜旁	5	70.0	85	合格
12		加薄片工	加薄片平台	5	73.2	85	合格
13		掺配工	掺配作业点旁	5	71.9	85	合格

表 8-40 卷包车间噪声检测结果

序号	检测位置	工种	检测地点	接触时间（h/d）	LEX，8h	接触限值	结论
1	卷接包车间	卷接包操作工	1#卷接作业点	7	81.6	85	合格
2		卷接包操作工	1#卷包作业点	7	82.5	85	合格
3		卷接包操作工	3#卷接作业点	7	82.4	85	合格
4		卷接包操作工	3#卷包作业点	7	84.7	85	合格
5		卷接包操作工	4#卷接作业点	7	83.6	85	合格
6		卷接包操作工	4#卷包作业点	7	82.6	85	合格
7		卷接包操作工	5#卷接作业点	7	80.3	85	合格
8		卷接包操作工	5#卷包作业点	7	84.2	85	合格
9	卷接包车间	卷接包操作工	7#卷接作业点	7	81.5	85	合格
10		卷接包操作工	7#卷包作业点	7	83.3	85	合格
11		卷接包操作工	10#卷接作业点	7	83.0	85	合格
12		卷接包操作工	10#卷包作业点	7	84.1	85	合格
13		卷接包操作工	13#卷接作业点	7	84.6	85	合格
14		卷接包操作工	13#卷包作业点	7	83.4	85	合格
15		包装操作工	包装作业区	7	75.3	85	合格
16		成型操作工	滤棒成型机旁	7	74.5	85	合格
17		残烟处理工	残烟处理间	7	73.6	85	合格

制丝车间、卷接包车间、动力中心、污水站、集尘间等区域的室内噪声全部低于85dB，符合国家及行业有关环保及职业卫生标准要求。

2. 作业现场粉尘浓度

工厂制丝车间、卷包车间室内粉尘浓度检测结果如表 8-42、表 8-43 所示。

根据以上统计数据，对职业健康与安全生产进行打分评价，结果如表 8-44 所示。

表 8-41　辅助系统单元噪声检测结果

序号	检测位置	工种	检测点	接触时间（h/d）	噪声强度（dB）	标准值（dB）	判定
1	动力中心	能管中心操作工	空压站	0.5	70.4	85	合格
2			制冷间	0.5			
3			地下泵房	0.5			
4			能管中心	6.5			
5		司炉工	锅炉房	0.5	66.1	85	合格
6			水处理间	0.5			
7			风机房	0.5			
8			锅炉控制室	6.5			
9	污水处理站	污水处理工	污水处理间	1	70.9	85	合格
10			污水控制室	7			
11	集尘处理车间	集尘处理工	除尘间	1	81.9	85	合格
12			压棒房	1			
13			集尘控制室	6			

表 8-42　制丝车间粉尘浓度检测结果　　　　　　　　　　单位：mg/m³

工种	粉尘种类	接触时间（h/d）	实测值	TWA				峰接触浓度（PE）				接触水平判定
				C_{TWA}个体	PC-TWA	折减后限值	结果	检测地点	检测值	限值标准	结果	
叶丝解包工	烟草尘	5	1.01	0.63	2	1.2	合格	解包作业区	1.37	≤6	合格	符合
梗丝解包工	烟草尘	5	1.37	0.85	2	1.2	合格	解包作业区	1.60	≤6	合格	符合
叶丝切丝工	烟草尘	3	0.79	0.49	2	1.2	合格	切丝作业区	1.07	≤6	合格	符合

工种	粉尘种类	接触时间（h/d）	实测值	TWA				峰接触浓度（PE）				接触水平判定
				C_{TWA}个体	PC-TWA	折减后限值	结果	检测地点	检测值	限值标准	结果	
梗丝切丝工	烟草尘	3	0.65	0.41	2	1.2	合格	切梗丝作业区	0.99	≤6	合格	符合
膨丝操作工	烟草尘	5	0.86	0.54	2	1.2	合格	膨丝操作柜巡检区	1.18	≤6	合格	符合
贮丝操作工	烟草尘	5	0.59	0.37	2	1.2	合格	贮丝操作柜巡检区	1.03	≤6	合格	符合
加薄片工	烟草尘	5	1.47	0.92	2	1.2	合格	加薄片平台	1.71	≤6	合格	符合
掺配工	烟草尘	5	1.35	0.84	2	1.2	合格	掺配巡检区	1.52	≤6	合格	符合

表 8-43　卷包车间粉尘浓度检测结果　　　　　　单位：mg/m³

工种	检测地点	粉尘种类	接触时间（h/d）	实测值	TWA				峰接触浓度（PE）				接触水平判定
					C_{TWA}定点	PC-TWA	折减后限值	结果	检测值	限值标准	结果	
卷接包操作工	3#卷接作业点	烟草尘	7	0.23	0.20	2	1.2	合格	0.23	≤6	合格	符合
卷接包操作工	3#卷包作业点	烟草尘	7	0.19	0.17	2	1.2	合格	0.19	≤6	合格	符合
卷接包操作工	4#卷接作业点	烟草尘	7	0.19	0.17	2	1.2	合格	0.19	≤6	合格	符合

工种	检测地点	粉尘种类	接触时间（h/d）	实测值	TWA				峰接触浓度（PE）			接触水平判定
					C_{TWA}定点	PC-TWA	折减后限值	结果	检测值	限值标准	结果	
卷接包操作工	4#卷包作业点	烟草尘	7	0.23	0.20	2	1.2	合格	0.23	≤6	合格	符合
卷接包操作工	5#卷接作业点	烟草尘	7	0.15	0.13	2	1.2	合格	0.15	≤6	合格	符合
卷接包操作工	5#卷包作业点	烟草尘	7	0.19	0.17	2	1.2	合格	0.19	≤6	合格	符合
卷接包操作工	7#卷接作业点	烟草尘	7	0.15	0.13	2	1.2	合格	0.15	≤6	合格	符合
卷接包操作工	7#卷包作业点	烟草尘	7	0.19	0.17	2	1.2	合格	0.19	≤6	合格	符合
成型操作工	滤棒成型机旁	二氧化钛粉尘	7	0.68	0.60	8	5.0	合格	0.68	≤24	合格	符合
残烟处理工	残烟处理间	烟草尘	7	1.06	0.93	2	1.2	合格	1.06	≤6	合格	符合
集尘处理工	除尘间	烟草尘	1	0.65	0.28	2	1.2	合格	1.59	≤6	合格	符合
	压棒房		1	1.59								

表8-44 职业健康与安全生产评价结果

指标名称	指标单位	权重	上限值	下限值	评价结果	得分
作业现场噪声	个	0.2	0	5	0（无超标）	100.00
作业现场粉尘浓度	个	0.2	0	5	0（无超标）	100.00
企业安全标准化达标等级	—	0.6	—	—	二级	60.00
总得分						76.00

根据检测结果，工厂各主要作业区域的室内噪声、粉尘浓度等指标均满足《工作场所有害因素职业接触限值　第1部分：化学有害因素》（GBZ 2.1—2007）、《工业企业设计卫生标准》（GBZ 1—2010）及行业相关标准要求，无超标情况。

（三）环境影响与清洁生产

主要从单箱化学需氧量排放量、氮氧化物排放浓度、二氧化硫排放浓度、单箱二氧化碳排放量、锅炉排放颗粒物浓度五个方面进行评价。其中，氮氧化物排放浓度、二氧化硫排放浓度、锅炉排放颗粒物浓度为有组织排放废气浓度。

1. 单箱化学需氧量排放量

工厂排放废水主要指标检测结果如表8-45所示。

表8-45　污水主要指标检测结果

序号	项目	检测结果	一级标准限值	达标情况
1	水温（℃）	18.8	—	—
2	pH值（无量纲）	6.92~6.95	6~9	达标
3	悬浮物（mg/L）	15	70	达标
4	化学需氧量（mg/L）	41	100	达标
5	五日生化需氧量（mg/L）	10.1	20	达标
6	总氮（mg/L）	6.57	—	—
7	石油类（mg/L）	0.99	5	达标
8	氨氮（mg/L）	2.35	15	达标
9	总磷（mg/L）	0.02	0.5	达标

根据检测结果，废水排放指标全部符合国家及地方排放标准要求。工厂2019年11月至2020年10月废水排放总量为92361.07吨，计算得到单箱化学需氧量排放量为6.67克/箱。

2. 氮氧化物排放浓度

天然气锅炉排放废气检测结果如表8-46所示。

表 8-46　天然气锅炉有组织排放废气检测结果

烟气参数	温度 (℃)	湿度 (%)	流速 (m/s)	标干流量 (m³/h)	含氧量 (%)
	73	13.7	4.6	3860	7.5
	实测浓度	折算浓度	《锅炉大气污染物排放标准》(GB 13271—2014)		是否达标
低浓度颗粒物（mg/m³）	2.0	2.6	20mg/m³		达标
二氧化硫（mg/m³）	28	37	50mg/m³		达标
氮氧化物（mg/m³）	47	61	200mg/m³		达标

根据检测结果，锅炉废气的氮氧化物实测浓度为 47mg/m³，折算浓度为 61mg/m³，符合《锅炉大气污染物排放标准》（GB 13271—2014）的要求。

3. 二氧化硫排放浓度

根据表 8-46，锅炉废气二氧化硫的实测浓度为 28mg/m³，折算浓度为 37mg/m³，符合《锅炉大气污染物排放标准》（GB 13271—2014）的要求。

4. 单箱二氧化碳排放量

根据工厂 2019 年 11 月至 2020 年 10 月的生产统计数据，计算得到单箱二氧化碳排放量为 8.5 千克/箱。

5. 锅炉排放颗粒物浓度

根据表 8-46，低浓度颗粒物的实测浓度为 2.0mg/m³，折算浓度为 2.6mg/m³，符合《锅炉大气污染物排放标准》（GB 13271—2014）的要求。

6. 清洁生产等级

根据企业评价结论，B 卷烟工厂的清洁生产等级为 AAAA 级。

根据以上统计数据，对环境影响与清洁生产进行评价，结果如表 8-47 所示。

表 8-47　环境影响与清洁生产评价结果

指标名称	指标单位	权重	上限值	下限值	测试结果	得分
单箱化学需氧量排放量	g/箱	0.20	0	20	6.67	66.65
氮氧化物排放浓度	mg/m³	0.10	50	150	61.00	89.00

指标名称	指标单位	权重	上限值	下限值	测试结果	得分
二氧化硫排放浓度	mg/m³	0.10	0	50	37.00	26.00
单箱二氧化碳排放量	kg/箱	0.15	9	15	8.50	100.00
厂界噪声	—	0.10	—	—	符合 GB 12348	100.00
锅炉排放颗粒物浓度	mg/m³	0.10	5	20	2.60	100.00
异味排放浓度	—	0.10	—	—	符合 GB 14554	100.00
清洁生产等级	—	0.15	—	—	AAAA 级	100.00
总得分						84.83

（四）测评结果汇总

绿色生产水平总得分为 79.97 分，处于行业二级水平。二级指标得分汇总如表 8-48 所示。

表 8-48　生产效能水平测评得分汇总

序号	指标名称	权重	得分	备注
1	职业健康与安全生产	0.55	76.00	
2	环境影响与清洁生产	0.45	84.83	
	绿色生产水平总得分		79.97	二级

五、智能制造测评报告

（一）主要测评内容

智能制造水平评价指标体系及指标权重如表 6-1 所示。

（二）测评过程

智能制造水平评价资料获取方式包括企业提供相关资料、现场考察、现场演示、现场咨询等。在评价的过程中，通过适当的方法收集并验证与评价目标、评价范围、评价依据有关的资料，对采集的资料予以记录。结合获取的评价资料以及现场考察、咨询情况，专家组对照指标打分表进行打分，采用多级综合评价方法进行逐级评价。

（三）测评结果汇总

如表 8-49 所示，智能制造水平总得分为 72.53 分，处于行业二级水平，仍有较大的提升空间。其中，信息支撑 78.20 分，智能生产 64.95 分，智能物流 81.93 分，智能管理 72.63 分。由于行业智能制造尚处于起步与探索阶段，智能制造评价体系也具有一定的前瞻性和引导性，因此目前国内大部分卷烟工厂都难以得到高分。A 卷烟工厂的智能制造水平在行业内处于中等水平，未来有巨大的发展空间，潜力较大。

工艺设备及各类配套公用设备先进可靠，自动化程度较高，制丝车间达到自动化连续生产标准，车间基本实现了现场无人操作。工厂配置了较为完善的自动化物流系统，基本实现了原料、在制品、成品、辅料等生产物资的储转过程的自动化。生产线在线检测仪表配置较为全面，精度满足要求。制丝车间配置了较为完善的中控及集控系统，实现了生产调度、集中控制、质量追溯、数据分析等功能。卷包车间配置了先进的数采系统，具有比较完善的网络架构体系，稳定性好、可拓展性强。

工厂信息化基础设施比较完善，网络设备安全保障能力完备；在省中烟公司规划统筹下，建立了相关的数据规范、标准等要素，为工厂信息化建设奠定了基础；工厂生产制造执行系统以及制丝集控、物流集控、能源管理平台等信息系统对生产、质量、设备、能源等的管理支撑基本满足当前业务要求；安全综合信息化管理系统对业务支撑度高，在行业内有较高水平。

表 8-49 智能制造水平评价得分

智能制造水平总得分	二级指标/权重	二级指标得分	三级指标/权重	三级指标得分	四级指标/权重	得分
72.53	信息支撑/0.2	78.20	网络环境/0.5	85.38	网络覆盖及互联互通能力/0.4	88.00
					网络安全保障能力/0.6	83.63
			信息融合/0.5	71.03	数据交换能力/0.1	66.25
					数据融合能力/0.2	57.75
					各系统集成水平/0.7	75.50
	生产/0.4	64.95	计划调度/0.2	61.05	计划编制/0.6	50.50
					生产调度/0.4	76.88
			生产控制/0.2	60.13	生产控制/1.0	60.13
			质量控制/0.6	67.86	标准管理数字化水平/0.1	89.38
					质量数据应用水平/0.5	58.25
					防差错能力/0.2	83.13
					批次追溯能力/0.2	65.88
	物流/0.2	81.93	仓储管理/0.5	83.15	货位管理能力/0.4	89.38
					物料管理能力/0.6	79.00
			配送管理/0.5	80.70	配送自动化水平/0.4	79.50
					配送管控能力/0.6	81.50
	管理/0.2	72.63	设备管理/0.4	70.16	设备运行状态监控能力/0.4	79.13
					设备故障诊断能力/0.3	67.50
					设备全生命周期管理/0.3	60.88
			能源管理/0.4	67.64	能源供应状态监视水平/0.3	74.13
					能源异常预警能力 0.4	72.63
					能源运行调度水平 0.3	54.50
			安全环境管理/0.2	87.54	综合管理信息化水平/0.3	95.88
					安、消防技防水平/0.5	88.25
					环境指标监视能力/0.2	73.25

六、优化提升建议

（一）工艺优化建议

（1）易地技改设计时，卷包产能按标准烟支设计，目前工厂细支烟加工比例较大，且有进一步增加趋势，卷包产能明显不足，建议适当提升卷包车间整体产能。

（2）按照行业未来发展趋势，建议今后一段时期卷包车间逐步向"两班制"生产转变，可逐年提升高速卷接包机组比例，提升卷包装备水平和生产能力，根据机组升级改造配套设施。

（3）根据产品加工要求，叶丝线需滚筒薄板干燥的占比较大，需气流干燥的占比很小，导致制叶丝B线设备空闲率高，而A线过于繁忙，两条线产量分配不均衡，建议B线增加滚筒烘丝设备，充分发挥其产能。

（4）制丝线综合作业率仍有提升空间，建议在满足工艺要求前提下，进一步缩短设备预热、批间间隔时间，并优化排产方案，节约能耗，提高效率。

（5）烟梗采用人工开麻包形式，劳动强度大，现场环境差，有增加麻丝等杂物的风险，建议烟梗采用纸箱包装，并配置自动解包装置。

（6）烟梗预处理段建议增加烟梗光电类除杂装置。

（7）松散回潮出口物料含水率不稳定，波动较大，建议提升切片及松散效果，稳定入口物料流量，提高出口物料含水率稳定性。

（8）气流烘丝出口烟丝有明显缠绕、结团的现象，出口烟丝含水率不够稳定，建议优化工艺及设备参数，提升烟丝含水率稳定性。

（9）梗丝掺配时流量不够稳定，瞬时掺配均匀性不足，建议通过增加转角皮带机等方式，提高掺配均匀性。

（10）烟丝加香前振筛铺料不均匀，筛分不充分，建议提高铺料均匀性，拉薄振筛物料厚度。

（11）部分卷烟机与包装机生产能力不匹配，存在成品烟支人工周转情况，建议合理设置卷烟机和包装机的生产速度，提升烟支中间缓存能力，减少烟支的转运，降低工人劳动强度，改善现场环境。

（12）卷包机组的部分设备缝隙漏料现象比较明显，建议加强设备维护。

（13）制丝中控系统、卷包数采系统、物流控制系统的功能及数据处理能力需要提升，建议进一步提升生产调度、数据采集、生产监控、统计分析、结果展示的广度与深度。

（14）各车间、各自控系统协同调度不足，关联度不够，信息共享程度不高，在数据互联互通方面有较大提升空间。

（二）公辅系统优化建议

（1）建议持续提升能源计量与管理水平，提升各类能源及水资源计量的广度与深度，优化并完善能管系统的数据统计、数据分析、能耗评估、能源管理、可视化展示等功能，提升能管系统的精细化、参数化、系统化、智能化水平，为未来节约能源与水资源奠定坚实基础。

（2）夏季高温时期车间空调能力不足，空调系统仍有一定的节能潜力，建议：进一步深化应用空调系统节能技术，优化空调作用区域和送回风方式，优化空调控制系统，合理利用排风对新风进行预热（或预冷）处理，降低新风负荷；过渡时期部分空调可采用冷却塔直接供冷技术；既要保证车间温湿度，又要尽可能节约能源。

（3）烟梗备料间产尘量较大，灰尘会通过格栅扩散到制丝车间，建议通过烟梗备料间增设吊顶等物理隔断方式，避免灰尘扩散到制丝车间。

（4）根据实际运行情况，变频空气压缩设备运行时间较长，未来故障发生风险较大，建议结合实际需求，增加一台变频空压设备。

（5）用能车间生产计划与动力车间供能计划没有自动联动，建议未来在MES系统中实现各车间生产计划的关联，提升能源保障水平，节约能耗。

（6）建议进一步加强设备本体降噪及建筑物吸音措施，降低车间重点作业区域噪声；采用镂空桥架、封堵死角、加强清扫等多种手段，防治烟草虫害；应用先进技术，提升废水、废气、粉尘、异味等的治理能力及效果，提高主要污染物实时监测或定期监测能力。

（三）智能制造优化建议

（1）在上级公司的统一规划下，制定工厂的信息化中远期规划，促进信息化建设的体系化，统筹布局，确保整体架构科学合理。规划要紧跟行业发展形势和信息化发展形势，以数据驱动、数字化转型助推产业升级、结构优化。在充分总结企业当前信息化现状的前提下，规划要保持与企业发展同步，保证企业管理与信息化高度融合，共同推进。

（2）提升数据共享互通能力，消除"信息孤岛"和"数据烟囱"情况，通过数据整合与治理，建立统一的数据共享服务平台，提高数据资源利用的整体效能，保证数入一库、一数一源、数出一门，避免数据重复录入和系统功能重叠，杜绝数据不一致现象，为全面实现数字化工厂打好基础。

（3）提升系统对业务的支撑度、满足度，使之能够解决管理和业务痛点、短板；完善生产、设备、能源、安全、管理五大业务应用信息系统，加强生产组织、质量管控、设备管理的信息化水平，推进原料、辅料、动能等资源要素信息、实物与生产制造过程的有效协同，使生产组织、调度更加精细化。

（4）逐步构建业务横向协同、管理纵向贯通、信息互联互通、资源高度共享的一体化"数字企业"的信息化体系，为工厂业务发展全局提供支撑，为企业管理起到引导和驱动作用，促进企业精细化管理。

（5）进一步挖掘业务数据价值，提升数据利用率，推进 IT 和 OT 的不断融合。逐步开展生产、质量、设备、能源等方面的数字化和智能化应用，提升智能辅助决策的水平；推广人工智能图形识别技术在质量在线监测、安全管控中的应用范围；拓展大数据人工智能在质量预控、设备故障诊断等方面的应用。

（6）搭建统一的移动应用平台，建立管理和生产两大类移动应用框架，做到移动应用的统一规划、统一资源、统一出口、统一管理，实现内部应用的统一管理。管理类应用涵盖个人办公、行政、安全等应用，有效提高事务类办公效率；生产类应用以大数据、物联网为基础，提供生产信息的移动端展现和应用，做到生产状态实时掌控，为实现精益、柔性、智能的智慧工厂提供移动支撑。

（7）在当前行业智能制造的浪潮下，适度增加信息化专业人才，培养专业技术知识丰富和业务知识精通的复合人才，建立具有项目协调运作能力的信息化专业团队，满足对信息化人才队伍的紧迫需求，应对当前跨越式发展的数字化、智能化挑战，把两化融合工作规划好，项目建设好、应用好。

第二节　B卷烟工厂生产制造水平综合评价报告

一、总体评价报告

为了全面、客观、科学地评价 B 卷烟工厂生产制造水平现状，同时诊断问题、查找不足，明确下一步改进和提升的方向，对 B 卷烟工厂生产制造水平进行了综合测评。本次测评按照烟草行业标准《卷烟工厂生产制造水平综合评价方法》（YC/T 587—2020）及测评大纲，测评内容涵盖工艺质量、生产效能、绿色生产、智能制造等方面。总体评价结论如下：

B 卷烟工厂生产制造综合水平得分为 59.23 分，处于行业四级水平。其中，工艺质量水平得分 67.94 分，处于行业三级水平；生产效能水平得分 54.78 分，处于行业四级水平；绿色生产水平得分为 74.09 分，处于行业二级水平；智能制造水平得分 48.39 分，处于行业四级水平。

（一）工艺质量水平

工艺质量水平综合得分为 67.94 分，处于行业三级水平。在制品过程能力得分 69.88 分，其中烟片处理过程能力 81.83 分，制叶丝过程能力 87.23 分，掺配加香过程能力 7.88 分，成品烟丝质量控制能力 84.40 分，制梗丝过程能力 61.65 分，滤棒成型过程能力 97.33 分，卷接包装过程能力 59.02 分。卷烟产品质量水平得分 59.88 分，其中卷制及包装水平 45.32 分，烟气质量水平 86.93 分。设备保障能力得分 64.21 分，其中设备稳定性 86.77 分，非稳态指数 41.66 分。公辅配套保障能力得分 73.97 分。

（二）生产效能水平

生产效能水平综合得分为 54.78 分，处于行业四级水平。其中，卷包设备运行效率 86.86 分，制丝综合有效作业率 40.14 分，设备维持费用 4.23 分，原材料利用效率 47.18 分，能源利用效率 68.00 分，人均劳动生产率 52.18 分。

（三）绿色生产水平

绿色生产水平得分为 74.09 分，处于行业二级水平。其中，职业健康与安全生产 76.00 分，环境影响与清洁生产 71.75 分。

（四）智能制造水平

智能制造水平得分为 48.39 分，处于行业四级水平，有较大的提升潜力和优化空间。其中，信息支撑 63.75 分，智能生产 44.93 分，智能物流 33.90 分，智能管理 54.41 分。

二、工艺质量测评报告

（一）主要测评内容

1. 测试牌号及批次

根据测试大纲的内容和要求，以"B1"品牌卷烟为测试牌号，对 B 卷烟工厂生产线工艺质量进行全线跟踪测试。

生产线测试批次（略）。

2. 工艺质量水平评价指标体系

工艺质量水平的评价指标如表 3-1 所示。

需要说明的是，根据企业实际情况，指标"1.1.2.6 滚筒干燥机热风风速标准偏差"不纳入本次评价，其权重已折算至同级其他指标，折算后的权重为表中括号中数值。

（二）在制品过程能力

在制品过程能力主要从烟片处理过程能力、制叶丝过程能力、掺配加香过程能力、成品烟丝质量控制能力、制梗丝过程能力、滤棒成型过程能力、卷接包装过程能力七个方面进行评价。

1. 烟片处理过程能力

重点对制叶丝线松散回潮、叶片加料物料流量、出口温度及关键工艺参数进行测试分析。测评结果如表 8-50 所示。

表 8-50　烟片处理过程能力测试结果

定量指标	指标单位	权重	上限值	下限值	最大值	最小值	平均值	标偏	变异系数	得分
松散回潮工序流量变异系数	%	0.15	0.01	1	5018.3	4983.8	4999.9	5.27	0.11	89.90
出口含水率标偏	%	0.1	0.05	1	19.34	16.18	17.87	0.53	2.99	49.47
松散回潮机热风温度变异系数	%	0.1	0.5	4	125.46	124.48	124.92	0.2	0.16	100.00

定量指标	指标单位	权重	上限值	下限值	最大值	最小值	平均值	标偏	变异系数	得分
松散回潮出口物料温度标准偏差	℃	0.15	0.5	2	62.71	58.74	60.58	0.81	1.33	79.33
加料工序流量变异系数	%	0.15	0.01	0.2	5006.1	4993.3	5000	2.97	0.06	73.68
加料机热风温度变异系数	%	0.05	0.5	4	55.58	54.65	54.98	0.17	0.31	100.00
加料出口物料温度标准偏差	℃	0.05	0.5	2	55.55	53.21	54.23	0.38	0.69	100.00
加料出口物料含水率标准偏差	%	0.1	0.05	1	20.57	19.78	20.13	0.14	0.31	90.53
总体加料精度	%	0.05	0.01	0.2			0.074			66.32
加料比例变异系数	%	0.1	0.01	1	3.02	2.98	3	0.006	0.2	80.81
总得分										81.83

从测试结果来看，松散回潮出口含水率标偏、总体加料精度等指标得分不高，有较大提升空间。

2. 制叶丝过程能力

主要对切丝、叶丝干燥工序物料流量、出口含水率及关键工艺参数进行测评，叶丝宽度采用投影仪法检测。测试结果如表 8-51 所示。

表 8-51　制叶丝过程能力测试结果

定量指标	指标单位	权重	上限值	下限值	最大值	最小值	平均值	标偏	变异系数	得分
叶丝宽度标准偏差	mm	0.167	0.03	0.1	0.92	0.73	0.82	0.04	4.57	85.71
叶丝干燥工序流量变异系数	%	0.111	0.01	0.2	5006.4	4990.8	4999.9	2.88	0.06	73.68
叶丝干燥入口物料含水率标准偏差	%	0.111	0.05	0.4	19.83	19.52	19.66	0.06	0.31	97.14

定量指标	指标单位	权重	上限值	下限值	最大值	最小值	平均值	标偏	变异系数	得分
滚筒干燥机筒壁温度标准偏差	℃	0.167	0.2	1.5	128.21	127.71	128	0.11	0.08	100.00
滚筒干燥机热风温度标准偏差	℃	0.167	0.1	1	100.96	99.27	100	0.31	0.31	76.67
滚筒干燥机排潮负压变异系数	%	0.111	10	100	−1	−25	−16.55	6.03	36.41	70.66
叶丝干燥出口物料温度标准偏差	℃	0.056	0.5	2	56.38	52.72	54.57	0.43	0.78	100.00
叶丝干燥出口物料含水率标准偏差	%	0.111	0.05	0.4	13.31	13.12	13.2	0.03	0.26	100.00
总得分										87.23

3. 掺配加香过程能力

主要测评梗丝掺配精度、加香流量、总体加香精度、加香比例等关键参数。测试结果如表8-52所示。

表8-52　掺配加香过程能力测试结果

定量指标	指标单位	权重	上限值	下限值	最大值	最小值	平均值	标偏	变异系数	得分
掺配丝总体掺配精度（梗丝）	%	0.3	0.01	0.2	—	—	0.43	—	—	0.00
加香工序流量变异系数	%	0.3	0.01	1	5403.7	4412.5	4903.8	132.5	2.7	0.00
总体加香精度	%	0.1	0.01	0.2	—	—	0.33	—	—	0.00
加香比例变异系数	%	0.3	0.01	1	0.75	0.69	0.72	0.005	0.74	26.26
总得分										7.88

测试牌号卷烟的主要掺配丝为梗丝，梗丝设定掺配比例为 3%，实际掺配比例为 2.99%，总体掺配精度为 0.43%。加香工序设定加香比例为 0.72%，实际加香比例为 0.722%，总体加香精度为 0.33%。梗丝掺配及加香工序的稳定性不高，加香前物料流量稳定性很差，从而影响了加香精度及烟丝质量。

4. 成品烟丝质量控制能力

主要对成品烟丝的含水率、烟丝结构、填充值等指标进行测评，通过同牌号测试前 30 个批次的历史数据计算。测评结果如表 8-53 所示。

表 8-53　成品烟丝质量控制能力测试结果

定量指标	指标单位	权重	上限值	下限值	最大值	最小值	平均值	标偏	变异系数	得分
烟丝含水率标准偏差	%	0.3	0.05	0.4	12.93	12.74	12.84	0.04	0.32	100.00
烟丝整丝率标准偏差	%	0.2	0.5	2	82.42	76.91	80.73	1.11	1.37	59.33
烟丝碎丝率标准偏差	%	0.3	0.05	0.5	1.67	0.87	1.13	0.15	13.56	77.78
烟丝填充值标准偏差	cm³/g	0.2	0.05	0.3	4.35	4.09	4.18	0.06	1.45	96.00
总得分										84.40

5. 制梗丝过程能力

主要对梗丝加料、梗丝干燥、成品梗丝质量等指标进行测试，测评结果如表 8-54 所示。

表 8-54　制梗丝过程能力评价结果

定量指标	指标单位	权重	上限值	下限值	最大值	最小值	平均值	标偏	变异系数	得分
梗丝加料总体加料精度	%	0.1	0.01	0.2	—	—	0.058	—	—	74.74
梗丝干燥工序流量变异系数	%	0.15	0.01	0.2	1803.7	1796.2	1800	1.37	0.08	63.16
梗丝干燥出口物料温度标准偏差	℃	0.05	0.5	2	46.85	44.51	45.78	0.56	1.22	96.00

定量指标	指标单位	权重	上限值	下限值	最大值	最小值	平均值	标偏	变异系数	得分
梗丝干燥出口物料含水率标准偏差	%	0.2	0.05	0.4	14.49	11.28	12.45	0.45	3.6	0.00
梗丝整丝率标准偏差	%	0.15	0.5	2	84.94	81.42	83.62	0.91	1.08	72.67
梗丝碎丝率标准偏差	%	0.15	0.05	0.5	0.95	0.28	0.66	0.19	28.64	68.89
梗丝填充值标准偏差	cm³/g	0.2	0.05	0.5	6.28	5.92	6.14	0.08	1.38	93.33
总得分										61.65

由表 8-54 可知，梗丝干燥工序的控制水平较低，出口物料含水率稳定性较差。

6. 滤棒成型过程能力

主要对滤棒主要质量指标进行测试，测评结果如表 8-55 所示。

表 8-55　滤棒成型过程能力测评结果

定量指标	指标单位	权重	上限值	下限值	最大值	最小值	平均值	标偏	变异系数	得分
滤棒压降变异系数	%	0.6	2	5	3947	3516	3756.4	68.7	1.83	100.00
滤棒长度变异系数	%	0.1	0.05	0.2	144.41	143.98	144.19	0.09	0.06	93.33
滤棒硬度变异系数	%	0.1	1	2	89.5	85.4	87.84	0.7	0.8	100.00
滤棒圆度圆周比	%	0.1	1	2	—	—	0.82	—	—	100.00
滤棒圆周变异系数	%	0.1	0.1	0.2	24.08	23.94	24.01	0.03	0.12	80.00
总得分										97.33

滤棒成型过程能力的关键指标得分均比较高，总体质量稳定性较好。

7. 卷接包装过程能力

主要通过卷接包装加工过程中的无嘴烟支重量、有嘴烟支吸阻、有嘴烟支圆周、卷接和包装剔除率、烟支目标重量极差等指标进行测评，结果如表 8-56 所示。

表 8-56　卷接包装过程能力测评结果

定量指标	指标单位	权重	上限值	下限值	最大值	最小值	平均值	标偏	变异系数	得分
无嘴烟支重量变异系数	%	0.25	2.5	5	423	375	401.92	10.65	2.65	94.00
有嘴烟支吸阻变异系数	%	0.25	2.5	8	1230	974	1098.6	49.8	4.53	63.09
有嘴烟支圆周变异系数	%	0.25	0.15	0.5	17.25	16.81	17.08	0.8	0.47	8.57
卷接和包装的总剔除率	%	0.15	0.5	2	—	—	1.24	—	—	50.67
目标重量极差	mg	0.1	5	15	—	—	2.5	—	—	100
总得分										59.02

注：卷接和包装的总剔除率为测试批测试机组卷接包装总剔除烟支数/卷烟机总生产支数，包装机剔除后的可用烟支不计入剔除数量。

根据测试结果，有嘴烟支的圆周稳定性不足。

（三）卷烟产品质量水平

卷烟产品质量水平主要从卷制与包装质量水平、烟气质量水平两个方面进行评价。

1. 卷制与包装质量水平

主要对卷制与包装过程中主要质量指标进行评价。测评结果如表 8-57 所示。

表 8-57　卷制与包装质量水平测试结果

定量指标	指标单位	权重	上限值	下限值	最大值	最小值	平均值	标偏	变异系数	得分
烟支含水率标准偏差	%	0.1	0.1	0.2	12.24	12.18	12.22	0.02	0.16	100.00
烟支含末率变异系数	%	0.1	10	30	3.77	1.76	2.63	0.58	22.04	39.80
端部落丝量变异系数	%	0.05	20	100	2.72	0.07	0.86	0.57	66.48	41.90
烟支重量变异系数	%	0.2	1.5	3	576	522	543.35	11.21	2.06	62.67
烟支吸阻变异系数	%	0.2	1.5	5	1239	1027	1149.5	47.6	4.14	24.57
烟支硬度变异系数	%	0.1	3	5	60.4	48.9	54.91	2.55	4.64	18.00
烟支圆周变异系数	%	0.15	0.15	0.3	17.28	16.92	17.1	0.08	0.47	0.00

定量指标	指标单位	权重	上限值	下限值	最大值	最小值	平均值	标偏	变异系数	得分
卷制与包装质量得分	—	0.1	100	90	—	—	100	—	—	100.00
总得分										45.32

由表 8-57 可知，成品烟支的圆周、硬度等指标得分不高。

2. 烟气质量水平

根据测试批取样烟支，对烟气质量数据进行检测，测评结果如表 8-58 所示。

表 8-58　烟气质量水平测试结果

定量指标	指标单位	权重	上限值	下限值	变异系数	测评得分
批内烟气焦油量变异系数	%	0.5	1	5	1.59	85.25
批内烟气烟碱量变异系数	%	0.3	1	5	1.64	84.00
批内烟气 CO 量变异系数	%	0.2	1	5	1.18	95.50
总得分						86.93

（四）设备保障能力

设备保障能力从工艺设备稳定性、测试批非稳态指数两个方面进行评价。

1. 设备稳定性

采用制丝主线百小时故障停机次数、卷接包设备有效作业率和滤棒成型设备有效作业率三个指标评价设备稳定性。测评结果如表 8-59 所示。

表 8-59　设备稳定性评价结果

定量指标	指标单位	权重	上限值	下限值	测试值	测评得分
制丝主线百小时故障停机次数	次/百小时	0.25	0.2	0.6	0.008	100.00
卷接包设备有效作业率	%	0.5	100	60	92.17	80.43
滤棒成型设备有效作业率	%	0.25	100	50	93.11	86.22
总得分						86.77

2. 非稳态指数

主要评价松散回潮、烟片加料、叶丝干燥三个工序的非稳态指数,测评结果如表8-60所示。

表8-60 非稳态指数评价结果

定量指标	指标单位	权重	上限值	下限值	测试值	测评得分
松散回潮非稳态指数	%	0.3	1.5	5	5.22	0.00
烟片加料非稳态指数	%	0.3	1.5	5	0.73	100.00
叶丝干燥非稳态指数	%	0.4	1.5	5	3.98	29.14
总得分						41.66

松散回潮工序出口物料的含水率波动较大,稳定性较差;叶丝干燥工序的干头干尾时间较长,中间稳定性不足。

(五)公辅配套保障能力

公辅配套保障能力主要从蒸汽质量、真空质量、压缩空气质量、工艺水质量、关键区域环境温湿度稳定性五个方面进行评价。其中,环境温湿度选取贮叶间、贮丝间、卷接包车间和辅料平衡库等关键区域的温湿度。

1. 蒸汽质量

测评叶丝干燥工序的蒸汽压力,结果如表8-61所示。

表8-61 蒸汽质量评价结果

定量指标	指标单位	权重	上限值	下限值	最大值	最小值	平均值	标偏	变异系数	测评得分
蒸汽压力标准偏差	MPa	0.35	0.01	0.1	1.08	0.87	0.985	0.0344	—	72.89

测试期间,锅炉及蒸汽系统运行稳定,蒸汽质量满足规范及生产要求,蒸汽压力基本稳定,但仍有一定的提升空间。

2. 真空质量

测试真空缓冲罐出口真空压力的变异系数,结果如表8-62所示。

表 8-62　真空质量评价结果

定量指标	指标单位	权重	上限值	下限值	最大值	最小值	平均值	标偏	变异系数	测评得分
真空压力变异系数	%	0.05	0	3	0.081	0.0642	0.0713	0.00586	0.0822	97.26

测试期间，真空系统运行良好，真空质量较高，压力波动很小。

3. 压缩空气质量

测评烟丝加香工序压缩空气压力的标准偏差，结果如表 8-63 所示。

表 8-63　压缩空气质量评价结果

定量指标	指标单位	权重	上限值	下限值	最大值	最小值	平均值	标偏	变异系数	测评得分
压缩空气压力标准偏差	MPa	0.15	0	0.1	0.68	0.58	0.617	0.0168	—	83.20

测试期间，空压机组、储气罐、管路系统等均正常运行，压缩空气压力波动小，比较稳定。

4. 工艺水质量

测评松散回潮工序工艺水压力标准偏差、工艺水硬度两个指标，结果如表 8-64 所示。

表 8-64　工艺水质量评价结果

定量指标	指标单位	权重	上限值	下限值	最大值	最小值	平均值	标偏	变异系数	测评得分
工艺水压力标准偏差	MPa	0.7	0	0.1	0.37	0.35	0.357	0.0052	—	94.80
工艺水硬度	mg/L	0.3	0	90	—	—	0.5	—	—	99.44
总得分										96.19

测评过程中，工艺水供应系统运行稳定，工艺水压力稳定，工艺水硬度等指标满足工艺用水要求。

5. 关键区域环境温湿度稳定性

主要测评关键区域的温度标准偏差和湿度标准偏差，关键区域选取贮叶间、贮丝间、卷接包车间和辅料平衡库。测评结果如表8-65所示。

表8-65　关键区域环境温湿度稳定性评价结果

定量指标	指标单位	权重	上限值	下限值	最大值	最小值	平均值	标偏	测评得分
贮叶环境温度标准偏差	℃	0.1	0.1	2	31.17	29.20	30.11	0.454	81.37
贮叶环境湿度标准偏差	%	0.15	0.5	3	68.22	61.97	64.88	0.939	82.44
贮丝环境温度标准偏差	℃	0.1	0.1	2	29.10	25.79	28.09	0.706	68.11
贮丝环境湿度标准偏差	%	0.15	0.5	3	65.80	55.57	62.37	1.814	47.44
卷接包环境温度标准偏差	℃	0.1	0.1	2	27.62	24.18	25.62	0.723	67.21
卷接包环境湿度标准偏差	%	0.15	0.5	3	65.73	55.19	59.87	2.248	30.08
辅料平衡库环境温度标准偏差	℃	0.1	0.1	2	25.82	23.37	24.72	0.612	73.05
辅料平衡库环境湿度标准偏差	%	0.15	0.5	3	71.53	55.08	59.69	2.559	17.64
总得分									55.61

除辅料平衡库环境湿度不满足工艺规范要求，其他关键区域的环境温度、湿度基本满足工艺规范及工厂加工要求，但是贮丝间、卷包车间、辅料平衡库等区域的环境湿度稳定性仍需进一步提升。

（六）测评结果汇总

工艺质量水平总得分为67.94分，处于行业四级水平。得分汇总如表8-66所示。

表 8-66　工艺质量水平测评得分汇总

序号	指标名称	权重	得分	备注
1	在制品过程能力	0.60	69.88	
2	卷烟产品质量水平	0.15	59.88	
3	设备保障能力	0.15	64.21	
4	公辅配套保障能力	0.10	73.97	
	工艺质量水平总得分		67.94	

三、生产效能测评报告

（一）主要测评内容

生产效能水平测评指标如表 4-1 所示。

需要说明的是，根据企业实际情况，指标"2.1.3 超龄卷接包设备运行效率"不纳入本次评价，其权重折算至其他同级指标。

（二）卷接包设备运行效率

主要从卷接包设备运行效率、滤棒成型设备运行效率、超龄设备运行效率三个方面进行评价。因该工厂没有超龄设备，故参照标准超龄设备运行效率权重按比例分配到其他指标。计算结果如表 8-67 所示。

表 8-67　卷接包设备运行效率得分

定量指标	指标单位	权重	上限值	下限值	测试结果	得分
卷接包设备运行效率	%	0.842	100	50	86.88	86.88
滤棒成型设备运行效率	%	0.158	100	50	86.76	86.76
总得分						86.86

（三）制丝综合有效作业率

统计测试前一个月测试生产线产量、生产设备运行总时间、生产线额定生产能力，计算烟片处理、制叶丝、掺配加香工段综合有效作业率，统计情况如表 8-68 所示。根据企业实际运行情况，烟片处理段、制叶丝段额定生产能力按 5000kg/h 计算，掺配加香段额定生产能力按 6000kg/h 计算。制丝综合有效作业率得分如表 8-68 所示。

表 8-68 制丝综合有效作业率得分

定量指标	指标单位	权重	上限值	下限值	测试结果	得分
烟片处理综合有效作业率	%	0.35	85	50	68.41	52.60
制叶丝综合有效作业率	%	0.35	85	50	61.12	31.77
掺配加香综合有效作业率	%	0.3	85	50	62.38	35.37
制丝综合有效作业率得分						40.14

（四）设备维持费用

单位产量设备维持费用根据第四章第三节公式计算可得为 38.73 元/万支，单位产量设备维持费用得分情况如表 8-69 所示。

表 8-69 单位产量设备维持费用得分

定量指标	指标单位	权重	上限值	下限值	测试结果	得分
单位产量设备维持费用	元/万支	1.0	10	40	38.73	4.23

（五）原材料利用效率

根据测试批实际原材料消耗情况，主要对烟草原料、烟用材料的消耗情况及损耗情况进行统计分析。出叶丝率、出梗丝率计算得分时采用投入产出法数据。

为测试和了解制丝过程主要环节的损耗情况，对制丝线主要损耗点位损耗物料重量进行计量统计，结果如表 8-70 所示。

表 8-70　制叶丝线过程损耗

序号	项目	实际重量（kg）	含水率（%）	标准重量（kg）	备注
一、投入量					
1	投料重量（片烟）	5286.4	11.39	5323.03	
2	投料重量（梗丝）	157.308	12.76	155.95	
3	膨胀丝	262.57	13.1	259.28	
4	烟草原料投入合计	—	—	5738.26	
二、退出可用物（含取样）					
1	一次加料取样	—	—	—	
2	二次加料取样	—	—	—	
	合计				
三、产出量					
1	产出叶丝量（烘丝后）	5266.45	13.2	5194.63	
2	产出烟丝量（加香前累积重量）	5684.00	12.84	5629.74	
四、过程损耗					
1	切丝尾烟	14.1			
2	振筛除尘	0.4			
3	烘丝机除尘	53			
4	柔性风选除尘	8.8			
5	柔性风选除杂	1.3			
	HT	2.4			
	合计	80			
五、出丝率					
1	出叶丝率（投入产出法）		97.59%		
2	出烟丝率（投入产出法）		98.11%		

根据测试结果，制叶丝线烘丝、风选等过程的除尘灰土、除杂环节的剔除杂物等为主要损耗环节。

对制梗丝主要损耗点位损耗物料重量进行计量统计，结果如表 8-71 所示。

表 8-71　梗线损耗记录

序号	项目	实际重量（kg）	含水率（%）	标准重量（kg）	备注
一、投入量					
1	烟梗投料量	2099.2			
二、退出可用物（含取样）					
1	切梗丝尾料	22.35			
三、产出量					
1	产出梗丝量	1945.90			
四、过程损耗					
1	梗丝风选剔除物	19.80			
2	梗丝加香前除尘灰土	188.4			
	合计	208.2			
五、出丝率					
1	出梗丝率（投入产出法）	92.7%			

根据测试结果分析，制梗丝过程中，梗丝加香前除尘灰土等为主要损耗环节。

根据测试数据，对原料消耗、卷烟材料利用率进行评价，结果如表 8-72、表 8-73 所示。

表 8-72　原料消耗评价结果

定量指标	指标单位	权重	上限值	下限值	测试结果	得分
耗丝偏差率	%	0.44			12.37	0
出叶丝率	%	0.44	100	90	97.59	75.90
出梗丝率	%	0.12	100	80	92.7	63.50
原料消耗得分						41.02

表 8-73　卷烟材料利用率评价结果

定量指标	指标单位	权重	上限值	下限值	测试结果	得分
单箱耗嘴棒量（折算）	支/箱	0.4	12500	12800	12690	36.67
单箱耗卷烟纸量	米/箱	0.3	2950	3050	2994.7	55.30
单箱耗商标纸（小盒）量	张/箱	0.3	2500	2550	2510.9	78.20
卷烟材料消耗得分						54.72

卷烟纸消耗按《烟草行业工商统计调查制度》中盘纸消耗折算系数进行折算，烟支设计长度为97毫米，其中滤嘴长30毫米，烟长67毫米。单箱耗卷烟纸量为3400.7米，折算系数为67÷59＝1.13559，则折算后的单箱耗卷烟纸量为3400.7÷1.13559＝2994.7米。

（六）能源利用效率

主要从单位产量综合能耗、耗水量、动力设备运行能效三方面进行测评，其中动力设备运行能效包含锅炉系统煤汽比、压缩空气系统电气比、配电系统节能技术应用三个指标。

1. 单位产量综合能耗

以2020年1~12月为统计周期，统计工厂耗电量、天然气用量等数据，将电和天然气耗量折算为标准煤，综合能耗计算结果如表8-74所示。

表8-74　综合能耗计算结果

时间	产量（箱）	天然气（Nm³）	电（kW·h）	单位产量综合能耗（kgce/箱）
2020.01~2020.12	292632.81	2360000	11061517	15.13

综合能耗为15.13千克标准煤/箱（3.03千克标准煤/万支），B卷烟工厂属于夏热冬冷地区，综合能耗满足《卷烟厂设计规范》（YC/T 9—2015）中夏热冬冷地区不宜高于4.00千克标准煤/万支烟、《烟草行业绿色工房评价标准》（YC/T 396—2020）中夏热冬冷地区不宜高于3.70千克标准煤/万支烟的综合能耗要求。

2. 耗水量

统计2020年1~12月企业用水量及产量，计算万支卷烟耗水量，如表8-75所示。

表8-75　耗水量统计

时间	产量（箱）	水（m³）	万支卷烟耗水量（m³/万支）
2020.01~2020.12	292632.81	112600	0.077

万支卷烟水耗为 0.077m³/万支，显著低于《烟草行业绿色工房评价标准》（YC/T 396—2020）所要求的 0.20 m³/万支烟，企业节水效果显著。

3. 锅炉系统煤汽比

统计 2020 年 1~12 月锅炉系统产汽量、天然气消耗量、耗电量等数据，结果如表 8-76 所示。

表 8-76　锅炉系统能耗数据

时间	锅炉产汽量（t）	燃料消耗量（Nm³）	耗电量（kW·h）	煤汽比
2020.01~2020.12	29649.7	2162171	233150	95.77

4. 压缩空气系统电气比

统计 2020 年 1~12 月压缩空气系统生产数据，根据压缩空气系统耗电量、产生压缩空气量计算电气比，结果如表 8-77 所示。

表 8-77　压缩空气系统能耗数据

时间	空压耗电（kW·h）	空压产量（Nm³）	电气比
2020.01~2020.12	1551389.1	11926600	0.1301

5. 配电系统节能技术应用

企业高压配电系统、低压配电系统、照明系统、电气消防系统等配置完善，运行正常。测评过程中，动力供配电系统运行稳定，电能质量满足设备、装置起动和正常运行的要求。

车间主要区域的照度满足《建筑照明设计标准》（GB 50034）及《卷烟厂设计规范》（YC/T 9）规范要求；照明功率密度值不高于 GB 50034 和附录 B 规定的现行值。

变压器不具有谐波治理措施，变压器能效目标值或节能评价值未满足《三相配电变压器能效限定值及能效等级》（GB 20052）中的相关要求。

根据以上统计数据，对能源利用效率进行评价，结果如表 8-78 所示。

企业配置了污水处理、中水回用系统等多项节水技术，减少了污水排放量，单位产品耗水量很低。锅炉、变配电、空调、空压、制冷等系统运行稳定，但需要进一步采取节能措施，提高各系统的运行效率，降低能耗，提高能源利用效率。

表 8-78　能源利用效率评价结果

指标名称		指标单位	权重	上限值	下限值	测试结果	得分
单位产量综合能耗		kgce/箱	0.5	10	25	15.13	65.80
耗水量		m³/万支	0.2	0.1	0.2	0.077	100.00
动力设备运行能效		—	0.3				
动力设备能效二级指标	锅炉系统煤汽比	kgce/t	0.429	80	110	95.77	47.43
	压缩空气电气比	kW·h/Nm³	0.429	0.1	0.2	0.1258	69.90
	配电系统节能技术应用	—	0.142	—	—	不符合 GB 20052	0.00
能源利用效率总得分							68.00

注：因为 B 卷烟厂缺失制冷系统性能系数指标，参照标准中缺失指标折算方法，将本项指标权重折算至其他指标。

（七）在岗职工人均劳动生产率

通过卷烟实际产量及在岗正式职工人数，可测算人均生产效率。测算得出 B 卷烟工厂的 2020 年度人均劳动生产率为 465.23 箱/人。人均劳动生产率评价得分如表 8-79 所示。

表 8-79　在岗职工人均劳动生产率评价结果

定量指标	指标单位	权重	上限值	下限值	测试结果	得分
在岗职工人均劳动生产率	%	0.1	800	100	465.23	52.18

人均劳动生产率在全行业处于中等偏下水平，未来可进一步提升自动化水平和管理水平，减少用工数量，提高劳动生产率。

（八）测评结果汇总

生产效能水平总得分为 54.78 分，处于行业四级水平。二级指标得分汇总如表 8-80 所示。

表 8-80   生产效能水平测评得分汇总

序号	指标名称	权重	得分	备注
1	卷包设备运行效率	0.20	86.86	
2	制丝综合有效作业率	0.10	40.41	
3	单位产量设备维持费用	0.10	4.23	
4	原材料利用效率	0.30	47.18	
5	能源利用效率	0.20	68.00	
6	在岗职工人均劳动生产率	0.10	52.18	
	生产效能水平总得分		54.78	

四、绿色生产测评报告

(一) 主要测评内容

绿色生产水平（安全、健康、环保和清洁生产水平）评价指标体系及指标权重见表 5-1。

(二) 职业健康与安全生产

主要从作业现场噪声、作业现场粉尘浓度、企业安全标准化达标等级三个方面进行评价。

1. 作业现场噪声

对工厂主要生产作业区域室内噪声进行检测，主要包括制丝车间、滤棒车间、卷包车间、能动车间、污水站、锅炉房等区域，结果如表 8-81 所示。

制丝车间、滤棒车间、卷包车间、能动车间、污水站、锅炉房等区域的室内噪声全部低于 85dB，各工种接触噪声强度符合国家职业接触限值要求，符合国家及行业有关环保及职业卫生标准要求。

2. 作业现场粉尘浓度

对工厂主要生产作业区域室内粉尘浓度进行检测，主要包括制丝车间、滤棒车间、卷包车间、能动车间、污水站等区域，检测结果如表 8-82 所示。

表 8-81 工作场所作业人员接触噪声强度测量结果　　单位：dB（A）

车间/部门	岗位/工种	L_{EX.8h}检测结果 dB（A）	职业接触限值 dB（A）	结果判定
制丝车间	叶片备料	80.6	85	合格
	切片	78.3	85	合格
	翻箱喂料	81.8	85	合格
	剔杂	82.7	85	合格
	切丝/梗	82.5	85	合格
	梗丝加料	83.3	85	合格
	压棒	84.6	85	合格
	加香	74.3	85	合格
	送丝	71.2	85	合格
	梗丝加香	73.1	85	合格
	掺兑	72.2	85	合格
	除尘	82.6	85	合格
滤棒车间	成型机司机	84.8	85	合格
	成型机副司机	84.7	85	合格
	发射机司机	824	85	合格
卷包车间	废烟处理操作	77.8	85	合格
	废烟处理辅助	77.6	85	合格
	B1 卷接辅助	84.0	85	合格
	B1 卷接包装辅助	84.3	85	合格
	B1 卷烟操作	84.4	85	合格
	B1 包装辅机操作	83.8	85	合格
	B1 包装主机操作	84.1	85	合格
	B2 卷接辅助	83.9	85	合格
	B2 卷接包装辅助	83.8	85	合格
	B2 卷烟操作	84.8	85	合格
	B2 包装辅机操作	84.2	85	合格
	B2 包装主机操作	84.7	85	合格
	B3 卷接辅助	84.0	85	合格
	B3 卷接包装辅助	84.1	85	合格

车间/部门	岗位/工种	$L_{EX.8h}$检测结果 dB（A）	职业接触限值 dB（A）	结果判定
卷包车间	B3 卷烟操作	84.4	85	合格
	B3 包装辅机操作	84.3	85	合格
	B3 包装主机操作	84.2	85	合格
	B4 卷接辅助	83.9	85	合格
	B4 卷接包装辅助	83.8	85	合格
	B4 卷烟操作	84.2	85	合格
	B4 包装辅机操作	83.7	85	合格
	B4 包装主机操作	83.8	85	合格
	B5 卷接辅助	84.3	85	合格
	B5 卷接包装辅助	84.2	85	合格
	B5 卷烟操作	83.8	85	合格
	B5 包装辅机操作	84.1	85	合格
	B5 包装主机操作	84.2	85	合格
	B6 卷接辅助	84.5	85	合格
	B6 卷接包装辅助	84.1	85	合格
	B6 卷烟操作	84.4	85	合格
	B6 包装辅机操作	83.8	85	合格
	B6 包装主机操作	84.2	85	合格
	A1 卷接辅助	84.8	85	合格
	A1 卷接包装辅助	84.1	85	合格
	A1 卷烟操作	84.9	85	合格
	A1 包装辅机操作	84.5	85	合格
	A1 包装主机操作	84.9	85	合格
	A2 卷接辅助	84.6	85	合格
	A2 卷接包装辅助	84.5	85	合格
	A2 卷烟操作	84.9	85	合格
	A2 包装辅机操作	84.6	85	合格
	A2 包装主机操作	84.8	85	合格
	A3 卷接辅助	84.3	85	合格

车间/部门	岗位/工种	$L_{EX.8h}$检测结果 dB（A）	职业接触限值 dB（A）	结果判定
卷包车间	A3 卷接包装辅助	84.1	85	合格
	A3 卷烟操作	84.6	85	合格
	A3 包装辅机操作	84.4	85	合格
	A3 包装主机操作	84.0	85	合格
	A5 卷接辅助	84.5	85	合格
	A5 卷接包装辅助	84.5	85	合格
	A5 卷烟操作	84.7	85	合格
	A5 包装辅机操作	84.5	85	合格
	A5 包装主机操作	84.6	85	合格
	A6 卷接辅助	84.3	85	合格
	A6 卷接包装辅助	84.2	85	合格
	A6 卷烟操作	84.5	85	合格
	A6 包装辅机操作	84.4	85	合格
	A6 包装主机操作	84.5	85	合格
	A7 卷接辅助	84.8	85	合格
	A7 卷接包装辅助	84.7	85	合格
	A7 卷烟操作	84.8	85	合格
	A7 包装辅机操作	84.5	85	合格
	A7 包装主机操作	84.6	85	合格
	A8 卷接辅助	84.1	85	合格
	A8 卷接包装辅助	83.8	85	合格
	A8 卷烟操作	84.6	85	合格
	A8 包装辅机操作	83.7	85	合格
	A8 包装主机操作	84.0	85	合格
	A9 卷接辅助	82.9	85	合格
	A9 卷接包装辅助	83.0	85	合格
	A9 卷烟操作	83.5	85	合格
	A9 包装辅机操作	83.4	85	合格
	A9 包装主机操作	83.3	85	合格

车间/部门	岗位/工种	$L_{EX,8h}$检测结果 dB（A）	职业接触限值 dB（A）	结果判定
卷包车间	封箱操作	83.2	85	合格
	封箱辅助操作	83.0	85	合格
	勤杂	82.8	85	合格
能动车间	空调操作	66.4	85	合格
	空压	78.0	85	合格
污水站	污水处理	71.7	85	合格
锅炉房	司炉	73.1	85	合格

表 8-82　工作场所粉尘时间加权平均浓度检测结果　　　　单位：mg/m^3

车间/部门	岗位/工种	检测项目	C_{TWA}	PC-TWA	结果判定
制丝车间	叶片备料	烟草尘	0.9	2	合格
	切片	烟草尘	1.2	2	合格
	翻箱喂料	烟草尘	0.9	2	合格
	剔杂	烟草尘	0.6	2	合格
	切丝/梗	烟草尘	0.9	2	合格
	梗丝加料	烟草尘	0.7	2	合格
	压棒	烟草尘	0.6	2	合格
	加香	烟草尘	1.1	2	合格
	送丝	烟草尘	1.0	2	合格
	梗丝加香	烟草尘	0.7	2	合格
	掺兑	烟草尘	1.0	2	合格
	除尘	烟草尘	0.1	2	合格
滤棒车间	成型机司机	其他粉尘	0.4	8	合格
	成型机副司机	其他粉尘	0.4	8	合格
	发射机司机	其他粉尘	0.3	8	合格
卷包车间	废烟处理操作	烟草尘	0.3	2	合格
	废烟处理辅助	烟草尘	0.3	2	合格
	B1 卷接辅助	其他粉尘	0.5	8	合格
	B1 卷接包装辅助	其他粉尘	0.3	8	合格
	B1 卷烟操作	其他粉尘	0.5	8	合格

车间/部门	岗位/工种	检测项目	C_{TWA}	PC-TWA	结果判定
卷包车间	B1 包装辅机操作	其他粉尘	0.4	8	合格
	B1 包装主机操作	其他粉尘	0.3	8	合格
	B2 卷接辅助	其他粉尘	0.6	8	合格
	B2 卷接包装辅助	其他粉尘	0.4	8	合格
	B2 卷烟操作	其他粉尘	0.6	8	合格
	B2 包装辅机操作	其他粉尘	0.4	8	合格
	B2 包装主机操作	其他粉尘	0.3	8	合格
	B3 卷接辅助	其他粉尘	0.4	8	合格
	B3 卷接包装辅助	其他粉尘	0.3	8	合格
	B3 卷烟操作	其他粉尘	0.5	8	合格
	B3 包装辅机操作	其他粉尘	0.3	8	合格
	B3 包装主机操作	其他粉尘	0.2	8	合格
	B4 卷接辅助	其他粉尘	0.4	8	合格
	B4 卷接包装辅助	其他粉尘	0.3	8	合格
	B4 卷烟操作	其他粉尘	0.4	8	合格
	B4 包装辅机操作	其他粉尘	0.3	8	合格
	B4 包装主机操作	其他粉尘	0.4	8	合格
	B5 卷接辅助	其他粉尘	0.4	8	合格
	B5 卷接包装辅助	其他粉尘	0.4	8	合格
	B5 卷烟操作	其他粉尘	0.4	8	合格
	B5 包装辅机操作	其他粉尘	0.3	8	合格
	B5 包装主机操作	其他粉尘	0.4	8	合格
	B6 卷接辅助	其他粉尘	0.7	8	合格
	B6 卷接包装辅助	其他粉尘	0.5	8	合格
	B6 卷烟操作	其他粉尘	0.7	8	合格
	B6 包装辅机操作	其他粉尘	0.6	8	合格
	B6 包装主机操作	其他粉尘	0.6	8	合格
	A1 卷接辅助	其他粉尘	0.6	8	合格
	A1 卷接包装辅助	其他粉尘	0.4	8	合格
	A1 卷烟操作	其他粉尘	0.6	8	合格
	A1 包装辅机操作	其他粉尘	0.5	8	合格

车间/部门	岗位/工种	检测项目	C$_{TWA}$	PC-TWA	结果判定
卷包车间	A1 包装主机操作	其他粉尘	0.4	8	合格
	A2 卷接辅助	其他粉尘	0.4	8	合格
	A2 卷接包装辅助	其他粉尘	0.3	8	合格
	A2 卷烟操作	其他粉尘	0.5	8	合格
	A2 包装辅机操作	其他粉尘	0.3	8	合格
	A2 包装主机操作	其他粉尘	0.4	8	合格
	A3 卷接辅助	其他粉尘	0.4	8	合格
	A3 卷接包装辅助	其他粉尘	0.4	8	合格
	A3 卷烟操作	其他粉尘	0.4	8	合格
	A3 包装辅机操作	其他粉尘	0.3	8	合格
	A3 包装主机操作	其他粉尘	0.2	8	合格
	A5 卷接辅助	其他粉尘	0.4	8	合格
	A5 卷接包装辅助	其他粉尘	0.3	8	合格
	A5 卷烟操作	其他粉尘	0.4	8	合格
	A5 包装辅机操作	其他粉尘	0.4	8	合格
	A5 包装主机操作	其他粉尘	0.4	8	合格
	A6 卷接辅助	其他粉尘	0.5	8	合格
	A6 卷接包装辅助	其他粉尘	0.4	8	合格
	A6 卷烟操作	其他粉尘	0.6	8	合格
	A6 包装辅机操作	其他粉尘	0.4	8	合格
	A6 包装主机操作	其他粉尘	0.4	8	合格
	A7 卷接辅助	其他粉尘	0.5	8	合格
	A7 卷接包装辅助	其他粉尘	0.3	8	合格
	A7 卷烟操作	其他粉尘	0.4	8	合格
	A7 包装辅机操作	其他粉尘	0.4	8	合格
	A7 包装主机操作	其他粉尘	0.5	8	合格
	A8 卷接辅助	其他粉尘	0.4	8	合格
	A8 卷接包装辅助	其他粉尘	0.4	8	合格
	A8 卷烟操作	其他粉尘	0.3	8	合格
	A8 包装辅机操作	其他粉尘	0.3	8	合格
	A8 包装主机操作	其他粉尘	0.6	8	合格

车间/部门	岗位/工种	检测项目	C_{TWA}	PC-TWA	结果判定
卷包车间	A9 卷接辅助	其他粉尘	0.3	8	合格
	A9 卷接包装辅助	其他粉尘	0.6	8	合格
	A9 卷烟操作	其他粉尘	0.5	8	合格
	A9 包装辅机操作	其他粉尘	0.3	8	合格
	A9 包装主机操作	其他粉尘	0.3	8	合格
	勤杂	其他粉尘	0.1	8	合格
能动车间	空调操作	其他粉尘	0.2	8	合格
污水站	污水处理	其他粉尘	0.1	8	合格

制丝车间、滤棒车间、卷包车间、能动车间、污水站内各工种接触粉尘浓度均符合国家职业接触限值要求。

3. 企业安全标准化达标等级

B 卷烟工厂的企业安全标准化等级为二级（省级）。

根据以上统计数据，对职业健康与安全生产进行打分评价，结果如表8-83所示。

表 8-83　职业健康与安全生产评价结果

指标名称	指标单位	权重	上限值	下限值	评价结果	得分
作业现场噪声	个	0.2	0	5	0（无超标）	100.00
作业现场粉尘浓度	个	0.2	0	5	0（无超标）	100.00
企业安全标准化达标等级	—	0.6	—	—	二级	60.00
总得分						76.00

根据检测结果，工厂各主要作业区域的室内噪声、粉尘浓度等指标均满足《工作场所有害因素职业接触限值　第 1 部分：化学有害因素》（GBZ 2.1—2019）、《工作场所有害因素职业接触限值　第 2 部分：物理因素》（GBZ 2.2—2007）、《工业企业设计卫生标准》（GBZ 1—2010）及行业相关标准要求，无超标情况。

（三）环境影响与清洁生产

主要从单箱化学需氧量排放量、氮氧化物排放浓度、二氧化硫排放浓度、单箱二氧化碳排放量、厂界噪声、锅炉排放颗粒物浓度、清洁生产等级七个方面进行评价。其中，氮氧化物排放浓度、二氧化硫排放浓度、锅炉排放颗粒物浓度为有组织排放废气浓度。

1. 单箱化学需氧量排放量

工厂排放废水主要指标检测结果如表 8-84 所示。

表 8-84　污水主要指标检测结果

序号	项目	检测结果			一级标准限值	达标情况
		第一次	第二次	第三次		
1	pH 值（无量纲）	6.6	6.9	6.8	6~9	达标
2	悬浮物（mg/L）	10	9	12	400	达标
3	化学需氧量（mg/L）	65	69	71	500	达标
4	五日生化需氧量（mg/L）	21.5	24.5	25.6	300	达标
5	动植物油类（mg/L）	0.33	0.48	0.50	100	—
6	石油类（mg/L）	0.37	0.34	0.36	20	达标

根据检测结果，废水排放指标全部符合国家及地方排放标准要求。工厂 2020 年 1~12 月废水排放总量为 26677 吨，计算得到单箱化学需氧量排放量为 6.23 克/箱。

2. 氮氧化物排放浓度

天然气锅炉排放废气检测结果如表 8-85 所示。

表 8-85　天然气锅炉有组织排放废气检测结果

烟气参数	温度（℃）		含氧量（%）	
	112.7		5.1	
	实测浓度	折算浓度	《锅炉大气污染物排放标准》（GB 13271—2014）	是否达标
低浓度颗粒物（mg/m³）	5.23	5.76	20	达标
二氧化硫（mg/m³）	6	6.6	50	达标
氮氧化物（mg/m³）	77.7	85.5	200	达标

根据检测结果，锅炉废气的氮氧化物实测浓度为 77.7mg/m³，折算浓度为 85.5mg/m³，符合《锅炉大气污染物排放标准》（GB 13271—2014）的要求。

3. 二氧化硫排放浓度

根据表 8-85，锅炉废气二氧化硫的实测浓度为 6mg/m³，折算浓度为 6.6mg/m³，符合《锅炉大气污染物排放标准》（GB 13271—2014）的要求。

4. 单箱二氧化碳排放量

根据工厂 2020 年 1~12 月的生产统计数据，计算得出单箱二氧化碳排放量为 14.52 千克/箱。

5. 厂界噪声

厂界噪声检测结果如表 8-86 所示。

表 8-86　厂界噪声检测结果　　　　　　　　单位：dB（A）

监测点位	监测时段	Leq	《工业企业厂界环境噪声排放标准》（GB 13248—2008）3 类	是否达标
厂界东	昼间	56	65	达标
	夜间	47	55	达标
厂界南	昼间	57	65	达标
	夜间	48	55	达标
厂界西	昼间	57	65	达标
	夜间	49	55	达标
厂界北	昼间	58	65	达标
	夜间	49	55	达标

根据检测结果，厂界噪声符合《工业企业厂界环境噪声排放标准》（GB 12348—2008）的要求。

6. 锅炉排放颗粒物浓度

根据表 8-85，低浓度颗粒物的实测浓度 5.23mg/m³，折算浓度 5.76mg/m³，符合《锅炉大气污染物排放标准》（GB 13271—2014）的要求。

7. 清洁生产等级

根据企业内部评价结论，B 卷烟工厂的清洁生产等级为 AAAA 级。

根据以上统计数据，对环境影响与清洁生产进行评价，结果如表 8-87 所示。

表 8-87　环境影响与清洁生产评价结果

指标名称	指标单位	权重	上限值	下限值	测试结果	得分
单箱化学需氧量排放量	g/箱	0.222	0	20	6.23	68.85
氮氧化物排放浓度	mg/m³	0.111	50	150	85.50	64.50
二氧化硫排放浓度	mg/m³	0.111	0	50	6.6	86.80
单箱二氧化碳排放量	kg/箱	0.167	9	15	14.52	8.00
厂界噪声	—	0.111	—	—	符合 GB 12348	100.00
锅炉排放颗粒物浓度	mg/m³	0.111	5	20	5.76	94.93
清洁生产等级	—	0.167	—	—	AAAA 级	100.00
总得分						71.75

（四）测评结果汇总

绿色生产水平总得分为 74.09 分，处于行业二级水平。二级指标得分汇总如表 8-88 所示。

表 8-88　绿色生产水平测评得分汇总

序号	指标名称	权重	得分	备注
1	职业健康与安全生产	0.55	76.00	
2	环境影响与清洁生产	0.45	71.75	
	绿色生产水平总得分		74.09	二级

五、智能制造测评报告

（一）主要测评内容

智能制造水平评价指标体系及指标权重如表 6-1 所示。

（二）测评过程

智能制造水平评价资料获取方式包括企业提供相关资料、现场考察、现场演示、现场咨询等。在评价的过程中，通过适当的方法收集并验证与评价目标、评价范围、评价依据有关的资料，对采集的资料予以记录。结合获取的评价资料以及现场考察、咨询情况，专家组对照指标打分表进行打分，采用多级综合评价方法进行逐级评价。

（三）测评结果汇总

智能制造水平总得分为 48.39 分，处于行业四级水平，有较大的提升空间。其中，信息支撑 63.75 分，智能生产 44.93 分，智能物流 33.90 分，智能管理 54.41 分（见表 8-89）。由于行业智能制造尚处于起步与探索阶段，智能制造评价体系也具有一定的前瞻性和引导性，因此目前国内大部分卷烟工厂都难以得到高分。B 卷烟工厂在智能制造水平方面未来有巨大的发展空间，潜力较大。

六、问题诊断及优化建议

（一）工艺及物流

（1）B 卷烟工厂现有 2 条制叶丝线、1 条制梗丝线，其中 1 条制叶丝线基本停用，制丝线总体产能利用率不足，产能过剩情况较为突出。建议后续技改中，按照国家烟草专卖局控制指标和企业实际需求，合理设计制丝线产能，提高产能利用率。

（2）制叶丝生产线各工段综合有效作业率均不高。建议在满足工艺要求前提下，进一步缩短设备预热时间、批间间隔时间、换牌时间、各工段或工序直接的等待时间等；并优化排产方案，降低综合能耗，提高制丝线综合有效作业率。

（3）片烟原料的水分差异性较大。建议改善片烟醇化及备料过程的环境条件，提高环境温湿度稳定性，确保原料水分波动控制在合理区间内。

（4）叶线松散回潮出口物料含水率稳定性差、回潮前物料流量不稳定。建议进一步提升切片质量，提升松散回潮入口流量稳定性，优化松散回潮设备及工艺参数，提高加工质量。

表 8-89 智能制造水平评价得分

智能制造水平总得分	二级指标/权重	二级指标得分	三级指标/权重	三级指标得分	四级指标/权重	得分
48.39	信息支撑/0.2	63.75	网络环境/0.5	74.00	网络覆盖及互联互通能力/0.4	70.00
					网络安全保障能力/0.6	76.67
			信息融合/0.5	53.50	数据交换能力/0.1	63.33
					数据融合能力/0.2	55.00
					各系统集成水平/0.7	51.67
	生产/0.4	44.93	计划调度/0.2	37.34	计划编制/0.6	26.67
					生产调度/0.4	53.33
			生产控制/0.2	53.33	生产控制/1.0	53.33
			质量控制/0.6	44.67	标准管理数字化水平/0.1	81.67
					质量数据应用水平/0.5	38.33
					防差错能力/0.2	46.67
					批次追溯能力/0.2	40.00
	物流/0.2	33.90	仓储管理/0.5	36.20	货位管理能力/0.4	38.00
					物料管理能力/0.6	35.00
			配送管理/0.5	31.60	配送自动化水平/0.4	40.00
					配送管控能力/0.6	26.00
	管理/0.2	54.41	设备管理/0.4	53.00	设备运行状态监控能力/0.4	80.00
					设备故障诊断能力/0.3	33.33
					设备全生命周期管理/0.3	36.67
			能源管理/0.4	58.95	能源供应状态监视水平/0.3	83.33
					能源异常预警能力 0.4	50.00
					能源运行调度水平 0.3	46.50
			安全环境管理/0.2	48.17	综合管理信息化水平/0.3	56.67
					安、消防技防水平/0.5	48.33
					环境指标监视能力/0.2	35.00

（5）制叶丝线的最大投料批量与预混、贮叶、贮丝等环节单柜最大储量不匹配。叶线投料批量为 6000 千克或 9000 千克，现有混配、贮叶、贮丝的单柜储量为 6000～7000 千克，大批量投料时同批次料需进入 2 组贮柜，影响各模块混配的均匀性以及烟叶品质的稳定性。建议未来技改时合理配置贮柜数量及单柜贮量，确保一个批量烟叶进入同一贮柜。

（6）加料后烟叶至贮叶柜路线较长，烟叶温度及水分散失较快。建议通过设置保温皮带、优化工艺布局、缩短输送距离等方式，减少水分及温度散失。

（7）烟丝掺配环节的梗丝总体掺配精度不足，建议优化掺配方式和控制参数，提高瞬时掺配精度。

（8）根据企业实际生产情况，气流烘丝后补香设备基本不用。建议未来根据产品及工艺需求，对工艺流程进行优化调整。

（9）加香工序的物料流量不稳定，烟丝加香精度不高。建议加香前增加喂料机等流量稳定装置，提高加香工序流量稳定性，同时优化工艺参数，提高加香精度。

（10）企业当前生产的卷烟牌号较多，换牌频率较高，现有贮丝柜灵活性不足。建议未来技改中可考虑箱式贮丝方式，并适当增加成品丝贮量，提高供丝灵活性，满足多牌号及柔性化生产需求。

（11）烟梗投料采用人工投料方式。建议提升烟梗投料自动化水平，降低工人劳动强度。

（12）梗线预处理段采用多级润梗及贮梗工艺，工艺流程复杂、加工时间长、润梗效果一般；干燥后梗丝水分波动较大，质量不高。建议参考近年来行业内先进的烟梗加工工艺及设备，系统性改进工艺流程、配置先进装备、优化工艺参数、提高梗线过程加工能力及成品梗丝质量。

（13）卷包车间总体面积偏小，设备布局较为密集，物流周转空间不足。建议未来技改中对卷包车间总体布局进行优化调整，适当增大卷包设备间距，同时为更换先进卷包机组留有发展余地。

（14）烟支硬度、圆周、含末率等关键指标参数稳定性不足，建议优化工艺及设备参数，进一步提升烟支质量稳定性。

（15）辅料平衡库和成品库的面积及贮量不足，布局不够合理，物流贮存、周转未实现自动化。建议未来对辅料一级库、辅料搭配区、辅料平衡库、成品库等系统性规划，采用先进物流技术及装备，适当提升辅料及成品的贮量，同时提高物流自动化水平。

（16）卷包车间内部分辅料及成品卷烟采用人工周转，劳动生产率较低，出错风险较高，建议未来采用自动化输送设备替代人工作业。

（二）公辅系统

建议持续提升能源计量与管理水平，提升各类能源及水资源计量的广度与深度，优化并完善能管系统的数据统计、数据分析、能耗评估、能源管理、可视化展示等功能，提升能管系统的精细化、参数化、系统化、智能化水平，为未来节约能源与水资源奠定坚实基础。

建议锅炉系统增加二级节能器，进一步降低排烟温度，提高锅炉的燃烧效率，降低能耗，减少二氧化碳排放量。根据不同负荷区间状态，调整优化锅炉运行参数。

建议进一步深化应用空调系统节能技术，优化空调作用区域和送回风方式，优化空调控制系统，合理利用排风对新风进行预热（或预冷）处理，降低新风负荷；过渡时期部分空调可采用冷却塔直接供冷技术；既要保证车间温湿度，又要尽可能节约能源。同时，也要与工艺生产车间做好沟通协调，确保门窗等对外源关闭。

辅料平衡库环境温湿度稳定性不足，部分时段不满足规范要求。建议改造优化空调系统，提高辅料平衡区域温湿度的稳定性。

建议冷凝水回收系统增加除铁装置及 CCD 检测装置，提高锅炉系统运行的可靠性，从而降低运行成本，提高热效率，降低能耗。

建议增加异味处理系统，降低异味气体的排放浓度，进一步降低对环境的影响，实现清洁生产。

卷包车间的部分操作岗位接触噪声强度（8h 等效声级）接近国家职业接触限值。该岗位附近区域，建议用人单位现场发放更舒适的降噪耳塞，工人佩戴后实际接触的噪声值可显著低于标准值 85dB。

用能车间生产计划与动力车间供能计划没有自动联动。建议未来在 MES 系统中实现各车间生产计划的关联，提升能源保障水平，节约能耗。

建议进一步加强设备本体降噪及建筑物吸音措施，降低车间重点作业区域噪声。采用镂空桥架、封堵死角、加强清扫等多种手段，防治烟草虫害。应用先进技术，提升废水、废气、粉尘、异味等的治理能力及效果，提高主要污染物实时监测或定期监测能力。

（三）智能制造

在统一规划下，制定工厂的信息化中远期规划，促进信息化建设的体系化，统筹布局，确保整体架构科学合理。规划要紧跟行业发展形势和信息化发展形势，助推产业升级、结构优化、动力转换，在充分总结企业当前信息化现状的前提下，规划要保持与企业发展同步，保证企业管理与信息化高度融合，共同推进。

目前制丝车间、卷包车间、能源动力中心都建有自己的集控系统，但是需要建立统一的基于 HADOOP 架构的数据池，提升数据共享互通能力，消除"信息孤岛"和"数据烟囱"情况，通过数据整合与治理，能够为智能制造的大数据分析及建立机理模型和先进控制模型提供高质量的数据来源。

生产线物流系统自动化程度不高，建议未来卷包车间提升辅料搭配、辅料平衡、卷包车间辅料输送、成品卷烟储转等物流的自动化信息化水平，制丝车间提升烟梗投料、掺配物贮转、糖料输送等环节的自动化信息化水平。

目前工厂虽配置了 MES 系统，但是卷包车间的排产约束性条件无法被制丝车间的排产所利用。建议建设先进排产算法及排产仿真功能；通过大数据方法，以卷包排产为主要约束条件，实现对制丝及能源排产的自动排产功能，并通过对实时排产数据的追踪，反向优化排产计划。

进一步挖掘业务数据价值，建议对现有全厂的数据采集方式进行梳理和优化，提升数据利用率。建议尝试建立针对设备可预测性维护的模型，提升设备的效率；建立先进控制模型（如烘丝、回潮、加料、加香、空调、锅炉等关键工序或关键设备）和建立科学的 SPC、OEE、能源效率等统计分析手段，优化工艺流程，并提升加工质量。

建议制丝车间搭建边缘 AI 采集、视觉识别和机器人等智能产线平台，针对车间除杂采用多维度除杂技术手段，减少物料本身、设备遗落、员工行为造成的各种杂物，提升加工质量及产品的纯净度。

在 5G 的浪潮下，建议以 HADOOP 架构为基础建立统一的管理移动应用平台，以大数据、物联网为基础，提供生产信息的移动端展现，做到生产状态实时掌控，为实现精益、柔性、智能的智慧工厂提供移动支撑；建立管理和生产两大类移动应用框架，做到设备管理实现移动应用、设备维护实现移动应用、生产信息智能推送等功能，提升内部个人办公、行政、安全等的办公效率。

建议不断增强企业智能化管理及数据统计分析能力。提升各车间、各生产线、各物流系统、各部门管理系统的数据采集能力，加强对生产、物流、财务、人力、管理等板块数据的统计和分析能力，打通各系统的数据交互渠道，为企业管理及决策提供快速、准确的数据流，支撑企业高质量发展。

第三节　C 卷烟工厂生产制造水平综合评价报告

一、总体评价报告

为客观评价 C 卷烟工厂生产制造综合水平，郑州烟草研究院、郑州益盛烟草工程设计咨询有限公司及行业内外专家共同组成了测评组，按照烟草行业标准《卷烟工厂生产制造水平综合评价方法》（YC/T 587—2020）及测评大纲，对 C 卷烟工厂生产制造水平进行了全面测评。测评的主要目的是：客观公正、全面系统地评价领先工厂创建成效和工厂生产制造水平，了解自身优势，查找薄弱环节，明确提升方向，为 C 卷烟工厂高质量发展提供支撑。测评内容涵盖工艺质量、生产效能、绿色生产、智能制造等方面。总体评价结论如下：

C 卷烟工厂对此次测评工作高度重视，准备充分，对测评工作中的各项指标研究透彻。测试批次生产过程总体顺利，制丝未出现断料、设备故障等情况，生产线加工过程稳定可靠；卷接包设备运行状态良好。制丝、卷包等车间加工质量、工艺参数等均能满足技术中心下发的加工标准。卷接包在制品及成品质量稳定：在同等档次和价位卷烟中，卷烟物理指标及包装质量控制精度良好，总体质量稳定。根据测试结果，C 卷烟工厂生产制造水平有显著提升，整体得分处于行业领先水平。

C 卷烟工厂生产制造综合水平得分为 85.83 分（工艺质量水平取"牌号 C1"得分），处于行业"一级"中的领先水平。其中，工艺质量水平得分 88.19 分，处于行业一级（领先）水平；生产效能水平得分 81.18 分，处于行业二级水平；绿色生产水平得分 97.35 分，处于行业一级（领先）水平；智能制造水平得分 82.10 分，处于二级水平。工厂生产制造水平较 2019 年测评有大幅提升，实现了领先工厂建设预期的成效和目的。

（一）工艺质量水平

工艺流程设置吸收了中式卷烟加工工艺精髓，突出了 C 卷烟工厂所属公司的特色工艺，生产工艺设备运行状态良好，能够较好地实现"精准化配方、柔性化生产、精细化加工、精确化控制"的加工目标。2019 年至今，通过三年技术攻关，工艺水平得到整体提升，基本处于行业领先水平。生产线具有非常鲜明的特色加工工艺，如梗丝复切、箱式贮丝等；制丝线大部分主机采用进口设备，设备配置处于行业先进水平。本次工艺质量水平评价共测试 C1 和 C2 两个牌号的生产工艺，评价结果如下：

1. 牌号 C1 工艺质量水平

工艺质量水平综合得分为 88.19 分，处于行业一级（领先）水平。

在制品过程能力得分 94.44 分。其中，烟片处理过程能力 95.41 分，制叶丝过程能力 94.77 分，掺配加香过程能力 97.58 分，成品烟丝质量控制能力 98.56 分，制梗丝过程能力 83.83 分，卷接包装过程能力 93.46 分。过程及产品质量指标与加工参数满足规范及企业加工标准。

卷烟产品质量水平得分 67.57 分。其中，卷制及包装水平 80.82 分，烟气质量水平 42.98 分。烟气波动较大，质量水平得分偏低。

设备保障能力得分 77.21 分。其中，设备稳定性 68.77 分，非稳态指数 85.66 分。工艺设备运行良好，测试过程设备效率高。

公辅配套保障能力得分 98.10 分，车间蒸汽、真空、压空、工艺水及环境温湿度等保障条件良好，能够高质量满足生产需求。

2. 牌号 C2 工艺质量水平

工艺质量水平综合得分为 86.38 分，处于行业一级（领先）水平。

在制品过程能力得分 91.83 分。其中，烟片处理过程能力 91.76 分，制叶丝过程能力 91.80 分，掺配加香过程能力 96.30 分，成品烟丝质量控制能力 83.20 分，制梗丝过程能力 83.83 分，卷接包装过程能力 93.46 分。过程及产品质量指标与加工参数满足规范及企业加工标准。

卷烟产品质量水平得分 71.61 分。其中，卷制及包装水平 78.02 分，烟气质量水平 59.70 分。成品烟支烟气稳定性有所欠缺，质量水平得分良好。

设备保障能力得分 71.73 分。其中，设备稳定性 95.60 分，非稳态指数 47.86 分。工艺设备运行良好，测试过程设备效率高，非稳态指数得分偏低。

公辅配套保障能力得分 97.82 分，车间蒸汽、真空、压空、工艺水及环境温湿度等保障条件良好，能够高质量满足生产需求。

（二）生产效能水平

生产效能水平综合得分为 81.18 分，达到行业二级水平。其中，卷包设备运行效率 97.38 分，制丝综合有效作业率 98.20 分，单位产量设备维持费用 79.43 分，原材料利用效率 80.14 分，能源利用效率 70.19 分，人均劳动生产率 58.61 分。

（三）绿色生产水平

绿色生产水平得分为 97.35 分，达到行业一级（领先）水平。其中，职业健康与安全生产 100.00 分，环境影响与清洁生产 94.12 分。企业采取了较为完善的粉尘防治、降噪、降温、防爆、防触电、防机械伤害、防烫伤等职业卫生防范措施，作业现场噪声、粉尘浓度等均满足国家及行业标准要求，无超标情况。配置了先进的除尘、除异味、废气处理、噪声处理、污水处理等多种环保设施设备，锅炉尾气、除尘尾气、异味处理尾气、厂界噪声等排放指标均符合国家及地方环保要求。企业制定了完善的环保、清洁生产等有关的规定或制度，并能有效执行。企业在设计、建造、运营期间，通过多维度、多层次的节能、节水、节地、节材、环保等措施，在绿色化生产方面处于行业第一方阵。

（四）智能制造水平

智能制造水平得分为 82.10 分，处于行业二级水平。其中，组织与人员 82.50 分，信息支撑 90.00 分，智能生产 84.30 分，智能物流 71.60 分，智能管理 81.20 分。工厂信息化基础设施完善，网络设备安全保障能力完备；在上级公司规划统筹下，C 卷烟工厂建立了相关的数据规范、标准等要素，提升了工厂信息化水平；工厂 CPS 系统以及制丝集控、卷包数采、能源管理平台等信息系统对生产、质量、设备、能源等的管理支撑满足当前业务要求，保障了生产制造高质量、高效率运行；安全综合信息化管理系统对业务支撑度高，在行业内有较高水平。

二、工艺质量测评报告（牌号C1）

（一）主要测评内容

1. 测试牌号

根据测试大纲的内容和要求，以"牌号C1"品牌卷烟为测试牌号，对C卷烟工厂生产线工艺质量进行全线跟踪测试。

生产线测试批次（略）。

2. 工艺质量水平评价指标体系

工艺质量水平的评价指标如表3-1所示。

需要说明的是，根据企业实际情况，无法统计的指标不纳入本次评价，其权重折算至同级其他指标，具体权重见后文测评打分表。

（二）在制品过程能力

在制品过程能力主要从烟片处理过程能力、制叶丝过程能力、掺配加香过程能力、成品烟丝质量控制能力、制梗丝过程能力、卷接包装过程能力六个方面进行评价。

1. 烟片处理过程能力

重点对制叶丝线松散回潮、叶片加料物料流量、出口温度及关键工艺参数进行测试分析。测评结果如表8-90所示。

表8-90 烟片处理过程能力测试结果

定量指标	指标单位	权重	上限值	下限值	最大值	最小值	平均值	标偏	变异系数	得分
松散回潮工序流量变异系数	%	0.15	0.01	1	5014.0	4984.1	5000.1	4.75	0.09	91.92
松散回潮机出口物料含水率标准偏差	%	0.1	0.05	1	233.54	197.47	221.44	8.74	3.95	100.00
松散回潮机热风温度变异系数	%	0.1	0.5	4	58.88	57.09	58.05	0.38	0.65	95.71

定量指标	指标单位	权重	上限值	下限值	最大值	最小值	平均值	标偏	变异系数	得分
松散回潮机出口物料温度标准偏差	℃	0.15	0.5	2	60.69	58.01	59.60	0.63	0.8	91.13
加料工序流量变异系数	%	0.15	0.01	0.2	5002.1	4997.9	5000.0	0.73	0.01	100.00
加料机热风温度变异系数	%	0.05	0.5	4	48.20	47.87	48.01	0.05	0.10	100.00
加料出口物料温度标准偏差	℃	0.05	0.5	2	49.12	47.23	48.72	0.33	0.69	100.00
加料出口物料含水率标准偏差	%	0.1	0.05	1	20.07	19.74	19.9	0.06	0.28	98.95
总体加料精度	%	0.05	0.01	0.2			0.006			100.00
加料比例变异系数	%	0.1	0.01	1	0.0301	0.0299	0.03	0.00004	0.16	84.85
总得分										95.41

烟片处理过程能力总体得分情况优秀，达到了行业领先水平。

2. 制叶丝过程能力

主要对切丝、叶丝干燥工序物料流量、出口含水率及关键工艺参数进行测评。测试结果如表 8-91 所示。

表 8-91　制叶丝过程能力测试结果

定量指标	指标单位	权重	上限值	下限值	最大值	最小值	平均值	标偏	变异系数	得分
叶丝宽度标准偏差	mm	0.15	0.03	0.1	1.06	0.90	1.00	0.03	2.97	100.00
叶丝干燥工序流量变异系数	%	0.10	0.01	0.2	5005.7	4994.0	5000.1	2.52	0.05	78.95
叶丝干燥入口物料含水率标准偏差	%	0.10	0.05	0.4	19.46	19.22	19.32	0.04	0.23	100.00

定量指标	指标单位	权重	上限值	下限值	最大值	最小值	平均值	标偏	变异系数	得分
滚筒干燥机筒壁温度标准偏差	℃	0.15	0.2	1.5	138.79	136.98	137.87	0.43	0.31	82.31
滚筒干燥机热风温度标准偏差	℃	0.15	0.1	1	90.35	89.68	90.02	0.12	0.14	97.78
滚筒干燥机热风风速标准偏差	m/s	0.10	0.005	0.1	0.202	0.188	0.1996	0.00194	0.97	100.00
滚筒干燥机排潮负压变异系数	%	0.10	10	100	-14.57	-22.86	-20.04	1.27	6.34	100.00
叶丝干燥出口物料温度标准偏差	℃	0.05	0.5	2	76.37	75.09	75.95	0.54	0.31	97.20
叶丝干燥出口物料含水率标准偏差	%	0.10	0.05	0.4	12.95	12.54	12.67	0.05	0.4	100.00
总得分										94.77

制叶丝过程能力总体得分情况优秀,达到行业领先水平。

3. 掺配加香过程能力

主要测评加香流量、总体加香精度、加香比例等关键参数。测试结果如表 8-92 所示。

表 8-92　掺配加香过程能力测试结果

定量指标	指标单位	权重	上限值	下限值	最大值	最小值	平均值	标偏	变异系数	得分
掺配丝总体掺配精度	%	0.30	0.01	0.2			0.00			100.00
加香工序流量变异系数	%	0.30	0.01	1	10003	9997	10000	1.65	0.02	98.99
总体加香精度	%	0.10	0.01	0.2			0.00001			100.00
加香比例变异系数	%	0.30	0.01	1	0.501	0.499	0.5	0.0004	0.08	92.93
总得分										97.58

掺配加香过程能力表现优秀，烟丝总体掺配精度、总体加香精度较高，达到行业领先水平。

4. 成品烟丝质量控制能力

主要对成品烟丝的含水率、烟丝结构、填充值等指标进行测评，通过同牌号测试前 30 个批次的历史数据计算。测评结果如表 8-93 所示。

表 8-93　成品烟丝质量控制能力测试结果

定量指标	指标单位	权重	上限值	下限值	最大值	最小值	平均值	标偏	变异系数	得分
烟丝含水率标准偏差	%	0.3	0.05	0.4	12.01	11.95	11.98	0.01	0.11	100.00
烟丝整丝率标准偏差	%	0.2	0.5	2	77.80	75.34	76.78	0.61	0.79	92.80
烟丝碎丝率标准偏差	%	0.3	0.05	0.5	0.77	0.60	0.71	0.05	6.54	100.00
烟丝填充值标准偏差	cm³/g	0.2	0.05	0.3	4.17	4.02	4.09	0.04	1.04	100.00
总得分										98.56

成品烟丝质量控制能力表现优秀，烟丝总体掺配精度、总体加香精度较高，达到行业领先水平。

5. 制梗丝过程能力

主要对梗丝加料、梗丝干燥、成品梗丝质量等指标进行测试，测评结果如表 8-94 所示。

表 8-94　制梗丝过程能力评价结果

定量指标	指标单位	权重	上限值	下限值	最大值	最小值	平均值	标偏	变异系数	得分
梗丝加料总体加料精度	%	0.1	0.01	0.2			0.04			84.21
梗丝干燥工序流量变异系数	%	0.15	0.01	0.2	2302.3	2298.2	2300.0	0.79	0.03	89.47
梗丝干燥出口物料温度标准偏差	℃	0.05	0.5	2	66.79	64.83	66.30	0.43	0.64	100.00

定量指标	指标单位	权重	上限值	下限值	最大值	最小值	平均值	标偏	变异系数	得分
梗丝干燥出口物料含水率标准偏差	%	0.2	0.05	0.4	12.90	12.18	12.60	0.13	1.07	77.14
梗丝整丝率标准偏差	%	0.15	0.5	2	49.35	46.46	48.11	0.80	1.67	80.00
梗丝碎丝率标准偏差	%	0.15	0.05	0.5	0.90	0.47	0.67	0.12	17.39	84.44
梗丝填充值标准偏差	cm³/g	0.2	0.05	0.5	7.07	6.61	6.89	0.12	1.78	84.44
总得分										83.83

制梗丝过程能力整体表现良好，梗丝干燥出口物料含水率波动稍大，有进一步提升空间。

6. 卷接包装过程能力

主要通过卷接包装加工过程中的无嘴烟支重量、有嘴烟支吸阻、有嘴烟支圆周、卷接和包装剔除率、烟支目标重量极差等指标进行测评，结果如表8-95所示。

表8-95　卷接包装过程能力测评结果

定量指标	指标单位	权重	上限值	下限值	最大值	最小值	平均值	标偏	变异系数	得分
无嘴烟支重量变异系数	%	0.25	2.5	5	0.72	0.68	0.63	0.02	2.43	100.00
有嘴烟支吸阻变异系数	%	0.25	2.5	8	1033.00	1013.00	979.00	23.42	2.44	100.00
有嘴烟支圆周变异系数	%	0.25	0.15	0.5	24.50	24.31	24.39	0.04	0.18	91.43
卷接和包装的总剔除率	%	0.15	0.5	2			0.94			70.67
目标重量极差	mg	0.10	5	15			3.85			100.00
总得分										93.46

注：卷接和包装的总剔除率为测试批测试机组卷接包装总剔除烟支数/卷烟机总生产支数，包装机剔除后的可用烟支不计入剔除数量。

卷接包装过程关键指标得分优秀，处于行业领先水平。加工过程中的烟支质量稳定，卷接和包装剔除率稍高。

（三）卷烟产品质量水平

卷烟产品质量水平主要从卷制与包装质量水平、烟气质量水平两个方面进行测评。

1. 卷制与包装质量水平

主要对卷制与包装过程中主要质量指标进行评价。测评结果如表8-96所示。

表8-96　卷制与包装质量水平测试结果

定量指标	指标单位	权重	上限值	下限值	最大值	最小值	平均值	标偏	变异系数	得分
烟支含水率标准偏差	%	0.1	0.1	0.2	12.19	11.76	11.98	0.11	0.92	90.00
烟支含末率变异系数	%	0.1	10	30	1.28	0.74	1.03	0.11	10.87	95.65
端部落丝量变异系数	%	0.05	20	100	7.06	2.10	5.14	1.35	26.34	92.08
烟支重量变异系数	%	0.2	1.5	3	0.96	0.86	0.92	0.02	1.84	77.33
烟支吸阻变异系数	%	0.2	1.5	5	1025.00	867.00	953.22	27.81	2.92	59.43
烟支硬度变异系数	%	0.1	3	5	78.60	64.60	70.25	2.46	3.50	75.00
烟支圆周变异系数	%	0.15	0.15	0.3	24.58	24.30	24.43	0.05	0.17	86.67
卷制与包装质量得分		0.1	100	90			99.80			98.00
总得分										80.82

烟支重量、吸阻、硬度、圆周变异系数得分偏低，建议在现有基础上查找原因，合理提升分数，或更新新型卷接包机组，加强卷制和包装质量控制。

2. 烟气质量水平

根据测试批取样烟支，对烟气质量数据进行检测，测评结果如表8-97所示。

表 8-97　烟气质量水平测试结果

定量指标	指标单位	权重	上限值	下限值	最大值	最小值	平均值	标偏	变异系数	测评得分
批内烟气焦油量变异系数	%	0.5	1	5	11.02	9.90	10.56	0.34	3.23	44.25
批内烟气烟碱量变异系数	%	0.3	1	5	1.21	1.07	1.15	0.03	3.02	49.50
批内烟气 CO 量变异系数	%	0.2	1	5	10.20	8.85	9.59	0.36	3.80	30.00
总得分										42.98

　　烟气焦油、烟碱、CO 量样本如图 8-2 所示，烟气质量水平整体偏低，建议进行跟踪分析，进一步查找原因，提高质量稳定性。

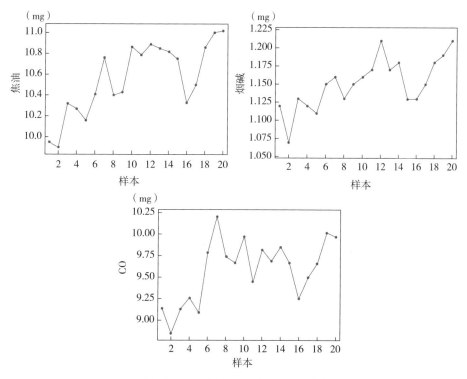

图 8-2　烟气焦油、烟碱、CO 量样本

（四）设备保障能力

设备保障能力从工艺设备稳定性、测试批非稳态指数两个方面进行测评。

1. 设备稳定性

通过制丝主线百小时故障停机次数、卷接包设备有效作业率等指标评价设备稳定性。卷接包设备有效作业率为测试前一周卷包机组实际产量/设备额定产能，额定产能以卷接包联机中卷接或包装额定产能较低的作为基准。测评结果如表8-98所示。

表8-98　设备稳定性评价结果

定量指标	指标单位	权重	上限值	下限值	测试值	测评得分
制丝主线百小时故障停机次数	次/百小时	0.33	0.2	0.6	0.55	12.00
卷接包设备有效作业率	%	0.67	100	60	98.86	97.15
总得分						68.77

制丝主线百小时故障停机约0.5次，故障停机偏多，设备稳定性得分较低，制丝设备稳定性有较大的提升空间。

2. 非稳态指数

主要评价松散回潮、烟片加料、叶丝干燥三个工序的非稳态指数，即测试批设备加工过程中非稳态时间/加工总时间，非稳态时间指生产过程中工序出口含水率超出指标期望范围或处于非稳定生产状态（料头、料尾、断料及数据异常等）持续的时间。测评结果如表8-99所示。

表8-99　非稳态指数评价结果

定量指标	指标单位	权重	上限值	下限值	测试值	测评得分
松散回潮非稳态指数	%	0.3	1.5	5	2.12	82.29
烟片加料非稳态指数	%	0.3	1.5	5	0.75	100.00
叶丝干燥非稳态指数	%	0.4	1.5	5	2.29	77.43
总得分						85.66

非稳态指数得分良好，叶丝干燥非稳态指数有一定提升空间。

（五）公辅配套保障能力

公辅配套保障能力主要从蒸汽质量、真空质量、压缩空气质量、工艺水质量、关键区域环境温湿度稳定性五个方面进行评价。其中，环境温湿度选取贮叶间、贮丝间、卷接包车间和辅料平衡库等关键区域的温湿度。

1. 蒸汽质量

测评叶丝干燥工序的蒸汽压力及蒸汽过热度极差，结果如表 8-100 所示。

表 8-100　蒸汽质量评价结果

定量指标	指标单位	权重	上限值	下限值	最大值	最小值	平均值	标偏	变异系数	测评得分
蒸汽压力标准偏差	MPa	0.5	0.01	0.1	0.826	0.824	0.825	0.0007	—	100
蒸汽过热度极差	℃	0.5	0.3	1			0.147			100
总得分										100

测试期间锅炉及蒸汽系统运行稳定，蒸汽质量满足规范及生产要求，蒸汽供应质量很好，蒸汽压力波动小，蒸汽过热度极差小。

2. 真空质量

测试真空缓冲罐出口真空压力的变异系数，结果如表 8-101 所示。

表 8-101　真空质量评价结果

定量指标	指标单位	权重	上限值	下限值	最大值	最小值	平均值	标偏	变异系数	测评得分
真空压力变异系数	%	0.05	0	3	69	68	68.13	0.2316	0.34	88.67

测试期间真空设备及管路系统正常运行，真空质量较好，真空压力波动小。

3. 压缩空气质量

测评烟丝加香工序压缩空气压力的标准偏差，结果如表 8-102 所示。

表 8-102　压缩空气质量评价结果

定量指标	指标单位	权重	上限值	下限值	最大值	最小值	平均值	标偏	变异系数	测评得分
压缩空气压力标准偏差	MPa	0.15	0	0.1	0.615	0.611	0.613	0.0011	—	98.90

测试期间，空压机组、储气罐、管路系统等均正常运行，压缩空气压力波动很小，能够保持稳定。

4. 工艺水质量

测评松散回潮工序工艺水压力标准偏差和工艺水硬度两个指标，结果如表 8-103 所示。

表 8-103　工艺水质量评价结果

定量指标	指标单位	权重	上限值	下限值	最大值	最小值	平均值	标偏	变异系数	测评得分
工艺水压力标准偏差	MPa	0.7	0	0.1	0.539	0.531	0.536	0.0016	—	98.40
工艺水硬度	mg/L	0.3	0	90	—	—	1.7			98.11
总得分										98.31

测评过程中，工艺水供应系统运行稳定。工艺水质量较好，工艺水压力波动很小，工艺水硬度很低。

5. 关键区域环境温湿度稳定性

主要测评关键区域的温度标准偏差和湿度标准偏差，关键区域选取贮叶区域、贮丝区域、卷接包车间和辅料平衡库。测评结果如表 8-104 所示。

表 8-104　关键区域环境温湿度稳定性评价结果

定量指标	指标单位	权重	上限值	下限值	最大值	最小值	平均值	标偏	测评得分
贮叶环境温度标准偏差	℃	0.1	0.1	2	27.53	25.81	26.95	0.085	100.00
贮叶环境湿度标准偏差	%	0.15	0.5	3	70.68	63.93	67.54	0.558	97.68

定量指标	指标单位	权重	上限值	下限值	最大值	最小值	平均值	标偏	测评得分
贮丝环境温度标准偏差	℃	0.1	0.1	2	25.61	24.26	25.04	0.13	98.42
贮丝环境湿度标准偏差	%	0.15	0.5	3	66.90	60.94	63.13	0.696	92.16
卷接包环境温度标准偏差	℃	0.1	0.1	2	24.18	22.46	23.42	0.191	95.21
卷接包环境湿度标准偏差	%	0.15	0.5	3	60.70	52.75	65.97	0.649	94.04
辅料平衡库环境温度标准偏差	℃	0.1	0.1	2	23.45	22.39	23.00	0.031	100.00
辅料平衡库环境湿度标准偏差	%	0.15	0.5	3	59.94	54.84	56.97	0.404	100.00
总得分									96.95

各关键区域的环境温湿度满足工艺规范及工厂加工要求，各区域环境温度和环境湿度稳定性较好。

（六）测评结果汇总

工艺质量水平总得分为 88.19 分，处于行业一级水平。得分汇总如表 8-105 所示。

表 8-105　工艺质量水平测评得分汇总

序号	指标名称	权重	得分	备注
1	在制品过程能力	0.60	94.44	
2	卷烟产品质量水平	0.15	67.57	
3	设备保障能力	0.15	77.21	
4	公辅配套保障能力	0.10	98.10	
	工艺质量水平总得分		88.19	

三、工艺质量测评报告（牌号C2）

（一）主要测评内容

1. 测试牌号

根据测试大纲的内容和要求，以"牌号C2"品牌卷烟为测试牌号，对C卷烟工厂生产线工艺质量进行全线跟踪测试。

生产线测试批次（略）。

2. 工艺质量水平评价指标体系

工艺质量水平的评价指标如表3-1所示。

需要说明的是，根据企业实际情况，无法统计的指标不纳入本次评价，其权重折算至同级其他指标，具体权重见后文测评打分表。

（二）在制品过程能力

在制品过程能力主要从烟片处理过程能力、制叶丝过程能力、掺配加香过程能力、成品烟丝质量控制能力、制梗丝过程能力、卷接包装过程能力六个方面进行评价。

1. 烟片处理过程能力

重点对制叶丝线松散回潮、叶片加料物料流量、出口温度及关键工艺参数进行测试分析。测评结果如表8-106所示。

表8-106 烟片处理过程能力测试结果

定量指标	指标单位	权重	上限值	下限值	最大值	最小值	平均值	标偏	变异系数	得分
松散回潮工序流量变异系数	%	0.15	0.01	1	5019.4	4978.9	4999.7	5.29	0.11	89.90
松散回潮机出口物料含水率标准偏差	%	0.1	0.05	1	282.69	259.66	272.53	5.54	2.03	100.00
松散回潮机热风温度变异系数	%	0.1	0.5	4	65.87	64.17	64.91	0.36	0.56	98.29

定量指标	指标单位	权重	上限值	下限值	最大值	最小值	平均值	标偏	变异系数	得分
松散回潮机出口物料温度标准偏差	℃	0.15	0.5	2	66.91	64.07	65.85	0.65	0.99	90.00
加料工序流量变异系数	%	0.15	0.01	0.2	5002.6	4997.7	5000.1	1.03	0.02	94.74
加料机热风温度变异系数	%	0.05	0.5	4	50.18	49.52	50.00	0.07	0.15	100.00
加料出口物料温度标准偏差	℃	0.05	0.5	2	50.10	47.88	49.68	0.42	0.84	100.00
加料出口物料含水率标准偏差	%	0.1	0.05	1	22.61	22.22	22.37	0.07	0.32	97.79
总体加料精度	%	0.05	0.01	0.2			0.06			73.68
加料比例变异系数	%	0.1	0.01	1	0.03	0.03	0.03	0.0001	0.28	72.73
总得分										91.76

2. 制叶丝过程能力

主要对切丝、叶丝干燥工序物料流量、出口含水率及关键工艺参数进行测评，叶丝宽度采用投影仪法检测。测试结果如表 8-107 所示。

表 8-107　制叶丝过程能力测试结果

定量指标	指标单位	权重	上限值	下限值	最大值	最小值	平均值	标偏	变异系数	得分
叶丝宽度标准偏差	mm	0.15	0.03	0.1	1.00	0.74	0.80	0.04	4.61	85.71
叶丝干燥工序流量变异系数	%	0.10	0.01	0.2	5002	4996	5000	0.89	0.02	94.74
叶丝干燥入口物料含水率标准偏差	%	0.10	0.05	0.4	21.4	21.11	21.254	0.05	0.25	100.00

定量指标	指标单位	权重	上限值	下限值	最大值	最小值	平均值	标偏	变异系数	得分
滚筒干燥机筒壁温度标准偏差	℃	0.15	0.2	1.5	156.35	154.53	155.78	0.45	0.29	80.77
滚筒干燥机热风温度标准偏差	℃	0.15	0.1	1	90.38	89.64	90.00	0.14	0.16	95.44
滚筒干燥机热风风速标准偏差	m/s	0.10	0.005	0.1	0.25	0.25	0.25	0.001	0.54	100.00
滚筒干燥机排潮负压变异系数	%	0.10	10	100	13.77	−39.17	−28.60	6.40	22.52	86.09
叶丝干燥出口物料温度标准偏差	℃	0.05	0.5	2	73.18	72.11	72.92	0.20	0.28	100.00
叶丝干燥出口物料含水率标准偏差	%	0.10	0.05	0.4	13.72	13.34	13.54	0.07	0.53	94.29
总得分										91.80

制叶丝过程能力总体得分情况优秀，叶丝干燥出口物料温度、含水率控制精度高。

3. 掺配加香过程能力

主要测评加香流量、总体加香精度、加香比例等关键参数。测试结果如表 8-108 所示。

表 8-108　掺配加香过程能力测试结果

定量指标	指标单位	权重	上限值	下限值	最大值	最小值	平均值	标偏	变异系数	得分
掺配丝总体掺配精度	%	0.30	0.01	0.2			0.00			100.00
加香工序流量变异系数	%	0.30	0.01	1	10004.0	9996.0	10000.0	1.64	0.02	98.99
总体加香精度	%	0.10	0.01	0.2			0.04			84.21

续表

定量指标	指标单位	权重	上限值	下限值	最大值	最小值	平均值	标偏	变异系数	得分
加香比例变异系数	%	0.30	0.01	1	0.50	0.50	0.50	0.00	0.07	93.94
总得分										96.30

掺配加香过程能力总体表现优秀，处于行业领先水平。

4. 成品烟丝质量控制能力

主要对成品烟丝的含水率、烟丝结构、填充值等指标进行测评，通过同牌号测试前 30 个批次的历史数据计算。测评结果如表 8-109 所示。

表 8-109 成品烟丝质量控制能力测试结果

定量指标	指标单位	权重	上限值	下限值	最大值	最小值	平均值	标偏	变异系数	得分
烟丝含水率标准偏差	%	0.3	0.05	0.4	12.17	12.09	12.13	0.01	0.11	100.00
烟丝整丝率标准偏差	%	0.2	0.5	2	75.72	72.38	74.39	1.00	1.34	67.00
烟丝碎丝率标准偏差	%	0.3	0.05	0.5	1.29	0.57	1.06	0.14	13.07	80.33
烟丝填充值标准偏差	cm³/g	0.2	0.05	0.3	4.36	3.89	4.10	0.10	2.53	78.52
总得分										83.20

成品烟丝质量控制能力良好，烟丝整丝率偏低，有一定提升空间。

5. 制梗丝过程能力

主要对梗丝加料、梗丝干燥、成品梗丝质量等指标进行测试，测评结果如表 8-110 所示。

表 8-110 制梗丝过程能力评价结果

定量指标	指标单位	权重	上限值	下限值	最大值	最小值	平均值	标偏	变异系数	得分
梗丝加料总体加料精度	%	0.1	0.01	0.2			0.04			84.21

定量指标	指标单位	权重	上限值	下限值	最大值	最小值	平均值	标偏	变异系数	得分
梗丝干燥工序流量变异系数	%	0.15	0.01	0.2	2302.3	2298.2	2300.0	0.79	0.03	89.47
梗丝干燥出口物料温度标准偏差	℃	0.05	0.5	2	66.79	64.83	66.30	0.43	0.64	100.00
梗丝干燥出口物料含水率标准偏差	%	0.2	0.05	0.4	12.90	12.18	12.60	0.13	1.07	77.14
梗丝整丝率标准偏差	%	0.15	0.5	2	49.35	46.46	48.11	0.80	1.67	80.00
梗丝碎丝率标准偏差	%	0.15	0.05	0.5	0.90	0.47	0.67	0.12	17.39	84.44
梗丝填充值标准偏差	cm³/g	0.2	0.05	0.5	7.07	6.61	6.89	0.12	1.78	84.44
总得分										83.83

制梗丝过程能力整体表现良好，梗丝干燥出口物料含水率波动稍大，有进一步提升空间。

6. 卷接包装过程能力

主要通过卷接包装加工过程中的无嘴烟支重量、有嘴烟支吸阻、有嘴烟支圆周、卷接和包装剔除率、烟支目标重量极差等指标进行测评，结果如表8-111所示。

表8-111　卷接包装过程能力测评结果

定量指标	指标单位	权重	上限值	下限值	最大值	最小值	平均值	标偏	变异系数	得分
无嘴烟支重量变异系数	%	0.25	2.5	5	0.72	0.68	0.63	0.02	2.43	100.00
有嘴烟支吸阻变异系数	%	0.25	2.5	8	1033.0	1013.0	979.0	23.42	2.44	100.00
有嘴烟支圆周变异系数	%	0.25	0.15	0.5	24.50	24.31	24.39	0.04	0.18	91.43

定量指标	指标单位	权重	上限值	下限值	最大值	最小值	平均值	标偏	变异系数	得分
卷接和包装的总剔除率	%	0.15	0.5	2			0.94			70.67
总得分										93.46

注：卷接和包装的总剔除率为测试批测试机组卷接包装总剔除烟支数/卷烟机总生产支数，包装机剔除后的可用烟支不计入剔除数量。

卷接包装过程关键指标得分优秀，处于行业领先水平。加工过程中的烟支质量稳定，卷接和包装剔除率稍高。

（三）卷烟产品质量水平

卷烟产品质量水平主要从卷制与包装质量水平、烟气质量水平两个方面进行评价。

1. 卷制与包装质量水平

主要对卷制与包装过程中主要质量指标进行评价。测评结果如表 8-112 所示。

表 8-112　卷制与包装质量水平测试结果

定量指标	指标单位	权重	上限值	下限值	最大值	最小值	平均值	标偏	变异系数	得分
烟支含水率标准偏差	%	0.1	0.1	0.2	12.19	11.76	11.98	0.11	0.92	90.00
烟支含末率变异系数	%	0.1	10	30	1.28	0.74	1.03	0.11	10.87	95.65
端部落丝量变异系数	%	0.05	20	100	7.06	2.10	5.14	1.35	26.34	92.08
烟支重量变异系数	%	0.2	1.5	3	0.96	0.86	0.92	0.02	1.84	77.33
烟支吸阻变异系数	%	0.2	1.5	5	1025.00	867.00	953.22	27.81	2.92	59.43
烟支硬度变异系数	%	0.1	3	5	78.60	64.60	70.25	2.46	3.50	75.00
烟支圆周变异系数	%	0.15	0.15	0.3	24.58	24.30	24.43	0.05	0.20	66.67
卷制与包装质量得分		0.1	100	90			100.00			100.00
总得分										78.02

烟支重量、吸阻、硬度、圆周变异系数得分偏低，建议在现有基础上查找原因，合理提升得分，或更新新型卷接包机组，加强卷制和包装质量控制。

2. 烟气质量水平

根据测试批取样烟支，对烟气质量数据进行检测，测评结果如表 8-113 所示。

表 8-113　烟气质量水平测试结果

定量指标	指标单位	权重	上限值	下限值	最大值	最小值	平均值	标偏	变异系数	测评得分
批内烟气焦油量变异系数	%	0.5	1	5	8.73	7.87	8.424	0.2296	2.73	56.75
批内烟气烟碱量变异系数	%	0.3	1	5	0.91	0.83	0.865	0.02065	2.39	65.25
批内烟气 CO 量变异系数	%	0.2	1	5	5.75	5.27	5.5385	0.1469	2.65	58.75
总得分										59.70

烟气焦油、烟碱、CO 量样本如图 8-3 所示，烟气质量水平整体偏低，建议进行跟踪分析，进一步查找原因，提高质量稳定性。

（四）设备保障能力

设备保障能力从工艺设备稳定性、测试批非稳态指数两个方面进行评价。

1. 设备稳定性

通过制丝主线百小时故障停机次数、卷接包设备有效作业率等指标评价设备稳定性。卷包设备有效作业率为测试前一周卷包机组实际产量/设备额定产能，额定产能以卷接包联机中卷接或包装额定产能较低的作为基准。测评结果如表 8-114 所示。

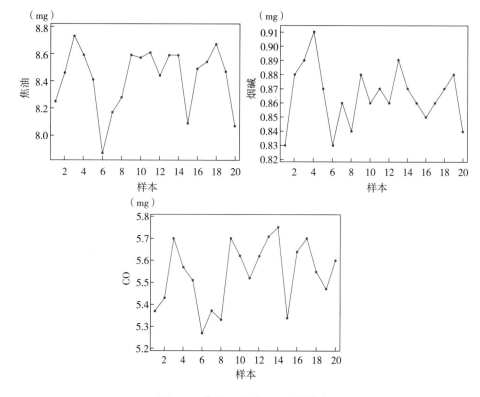

图 8-3　焦油、烟碱、CO 量样本

表 8-114　设备稳定性评价结果

定量指标	指标单位	权重	上限值	下限值	测试值	测评得分
制丝主线百小时故障停机次数	次/百小时	0.33	0.2	0.6	0.23	92.50
卷接包设备有效作业率	%	0.67	100	60	98.86	97.15
总得分						95.60

设备稳定性表现优秀，制丝 B 线故障停机次数相比 A 线较少。

2. 非稳态指数

主要评价松散回潮、烟片加料、叶丝干燥三个工序的非稳态指数，即测试批设备加工过程中非稳态时间/加工总时间，非稳态时间指生产过程中工序出口含水率超出指标期望范围或处于非稳定生产状态（料头、料尾、断料及数据异常等）持续的时间。测评结果如表 8-115 所示。

表 8-115　非稳态指数评价结果

定量指标	指标单位	权重	上限值	下限值	测试值	测评得分
松散回潮非稳态指数	%	0.3	1.5	5	15.43	0.00
烟片加料非稳态指数	%	0.3	1.5	5	1.67	95.14
叶丝干燥非稳态指数	%	0.4	1.5	5	3.31	48.29
总得分						47.86

松散回潮非稳态指数得分偏低，与原料水分、物料流量有一定关系；叶丝干燥非稳态指数得分偏低，叶丝干燥入口含水率波动较大，建议调整设备控制参数，提升叶丝干燥入口含水率稳定性，进一步优化烘丝机控制逻辑，提升叶丝干燥出口含水率稳定性及合格率。

（五）公辅配套保障能力

公辅配套保障能力主要从蒸汽质量、真空质量、压缩空气质量、工艺水质量、关键区域环境温湿度稳定性五个方面进行评价。其中，环境温湿度选取贮叶间、贮丝间、卷接包车间和辅料平衡库等关键区域的温湿度。

1. 蒸汽质量

测评叶丝干燥工序的蒸汽压力及蒸汽过热度极差，结果如表 8-116 所示。

表 8-116　蒸汽质量评价结果

定量指标	指标单位	权重	上限值	下限值	最大值	最小值	平均值	标偏	变异系数	测评得分
蒸汽压力标准偏差	MPa	0.5	0.01	0.1	0.826	0.824	0.825	0.0007	—	100
蒸汽过热度极差	℃	0.5	0.3	1			0.147		—	100
总得分										100

测试期间锅炉及蒸汽系统运行稳定，蒸汽质量满足规范及生产要求，蒸汽供应质量很好，蒸汽压力波动小，蒸汽过热度极差小。

2. 真空质量

测试真空缓冲罐出口真空压力的变异系数，结果如表 8-117 所示。

表 8-117　真空质量评价结果

定量指标	指标单位	权重	上限值	下限值	最大值	最小值	平均值	标偏	变异系数	测评得分
真空压力变异系数	%	0.05	0	3	69	68	68.13	0.2316	0.34	88.67

测试期间真空设备及管路系统正常运行，真空质量较好，真空压力波动小。

3. 压缩空气质量

测评烟丝加香工序压缩空气压力的标准偏差，结果如表 8-118 所示。

表 8-118　压缩空气质量评价结果

定量指标	指标单位	权重	上限值	下限值	最大值	最小值	平均值	标偏	变异系数	测评得分
压缩空气压力标准偏差	MPa	0.15	0	0.1	0.615	0.611	0.613	0.0011	—	98.90

测试期间，空压机组、储气罐、管路系统等均正常运行，压缩空气压力波动很小，能够保持稳定。

4. 工艺水质量

测评松散回潮工序工艺水压力标准偏差和工艺水硬度两个指标，结果如表 8-119 所示。

表 8-119　工艺水质量评价结果

定量指标	指标单位	权重	上限值	下限值	最大值	最小值	平均值	标偏	变异系数	测评得分
工艺水压力标准偏差	MPa	0.7	0	0.1	0.539	0.531	0.536	0.0016	—	98.40
工艺水硬度	mg/L	0.3	0	90	—	—	1.7	—	—	98.11
总得分										98.31

测评过程中，工艺水供应系统运行稳定。工艺水质量较好，工艺水压力波动很小，工艺水硬度很低。

5. 关键区域环境温湿度稳定性

主要测评关键区域的温度标准偏差和湿度标准偏差，关键区域选取贮叶区域、贮丝区域、卷接包车间和辅料平衡库。测评结果如表 8-120 所示。

表 8-120　关键区域环境温湿度稳定性评价结果

定量指标	指标单位	权重	上限值	下限值	最大值	最小值	平均值	标偏	测评得分
贮叶环境温度标准偏差	℃	0.1	0.1	2	27.53	25.81	26.95	0.085	100.00
贮叶环境湿度标准偏差	%	0.15	0.5	3	70.68	63.93	67.54	0.558	97.68
贮丝环境温度标准偏差	℃	0.1	0.1	2	25.61	24.26	25.04	0.13	98.42
贮丝环境湿度标准偏差	%	0.15	0.5	3	66.90	60.94	63.13	0.696	92.16
卷接包环境温度标准偏差	℃	0.1	0.1	2	24.18	22.46	23.42	0.191	95.21
卷接包环境湿度标准偏差	%	0.15	0.5	3	60.70	52.75	65.97	0.649	94.04
辅料平衡库环境温度标准偏差	℃	0.1	0.1	2	23.45	22.39	23.00	0.031	100.00
辅料平衡库环境湿度标准偏差	%	0.15	0.5	3	59.94	54.84	56.97	0.404	100.00
总得分									96.95

各关键区域的环境温湿度满足工艺规范及工厂加工要求，各区域环境温度和环境湿度稳定性较好。

（六）测评结果汇总

"牌号 C2" 工艺质量水平总得分为 86.38 分，处于行业一级水平。得分汇总如表 8-121 所示。

表 8-121　工艺质量水平测评得分汇总

序号	指标名称	权重	得分	备注
1	在制品过程能力	0.60	91.83	
2	卷烟产品质量水平	0.15	71.61	

序号	指标名称	权重	得分	备注
3	设备保障能力	0.15	71.73	
4	公辅配套保障能力	0.10	97.82	
	工艺质量水平总得分		86.38	

四、生产效能测评报告

（一）主要测评内容

生产效能水平测评指标如表4-1所示。

需要说明的是，根据企业实际情况，无法统计的指标不纳入本次评价，其权重折算至同级其他指标，具体权重见后文测评打分表。

（二）卷接包设备运行效率

卷接包设备运行效率主要从卷接包设备运行效率、超龄设备运行效率两个方面进行评价。

卷接包设备运行效率以卷接包联机中卷接或包装额定产能较低的为基准。计算结果如表8-122所示。

表8-122　卷接包设备运行效率得分

定量指标	指标单位	权重	上限值	下限值	测试结果	得分
卷接包设备运行效率	%	0.941	100	50	98.61	97.22
超龄卷接包设备运行效率	%	0.059	90	40	98.61	100.00
总得分						97.38

由表8-122可知，卷包设备的运行效率为98.61%，超龄卷接包设备运行效率为98.61%，设备运行稳定可靠。

（三）制丝综合有效作业率（牌号C1）

统计测试前一个月测试生产线产量、生产设备运行总时间和生产线额定生产能力，计算烟片处理、制叶丝、掺配加香工段综合有效作业率。制丝综合有效作业率得分如表 8-123 所示。

表 8-123　制丝综合有效作业率得分

定量指标	指标单位	权重	上限值	下限值	测试结果	得分
烟片处理综合有效作业率	%	0.35	85	50	90.37	100.00
制叶丝综合有效作业率	%	0.35	85	50	87.38	100.00
掺配加香综合有效作业率	%	0.3	85	50	82.90	94.00
制丝综合有效作业率得分						98.20

制丝三大工段有效作业率得分超过 95 分，且制丝三大工段有效作业率得分最低为 94 分，总体运行效率处于行业领先水平。

（四）制丝综合有效作业率（牌号 B）

统计测试前一个月测试生产线产量、生产设备运行总时间和生产线额定生产能力，计算烟片处理、制叶丝、掺配加香工段综合有效作业率。制丝综合有效作业率得分如表 8-124 所示。

表 8-124　制丝综合有效作业率得分

定量指标	指标单位	权重	上限值	下限值	测试结果	得分
烟片处理综合有效作业率	%	0.35	85	50	80.63	87.51
制叶丝综合有效作业率	%	0.35	85	50	85.68	100.00
掺配加香综合有效作业率	%	0.3	85	50	80.02	85.77
制丝综合有效作业率得分						91.36

制丝三大工段有效作业率得分均在 85 分以上，表现良好，总体运行效率处于行业优秀水平。

（五）设备维持费用

单位产量设备维持费用根据第四章第三节公式计算得出为 16.17 元/万支，单位产量设备维持费用得分情况如表 8-125 所示。

表 8-125 单位产量设备维持费用得分

定量指标	指标单位	权重	上限值	下限值	测试结果	得分
单位产量设备维持费用	元/万支	1.0	10	40	16.17	79.43

（六）原材料利用效率（牌号 C1）

根据测试批实际原材料消耗情况，主要对烟草原料、烟用材料的消耗情况及损耗情况进行统计分析。出叶丝率计算得分时采用投入产出法数据。

根据测试数据，对原料消耗、卷烟材料利用率进行评价，结果如表 8-126、表 8-127 所示。

表 8-126 原料消耗评价结果

定量指标	指标单位	权重	上限值	下限值	测试结果	得分
耗丝偏差率	%	0.5	5	10	6.00	80.00
出叶丝率	%	0.5	100	90	97.14	71.40
原料消耗得分						75.70

表 8-127 卷烟材料利用率评价结果

定量指标	指标单位	权重	上限值	下限值	测试结果	得分
单箱耗嘴棒量（折算）	支/箱	0.4	12500	12800	12582.80	72.40
单箱耗卷烟纸量	米/箱	0.3	2950	3050	2953.89	96.11
单箱耗商标纸（小盒）量	张/箱	0.3	2500	2550	2503.70	92.60
卷烟材料消耗得分						85.57

原料、卷烟材料利用效率较高，处于行业领先水平。

（七）原材料利用效率（牌号 B）

根据测试批实际原材料消耗情况，主要对烟草原料、烟用材料的消耗情况及损耗情况进行统计分析。出叶丝率计算得分时采用投入产出法数据。

根据测试数据，对原料消耗、卷烟材料利用率进行评价，结果如表 8-128、表 8-129 所示。

表 8-128 原料消耗评价结果

定量指标	指标单位	权重	上限值	下限值	测试结果	得分
耗丝偏差率	%	0.5	5	10	12.96	0.00
出叶丝率	%	0.5	100	90	97.38	73.80
原料消耗得分						36.90

表 8-129 卷烟材料利用率评价结果

定量指标	指标单位	权重	上限值	下限值	测试结果	得分
单箱耗嘴棒量（折算）	支/箱	0.4	12500	12800	12841.12	0.00
单箱耗卷烟纸量	米/箱	0.3	2950	3050	3015.87	34.13
单箱耗商标纸（小盒）量	张/箱	0.3	2500	2550	2569.82	0.00
卷烟材料消耗得分						10.24

由于细支烟的特殊性，原材料利用效率相较常规烟支偏低、辅材消耗偏高，测评结果仅供参考。

（八）能源利用效率

能源利用效率主要从单位产量综合能耗、耗水量、动力设备运行能效三方面进行评价，其中动力设备运行能效包含锅炉系统煤汽比、压缩空气系统电气比、制冷系统性能系数、配电系统节能技术应用四个指标。

1. 单位产量综合能耗

以 2021 年 11 月至 2022 年 10 月为统计周期，统计工厂耗电量、天然气用量等数据，将电和天然气耗量折算为标准煤，综合能耗计算结果如表 8-130 所示。

表 8-130 综合能耗计算结果

时间	产量（箱）	天然气（Nm³）	电（kW·h）	汽油量（t）	单位产量综合能耗（kgce）
2021.11～2022.10	674153.2	3736123	31546303	23.7657	12.53

综合能耗为 12.53 千克标准煤/箱（2.506 千克标准煤/万支），C 市属于夏

热冬冷地区，综合能耗满足《卷烟厂设计规范》（YC/T 9—2015）夏热冬冷地区不宜高于 4 千克标准煤/万支烟、《烟草行业绿色工房评价标准》（YC/T 396—2020）温和地区不宜高于 3.70 千克标准煤/万支烟的综合能耗要求。

2. 耗水量

统计 2021 年 11 月至 2022 年 10 月企业用水量及产量，计算万支卷烟耗水量，如表 8-131 所示。

表 8-131　耗水量统计

时间	产量（箱）	水（m³）	万支卷烟耗水量（m³）
2021.11~2022.10	674153.2	303364	0.09

万支卷烟水耗为 0.09m³/万支，显著低于《烟草行业绿色工房评价标准》（YC/T 396—2020）所要求的 0.20 m³/万支烟，企业节水效果显著。

3. 锅炉系统煤汽比

统计 2022 年 1~11 月锅炉系统产汽量、天然气消耗量、耗电量等数据，结果如表 8-132 所示。

表 8-132　锅炉系统能耗数据

时间	锅炉产汽量（不含除氧器）（t）	天然气消耗量（Nm³）	耗电量（kW·h）	煤汽比
2022.01~2022.11	31944	2834688	204479	108.54

4. 压缩空气系统电气比

统计 2022 年 7~11 月压缩空气系统生产数据，根据压缩空气系统耗电量、产生压缩空气量计算电气比，结果如表 8-133 所示。

表 8-133　压缩空气系统能耗数据

时间	空压耗电（kW·h）	空压产量（Nm³）	电气比
2022.07~2022.11	1734276	13044740	0.133

5. 制冷系统性能系数

根据制冷系统负荷较大月份（2022 年 6 月）的运行数据，计算结果如

表 8-134 所示。

表 8-134　制冷系统性能数据

时间	制冷系统冷量（kW·h）	制冷系统电耗（kW·h）	制冷系统 COP
2022.6	2237606	488964	4.58

6. 配电系统节能技术应用

企业高压配电系统、低压配电系统、照明系统、电气消防系统等配置完善，运行正常。测评过程中动力供配电系统运行稳定，电能质量满足设备、装置起动和正常运行的要求。

车间主要区域的照度满足《建筑照明设计标准》（GB 50034）及《卷烟厂设计规范》（YC/T 9—2015）规范要求；照明功率密度值不高于 GB 50034 和附录 B 规定的现行值。

变压器具有谐波治理措施，变压器能效目标值或节能评价值满足《三相配电变压器能效限定值及能效等级》（GB 20052—2006）中的相关要求。

根据以上统计数据，对能源利用效率进行评价，结果如表 8-135 所示。

表 8-135　能源利用效率评价结果

指标名称		指标单位	权重	上限值	下限值	测试结果	得分
单位产量综合能耗		kgce/箱	0.5	7.5	22.5	12.53	66.47
耗水量		m³/万支	0.2	0.1	0.2	0.09	100.00
动力设备运行能效		—	0.3	—	—	—	56.52
动力设备能效二级指标	锅炉系统煤汽比	kgce/t	0.3	80	110	108.54	4.87
	压缩空气电气比	kW·h/Nm³	0.3	0.1	0.2	0.133	67.00
	制冷系统性能系数	无量纲	0.3	5	2.5	4.58	83.20
	配电系统节能技术应用	—	0.1	—	—	符合 GB 20052	100.00
能源利用效率总分							70.19

企业能源综合利用效率良好。企业配置了先进的雨水收集、污水处理、中水

回用系统等多项节水技术，将中水用于绿化浇水、道路洒水、冷却水补水等用途，减少了污水排放量，单位产品耗水量极低。变配电、空调、空压、制冷等系统运行稳定，并采取了相应的节能措施，总体节能效果良好。由于锅炉系统采用电加热除氧器，造成锅炉系统煤汽比较高，也造成单位产品的综合能耗较高，表现一般。

（九）在岗职工人均劳动生产率

通过卷烟实际产量及在岗正式职工人数，可测算人均生产效率。测算后得出 C 卷烟工厂的上年度人均劳动生产率为 510.26 箱/人。人均劳动生产率评价得分如表 8-136 所示。

表 8-136　在岗职工人均劳动生产率评价结果

定量指标	指标单位	权重	上限值	下限值	测试结果	得分
在岗职工人均劳动生产率	%	0.1	800	100	510.26	58.61

人均劳动生产率在全行业处于中等水平，未来可进一步提升自动化水平和管理水平，减少用工数量，提高劳动生产率。

（十）测评结果汇总

生产效能水平总得分为 81.18 分，处于行业二级水平。二级指标得分汇总如表 8-137 所示。

表 8-137　生产效能水平测评得分汇总

序号	指标名称	权重	得分	备注
1	卷包设备运行效率	0.20	97.38	
2	制丝综合有效作业率	0.10	98.20	
3	单位产量设备维持费用	0.10	79.43	
4	原材料利用效率	0.30	80.14	
5	能源利用效率	0.20	70.19	
6	在岗职工人均劳动生产率	0.10	58.61	
	生产效能水平总得分		81.18	

五、绿色生产测评报告

（一）主要测评内容

绿色生产水平（安全、健康、环保和清洁生产水平）评价指标体系及指标权重见表5-1。

需要说明的是，根据企业实际情况，无法统计的指标不纳入本次评价，其权重折算至同级其他指标，具体权重见后文测评打分表。

（二）职业健康与安全生产

主要从作业现场噪声、作业现场粉尘浓度和企业安全标准化达标等级三个方面进行评价。

1. 作业现场噪声

对工厂主要生产作业区域室内噪声进行检测，主要包括制丝车间、卷包车间、物流车间和动力车间等区域。这些区域的室内噪声全部低于85dB，各工种接触噪声强度符合国家职业接触限值要求，符合国家及行业有关环保及职业卫生标准要求。

2. 作业现场粉尘浓度

对工厂主要生产作业区域室内粉尘浓度进行检测，主要包括制丝车间、卷包车间、物流车间等区域。制丝车间、卷包车间、物流车间内各工种接触粉尘浓度均符合国家职业接触限值要求。

3. 企业安全标准化达标等级

C卷烟工厂的企业安全标准化等级为一级（国家级）。

根据以上统计数据，对职业健康与安全生产进行打分评价，结果如表8-138所示。

表8-138　职业健康与安全生产评价结果

指标名称	指标单位	权重	上限值	下限值	评价结果	得分
作业现场噪声	个	0.2	0	5	0（无超标）	100.00
作业现场粉尘浓度	个	0.2	0	5	0（无超标）	100.00

指标名称	指标单位	权重	上限值	下限值	评价结果	得分
企业安全标准化达标等级	—	0.6	—	—	一级	100.00
总得分						100.00

根据检测结果，工厂各主要作业区域的室内噪声、粉尘浓度等指标均满足《工作场所有害因素职业接触值 第 1 部分：化学有害因素》（GBZ 2.1—2019）、《工作场所有害因素职业接触限值 第 2 部分：物理因素》（GBZ 2.2—2007）、《工业企业设计卫生标准》（GBZ 1—2010）及行业相关标准要求，无超标情况。

（三）环境影响与清洁生产

主要从单箱化学需氧量排放量、氮氧化物排放浓度、二氧化硫排放浓度、单箱二氧化碳排放量、厂界噪声、锅炉排放颗粒物浓度、异味排放浓度、清洁生产等级八个方面进行评价。其中，氮氧化物排放浓度、二氧化硫排放浓度、锅炉排放颗粒物浓度为锅炉有组织排放废气浓度。

1. 单箱化学需氧量排放量

工厂排放废水主要指标检测结果如表 8-139 所示。

表 8-139　污水主要指标检测结果

序号	项目	检测结果	《污水综合排放标准》限值	达标情况
1	化学需氧量（mg/L）	17	500	达标
2	氨氮（mg/L）	0.600	—	达标

根据检测结果，废水排放指标全部符合国家及地方排放标准要求。根据工厂 2021 年 11 月至 2022 年 10 月的化学需氧量检测结果及废水排放量，计算得出单箱化学需氧量排放量为 3.18 克/箱。

2. 氮氧化物排放浓度

天然气锅炉有组织排放废气检测结果如表 8-140 所示。

表 8-140　天然气锅炉有组织排放废气检测结果

烟气参数	标干流量（m³/h）		含氧量（%）	
	7119		6.9	
	实测浓度	折算浓度	《锅炉大气污染物排放标准》（GB 13271—2014）	是否达标
低浓度颗粒物（mg/m³）	1.7	2.1	20mg/m³	达标
二氧化硫（mg/m³）	未检出	未检出	50mg/m³	达标
氮氧化物（mg/m³）	23	29	200mg/m³	达标

根据检测结果，锅炉废气的氮氧化物实测浓度为 23mg/m³，折算浓度为 29mg/m³，符合《锅炉大气污染物排放标准》（GB 13271—2014）的要求，也符合《C 市锅炉大气污染物排放标准》表 2 中高污染燃料禁燃区内排放浓度限值氮氧化物排放浓度为 30mg/m³ 的要求。

3. 二氧化硫排放浓度

根据表 8-140，锅炉废气二氧化硫的实测浓度未检出，折算浓度未检出，符合《锅炉大气污染物排放标准》（GB 13271—2014）的要求，也符合《C 市锅炉大气污染物排放标准》表 2 中高污染燃料禁燃区内排放浓度限值二氧化硫排放浓度为 10mg/m³ 的要求。

4. 单箱二氧化碳排放量

根据工厂 2021 年 11 月至 2022 年 10 月的生产统计数据，全年二氧化碳排放总量为 6798695.07 吨，计算得出单箱二氧化碳排放量为 10.08 千克/箱。

5. 厂界噪声

厂界噪声检测结果如表 8-141 所示。

表 8-141　厂界噪声检测结果　　　　　单位：dB（A）

监测点位	监测时段	Leq	《工业企业厂界环境噪声排放标准》（GB 13248—2008）		是否达标
厂界东	昼间	56	60	2 类	达标
	夜间	44	50		达标
厂界南	昼间	55	60	2 类	达标
	夜间	47	50		达标

监测点位	监测时段	Leq	《工业企业厂界环境噪声排放标准》（GB 13248—2008）		是否达标
厂界西	昼间	58	60	2 类	达标
	夜间	45	50		达标
厂界北	昼间	57	65	3 类	达标
	夜间	44	55		达标

根据检测结果，厂界噪声符合《工业企业厂界环境噪声排放标准》（GB 12348—2008）的要求。

6. 锅炉排放颗粒物浓度

根据表 8-140，低浓度颗粒物的实测浓度 $1.7mg/m^3$，折算浓度 $2.1mg/m^3$，符合《锅炉大气污染物排放标准》（GB 13271—2014）的要求，也符合《C 市锅炉大气污染物排放标准》（DB 51/2672—2020）表 2 中高污染燃料禁燃区内排放浓度限值颗粒物排放浓度为 $10mg/m^3$ 的要求。

7. 异味排放浓度

异味处理系统的尾气排放浓度符合《恶臭污染物排放标准》（GB 14554—93）的排放限值要求。

8. 清洁生产等级

根据企业内部评价结论，C 卷烟工厂的清洁生产等级为 AAAA 级。

根据以上统计数据，对环境影响与清洁生产进行评价，结果如表 8-142 所示。

表 8-142　环境影响与清洁生产评价结果

指标名称	指标单位	权重	上限值	下限值	测试结果	得分
单箱化学需氧量排放量	g/箱	0.20	0	20	3.18	84.10
氮氧化物排放浓度	mg/m^3	0.10	50	150	29	100.00
二氧化硫排放浓度	mg/m^3	0.10	0	50	未检出	100.00
单箱二氧化碳排放量	kg/箱	0.15	9	15	10.08	82.00
厂界噪声	—	0.10	—	—	符合 GB 12348	100.00

指标名称	指标单位	权重	上限值	下限值	测试结果	得分
锅炉排放颗粒物浓度	mg/m³	0.10	5	20	2.1	100.00
异味排放浓度	—	0.10	—	—	符合 GB 14554	100.00
清洁生产等级	—	0.15	—	—	AAAA 级	100.00
总得分						94.12

（四）测评结果汇总

绿色生产水平总得分为 97.35 分，处于行业一级水平。二级指标得分汇总如表 8-143 所示。

表 8-143　绿色生产水平测评得分汇总

序号	指标名称	权重	得分	备注
1	职业健康与安全生产	0.55	100.00	
2	环境影响与清洁生产	0.45	94.12	
	绿色生产水平总得分		97.35	一级

六、智能制造测评报告

（一）主要测评内容

智能制造水平评价指标体系及指标权重如表 6-1 所示。

（二）测评过程

智能制造水平评价资料获取方式包括企业提供相关资料、现场考察、现场演示、现场咨询等。在评价的过程中，通过适当的方法收集并验证与评价目标、评价范围、评价依据有关的资料，对采集的资料予以记录。结合获取的评价资料以及现场考察、咨询情况，专家组对照指标打分表进行打分，采用多级综合评价方法进行逐级评价。

1. 组织与人员

根据调研情况评估，C 卷烟工厂已制定智能制造战略与《烟草行业"十四五"网络安全和信息化规划》《C 中烟公司"十四五"网络安全与信息化规划》保持一致，重视战略落地与项目执行落实，并能够根据企业发展情况实时调整，不断地补充完善、优化迭代。C 卷烟工厂对数据要素比较重视，正在建设多个数据相关项目，挖掘数据价值，优化创新业务模式。

C 卷烟工厂成立了领导小组和工作小组，并由工厂主要领导亲自挂帅督导执行，定期召开智能制造月度例会。C 卷烟工厂高度重视智能制造，专门制定了2022 年领先工厂指标体系，将智能制造所有三级指标分为必保指标、攻关指标和挑战指标，将指标分解到每个部门进行考核，并与部门、个人绩效挂钩，对加快建设智能工厂起到了非常重要的作用。

2. 信息支撑

（1）在网络环境建设方面，实现无线网络在办公区域、生产区域的全覆盖，生产网和管理网实现互联互通，5G 网与其他网络实现融合，相比 2019 年在互联互通方面得到很大提升。

在 2019 年关键网络设备（汇聚）具备冗余能力、具备网络安全的基本防范能力的基础上，增加网络安全的整体态势分析、安全重要程度实现分区分域管理、网络异常监测和安全审计、主机设备安全防护、控制网实现设备准入等能力，具备较完整的网络安全防护能力。

（2）在信息融合方面，制定信息系统的数据交互规范，基本实现数据交互的统一监控、数据交互异常的自动报警、基于消息总线的数据交互、异常数据监测，数据交换能力显著增强，能够满足各项业务对数据交换的要求。

（3）数据融合能力强。在原有统一数据字典规范基础上，基础数据统一服务能力得到较大提升，建成了统一数据共享中心；具备异构数据融合能力，实现数据标准及数据治理、OpenAPI 的数据开放共享、数据挖掘与数据分析和基于人工智能的数据决策能力。

（4）系统集成水平高。数据汇聚中心与制丝集控、卷包数采、能源管理系统以及各物流自动化系统、ERP 系统、产品设计系统、边缘采集系统实现集成。

3. 智能生产

（1）智能生产能力提升速度较快，综合水平较高。在生产计划编制方面，自动排产覆盖制丝、卷包和原辅料预约，自动排产计划可执行性得到一定提升。

（2）生产调度可根据生产计划自动分解下发作业指令；工单自动下发覆盖制丝工序、卷包机组，工艺标准随作业指令同步下达。

（3）生产控制在原有生产执行状态的数据采集、生产执行状态可视化监视、生产执行进度异常的自动报警的基础上，生产运行状态自动分析能力得到较大提升。此外，对主机设备生产运行状态智能化控制、生产线生产运行状态的稳态控制进行了探索实践。

4. 智能物流

（1）货位管理能力强，仓储货位管理信息系统覆盖原料配方库、辅料库、成品库，可实现单货位管理，实现货位存储策略的灵活调整功能，如优先级管理、指定专用等。

（2）物料仓储信息管理、存储策略能力较强，物料库存信息的管理覆盖原料配方库、辅料库、成品库，物料出入库信息的管理覆盖原料配方库、辅料库、成品库；可实现物料存储策略的灵活调整功能，如先进先出、指定专用、物料存储异常预警等；可实现物流环境温湿度适应性感知预警功能；尚未实现自动盘库。

（3）配送自动化水平稳步提高，物流配送自动化装备覆盖烟包输送、卷烟材料配送及回收、甘油酯输送、滤棒配送、丝束配送和成品卷烟分拣；空纸箱回收、甘油酯输送、废烟支废材料回收暂未实现自动化。相比 2019 年，甘油酯输送、滤棒配送、丝束配送实现了自动化物流配送。

（4）配送管控智能化能力得到提升，在原有自动获取物流配送过程数据（物料、时间、地点）、配送过程可视化展示、配送过程状态异常报警等基础上，实现配送系统智能统筹调配。

5. 智能管理

（1）设备运行状态监控能力强，自动获取设备（卷接机、包装机、成型机、发射机）运行数据，实现设备运行数据可视化展示，实现制丝设备远程控制（解包、切片、除杂、回潮、加料、切丝、叶丝干燥设备、加香等），基本实现制丝设备的稳态控制（解包、切片、除杂、回潮、加料、切丝、叶丝干燥设备、加香等）。该指标在设备运行数据获取、制丝设备远程控制等方面提高了要求，新增了制丝设备的稳态控制，C 卷烟工厂在以上方面都有很好的表现。

（2）设备故障诊断能力得到较大提升，实现设备故障分析的信息化，基本实现设备故障的多维度分析，开展了基于大数据的设备故障自诊断、基于大数据的设备故障知识图谱、设备异常的自动预警、设备劣化趋势模型分析等探索实践。相比 2019 年，该指标得到全面增强，如将"具备故障分析"调整为"实现设备故障的多维度分析"，将"基于模型的故障自诊断能力"细化为"基于大数据的设备故障自诊断、基于大数据的设备故障知识图谱、设备异常的自动预警、设备劣化趋势模型分析"。总体来说，C 卷烟工厂的设备故障诊断能力提升较快，未来发展空间也较大。

（3）设备全生命周期管理能力得到较大提升，实现设备全生命周期管理的信息化，设备全生命周期管理信息化覆盖了采购、使用、维修、报废，部分实现设备管理的自动预警（维修、更换）、设备管理的预测性维保、设备关键备件的全生命周期管理。相比 2019 年，该指标得到增强，新增了设备管理自动预警、预测性维保等评价内容。

（4）能源供应状态监视水平高。自动获取锅炉、空压、制冷、真空、除尘、排产、配电等设备设施仪器、仪表等运行数据；实现供能设备仪器、仪表二级计量数据的自动获取，部分实现供能设备仪器、仪表三级计量数据的自动获取，部分实现供能设备异常的自动预警。相比 2019 年，新增了供能设备仪器、仪表三级计量数据的自动获取，以及实现供能设备异常的自动预警。

（5）能源异常预警能力得到提升，实现了蒸汽供应、压空供应、真空供应、制冷供应的异常指标报警；部分实现蒸汽、压空、真空、制冷末端指标的异常报警；基本实现蒸汽、压空、真空、制冷消耗异常的自动报警。与 2019 年相比，能源末端指标异常报警、消耗异常自动报警能力得到提升。

（6）能源运行调度水平得到较大提升。根据生产计划，初步实现能源供应计划的自动生成（开台数量、开机时间及预计供应总量）；除尘、排潮可根据生产设备实际运行情况自动关联控制，工艺空调、真空不能实现自动关联控制，与 2019 年保持一致；实现生产批次能源消耗的统计分析以及实际产量与能量消耗的统计分析，基本实现能源实绩平衡分析；开展了基于大数据的空调设备运行自优化、用能优化分析的探索实践，取得初步成效。相比 2019 年，上述指标进步明显，取得很大成效。

（7）综合管理信息化水平提升较大，在原有安全综合管理信息系统的危险作业管理、相关方管理、隐患排查治理、培训管理、环保管理、安消防物资管理基础上，基本实现危险作业管理、相关方管理、隐患排查治理等安全管理应用的移动化。

（8）安、消防技防智能化水平得到提升，具有安全防范系统，如视频监控、入侵报警、出入口控制，具有消防控制系统，并实现设备故障的远程监控和异常报警，还没有跨系统的安全联动机制。上述指标水平与2019年持平，基本具备人员违规行为的视频监控安全隐患与安全问题智能分析报警功能。

（9）环境指标监视能力增强，在原有的实现污水指标数据的自动采集基础上，实现烟尘、厂界噪声等环境指标数据的自动采集，且实现了环境指标的异常预警，初步实现环境指标的统计分析，实现环境指标的可视化展示。

（三）测评结果汇总

C卷烟工厂智能制造水平得分为82.28分，处于行业二级水平。其中，信息支撑90.00分，智能生产84.30分，智能物流71.60分，智能管理81.20分（见表8-144、表8-145）。

由于行业整体智能制造尚处于探索阶段，智能制造评价体系也具有一定的前瞻性和引导性，目前C卷烟工厂智能制造基础比较扎实，未来可对人员、资源、制造等资源进行深度数据挖掘，形成模型库和知识库。

表 8-144　智能制造水平评价信息

序号	定性指标	评价域	评分标准	主要测评结论	测评得分
4.1.1.1	网络覆盖及互联互通能力	对无线网络覆盖情况和网络互联互通能力进行评价	1 实现无线网络的办公区全覆盖；20分 2 实现无线网络的生产区域全覆盖；20分 3 实现无线网络的厂区全覆盖；20分 4 实现生产网和管理网的互联互通；20分 5 5G网融合能力；20分	厂内分为办公网、生产网、安防网；无线网络已经实现生产区域、厂区的全覆盖；在安全管控下生产网与管理网可互联互通，并针对数据中心单独组网，分区分域做安全控制。企业已经开展5G应用场景，具备融合能力；企业认为具有5G独特价值的应用场景还需要行业持续迭代探索开发	90

序号	定性指标	评价域	评分标准	主要测评结论	测评得分
4.1.1.2	网络安全保障能力	对网络的关键设备冗余、安全防范、态势分析以及数据安全保障能力进行评价	1 实现网络高可用及关键节点（汇聚）的设备冗余；10 分 2 实现网络安全的基本防范；10 分 3 实现网络安全的整体态势分析；20 分 4 实现重要数据的安全防护；20 分 5 根据安全重要程度实现分区分域管理；10 分 6 实现网络异常监测和安全审计；10 分 7 实现主机设备安全防护能力；10 分 8 控制网实现设备准入能力；10 分	厂区各网络高可用及关键节点都实现了设备冗余；各个网络间安装防火墙，设备准入控制，做分区分域管理；实现了网络安全的整体态势感知分析；重要数据实现有效的安全防护。数据库每天做全库备份，对所有数据库部署审计系统，对数据库高危操作行为，可做记录。控制网络接入设备实现准入管控	90
4.1.2.1	数据交换能力	对数据交互规范、平台统一性和异常报警的水平进行评价	1 制定信息系统的数据交互规范；30 分 2 实现数据交互的统一监控；30 分 3 实现数据交互异常的自动报警；20 分 4 基于消息总线的数据交互；10 分 5 异常数据监测能力；10 分	中烟公司 CPS 平台制定了信息系统的数据交互规范；数据汇聚到中烟公司的 CPS 平台，实现统一监控。CPS 平台实现数据交互异常的自动报警，数据交互和监测	90

序号	定性指标	评价域	评分标准	主要测评结论	测评得分
4.1.2.2	数据融合能力	对数据字典规范、数据服务和共享水平进行评价	1 制定统一的数据字典规范；10分 2 实现基础数据的统一服务；20分 3 建立统一的数据共享中心；20分 4 异构数据融合能力；10分 5 实现数据标准及数据治理；10分 6 实现 OpenAPI 的数据开放共享能力；10分 7 实现数据挖掘与数据分析能力；10分 8 实现基于人工智能的数据决策能力；10分	通过中烟公司的 CPS 平台，制定了统一的数据字典规范，实现了基础数据的统一服务，建立了统一的数据共享中心，实现数据标准及数据治理。通过 OpenAPI，实现异构数据融合，数据开放共享。通过帆软、前段工具等实现数据挖掘与数据分析。松散回潮中控，能源、单支克重等控制等环节，实现了基于人工智能的数据决策	90
4.1.2.3	各系统的集成水平	对各应用系统间的信息集成水平进行评价	1 实现生产制造执行系统与制丝集控、卷包数采、能源管理系统的集成（制丝集控20分，卷包数采20分，能源管理20分）；60分 2 实现生产制造执行系统与各物流自动化系统的集成；10分 3 实现生产制造执行系统与 ERP 系统的集成；10分 4 实现生产制造执行系统与产品设计系统的集成；10分 5 实现生产制造执行系统与边缘采集系统的集成；10分	实现 CPS 平台与制丝集控、卷包数采、能源管理系统的集成；实现 CPS 平台与各物流自动化系统、ERP 系统、PDM 系统、边缘采集系统的集成	90

序号	定性指标	评价域	评分标准	主要测评结论	测评得分
4.2.1.1	计划编制	对生产计划排产和原材料预约的自动化能力进行评价	1 对自动排产功能的在用情况进行评价（制丝排产、卷包排产和原辅料预约方面的应用情况，制丝排产在用 15 分，卷包排产在用 15 分，原辅料自动预约在用 10 分）；40 分 2 对排产计划可执行性进行评价（需人工辅助调整后执行 25 分，可直接执行 40 分）；40 分 3 对智能排产水平进行评价，排产计划可根据实际执行情况自学习、自修正；20 分	制丝排产，在 MES 系统执行，需要人工干预和调整。卷包排产，推动作业工单到机台，需要人工干预和调整。卷包预排产，辅料不确定性，特别是小规格产品比较多。需要确认辅料生产、运输等信息。拟部署到上游，管控发货节点。紧急插单，超出能力，如实验批，需要使用批产的材料。排产计划需要人工辅助调整后执行。产前模拟仿真已有，可验证排产计划；数据源不太完整，1~2 天的准确性可以保证。目前，企业尚未实现对智能排产水平进行评价，以及排产计划的自学习、自修正	70
4.2.1.2	生产调度	对卷烟生产调度的自动化能力进行评价	1 根据生产计划，实现作业指令的自动分解下发；20 分 2 对工单自动下发覆盖面进行评价（制丝工序 10 分，卷包机组 10 分）；20 分 3 实现工艺标准随作业指令同步下达；10 分 4 实现应对生产波动与风险的动态调控能力；20 分 5 实现影响生产要素的全面感知能力；10 分 6 实现基于供应链协同的统一调度能力；20 分	作业指令可人工也可自动分解下发；工单自动下发覆盖制丝工序、卷包机组。工艺标准随作业指令同步下达。部分实现流量不稳定、质量缺陷动态调控，如松散回潮、单支克重等，但无法调整，且未做到闭环。对影响生产要素具有部分感知能力。基于公司系统，实现宏观层面调度；工厂层协同有点滞后，调度权限不在工厂	75

序号	定性指标	评价域	评分标准	主要测评结论	测评得分
4.2.2	生产控制	对生产运行状态、计划完成情况和异常状态的信息获取能力进行评价	1 实现生产执行状态的数据采集；10分 2 实现生产执行状态的可视化监视；10分 3 实现生产执行进度异常的自动报警；20分 4 实现生产运行状态的自动分析；20分 5 实现主机设备生产运行状态智能化控制；20分 6 实现产线生产运行状态的稳态控制；20分	各车间数据采集范围广，尤其在卷包集控、制丝集控中，对生产执行状态的数据应采尽采，生产执行状态的可视化监视，可掌握每个机组实时效率信息。可以提供异常信息，通过语音、短信等报送小时标准产量、实际产量，不主动报警。具备生产运行状态实时、事后的自动分析。全部高速机，1台中速机，以及回潮机等部分主机设备生产运行状态实现智能化控制。松散回潮，二润入口、出口水分等部分环节的生产运行状态，实现稳态控制	90
4.2.3.1	标准管理数字化水平	对信息系统中标准的管理应用水平进行评价	1 实现标准管理的信息化；20分 2 对标准管理应用的覆盖面进行评价（工艺质量标准20分，检验标准20分，判定标准10分）；50分 3 可自动接收上级部门下发的质量标准并转化为厂级质量标准；10分 4 实现标准机台根据牌号进行标准自动校验的能力；20分	通过MES进行标准管理；质量标准要求直接从BOM开始，可缩减校验环节。实现标准管理的信息化，标准管理应用覆盖工艺质量、检验、判定标准。可自动接收上级部门下发的质量标准并转化为厂级质量标准。实现标准机台根据牌号进行标准自动校验的能力	90

序号	定性指标	评价域	评分标准	主要测评结论	测评得分
4.2.3.2	质量数据应用水平	对质量数据的应用水平进行评价	1 实现质量数据的实时在线采集（烟片、烟丝、烟支、滤棒）；10分 2 实现质量数据的实时可视化展示（烟片、烟丝、烟支、滤棒）；10分 3 实现质量数据的多维分析和多级预警；20分 4 实现质量异常的联动控制；20分 5 实现基于大数据的控制参数自动预判预控；20分 6 实现基于机理仿真模型的智能质量控制；20分	烟丝填充值等质量数据实现实时在线采集；烟片、烟丝、烟支、滤棒等质量数据实现实时可视化展示（烟片、烟丝、烟支、滤棒）；可按班组、设备等多维度对质量数据进行分析，预警能力有待加强。松散回潮等部分环节实现质量异常的联动控制。松散回潮等部分环节开展了基于大数据的控制参数自动预判预控的探索。未实现机理仿真模型的智能质量控制	85
4.2.3.3	防差错能力	从标准、牌号、物料三个维度对卷烟生产过程防差错能力进行评价	1 实现防差错管理的信息化；20分 2 对标准下发与校验防差错能力进行评价；20分 3 对生产牌号管理防差错能力进行评价；20分 4 对投料、掺配、烟丝配送等工艺环节的物料管理防差错能力进行评价；20分 5 实现防差错信息周期性统计分析；20分	工艺环节从 BOM 端开始，可减少防差错环节统计；在送料翻箱时会进行 RFID 扫码校验。基于批次管理系统，实现防差错管理，具备对标准下发与校验防差错能力、生产牌号管理防差错能力，以及投料、掺配、烟丝配送等工艺环节的物料管理防差错进行评价，并实现防差错信息周期性统计分析	90

序号	定性指标	评价域	评分标准	主要测评结论	测评得分
4.2.3.4	批次追溯能力	对卷烟生产批次的追溯效率进行评价	1 实现批次追溯管理的信息化；20分 2 对批次追溯的深度进行评价（厂内制丝、原材料可追溯到投料批次20分，卷包可追溯到机组10分，厂外原材料可追溯到产地10分，成品可追溯到地市级公司10分）；50分 3 对批次追溯的效率进行评价（人工辅助系统实现追溯10分，系统一键追溯30分）；30分	基于中烟批次管理系统，实现批次追溯管理，可实现产业链上下游的全面追溯，如厂内制丝、原材料可追溯到投料批次，卷包可追溯到机组，厂外原材料可追溯到产地，成品可追溯到地市级公司。采用人工辅助系统实现追溯	85
4.3.1.1	货位管理能力	对货位管理颗粒度和货位存储策略进行评价	1 对仓储货位管理信息系统的覆盖面进行评价（原料配方库10分，辅料库10分，成品库10分，滤棒库10分）；40分 2 对仓储货位管理系统对供应链信息共享支撑能力评价（原料配方库10分，辅料库10分，成品库10分，滤棒库10分）；40分 3 实现仓储的单货位管理；10分 4 实现货位存储策略的灵活调整（货位和货区可实现优先级、指定专用等管理）；10分	有WMS系统，并设置收发仓；通过工商一体化项目，与商业公司系统对接，还可看到异地供库的货物系统；WMS系统覆盖原料配方库、辅料库、成品库、滤棒库等仓储货位管理。WMS系统可实现原料配方库、辅料库、成品库、滤棒库等供应链信息的共享支撑。WMS系统实现了高架库、密集库巷道的单货位管理。高架库、密集库巷道实现货位先进先出等存储策略的灵活调整	93

続表

序号	定性指标	评价域	评分标准	主要测评结论	测评得分
4.3.1.2	物料管理能力	对物料仓储信息管理、存储策略和自动盘库的能力进行评价	1 对物料库存信息管理的覆盖面进行评价（原料配方库5分，辅料库5分，成品库5分，滤棒库5分）；20分 2 对物料出入库信息管理的覆盖面进行评价（原料配方库5分，辅料库5分，成品库5分，滤棒库5分）；20分 3 实现物料存储策略的灵活调整（先进先出、指定专用、物料存储异常预警等）；20分 4 实现物料的自动盘库；20分 5 实现物流环境温湿度适应性感知预警功能；20分	WMS系统覆盖原料配方库、辅料库、成品库、滤棒库的物料库存信息管理。WMS系统实现原料配方库、辅料库、成品库、滤棒库物料出入库信息管理。WMS系统实现了物料先进先出等存储策略的灵活调整，但是尚未实现物料的自动盘库。能管系统实现物流环境温湿度适应性感知预警	80
4.3.2.1	配送自动化水平	对物料配送自动化装备覆盖情况进行综合评价	对物流配送自动化装备的覆盖情况进行评价（烟包输送10分，空纸箱自动回收5分，香糖料配送及回收10分，掺配退料10分，喂丝退料10分，卷烟材料配送及回收10分，甘油酯输送10分，废烟支废材料回收10分，滤棒配送5分，丝束配送10分，成品卷烟分拣10分）；100分	烟包输送、卷烟材料配送及回收、甘油酯输送、滤棒配送、丝束配送、成品卷烟分拣基本实现物流装备的自动化配送，其余环节还是人工配送	55

序号	定性指标	评价域	评分标准	主要测评结论	测评得分
4.3.2.2	配送管控能力	对物料配送信息自动获取、状态监视和异常报警的能力进行评价	1 实现物流配送过程数据的自动获取（物料、时间、地点）；20分 2 实现配送过程的可视化展示；20分 3 实现配送过程状态的异常报警；20分 4 实现配送系统的智能统筹调配；20分 5 实现基于状态感知及大数据的配送风险防控；20分	配送过程采用数字孪生展示；设备故障、超时信息可报警，配送系统设置优先级按"先要先出"原则，特殊情况可人工调整。自动获取物料、时间、地点等物流配送过程数据。使用 AGV 配送的环节，实现了配送过程的可视化、配送过程状态的异常报警。基于 AGV 实现配送系统的自动调配，尚未实现智能。未实现基于状态感知及大数据的配送风险防控	60
4.4.1.1	设备运行状态监控能力	对设备运行状态和异常状态的信息获取能力进行评价	1 实现制丝关键主机设备（解包、切片、除杂、回潮、加料、切丝、叶丝干燥设备、加香等）运行数据的自动获取；20分 2 实现卷接包关键主机设备（卷接机、包装机、成型机、发射机）运行数据的自动获取；20分 3 实现制丝关键主机设备运行数据的可视化展示；10分 4 实现卷接包关键主机设备运行数据的可视化展示；10分 5 实现制丝设备的远程控制（解包、切片、除杂、回潮、加料、切丝、叶丝干燥设备、加香等）；15分 6 实现制丝设备的稳态控制（解包、切片、除杂、回潮、加料、切丝、叶丝干燥设备、加香等）；25分	解包、切片、除杂、回潮、加料、切丝、叶丝干燥设备、加香等制丝关键主机设备运行数据实现了自动获取。卷接机、包装机、成型机、发射机等卷接包关键主机设备的运行数据实现了自动获取。制丝、卷接包关键主机设备运行数据实现了可视化展示。解包、切片、除杂、回潮、加料、切丝、叶丝干燥设备、加香等制丝设备实现了远程控制。解包、切片、除杂、回潮、加料、切丝、叶丝干燥设备、加香等制丝设备基本实现稳态控制	90

序号	定性指标	评价域	评分标准	主要测评结论	测评得分
4.4.1.2	设备故障诊断能力	对设备故障诊断的智能化水平进行评价	1 实现设备故障分析的信息化；15 分 2 实现设备故障的多维度分析；15 分 3 实现基于大数据的设备故障自诊断；15 分 4 实现基于大数据的设备故障知识图谱；15 分 5 实现设备异常的自动预警；20 分 6 实现设备劣化趋势模型分析功能；20 分	实现设备故障分析的信息化管理。部分实现设备故障的多维度分析，如设备健康度等。基于大数据的设备故障自诊断处于试验阶段，取得了部分成效。具有知识图谱组件，知识图谱平台；对试验设备构建了设备故障的知识图谱。试验的智能单机等设备实现了异常的自动预警。制丝、卷接包的设备劣化趋势模型分析正处于实施阶段	85
4.4.1.3	设备全生命周期管理	对设备全生命周期管理的信息化水平进行评价	1 实现设备全生命周期管理的信息化；20 分 2 设备全生命周期管理信息化的覆盖面：采购、使用、维修、报废；20 分 3 实现设备管理的自动预警（维修、更换）；20 分 4 实现设备管理的预测性维保；20 分 5 实现设备关键备件的全生命周期管理；20 分	自主研发平台实现设备全生命周期管理的信息化，覆盖采购、使用、维修、报废。平台部分实现维修、更换等设备管理的自动预警。智能单机初步实现设备管理的预测性维保。部分设备关键备件实现全生命周期管理	85

序号	定性指标	评价域	评分标准	主要测评结论	测评得分
4.4.2.1	能源供应状态监视水平	对供能设备运行信息获取、状态监视和异常报警的能力进行评价	1 实现锅炉设备仪器、仪表等运行数据的自动获取；8分 2 实现空压设备仪器、仪表等运行数据的自动获取；8分 3 实现制冷设备仪器、仪表等运行数据的自动获取；8分 4 实现真空设备仪器、仪表等运行数据的自动获取；8分 5 实现除尘设备仪器、仪表等运行数据的自动获取；8分 6 实现排潮设施仪器、仪表等运行数据的自动获取；8分 7 实现配电设备仪器、仪表等运行数据的自动获取；8分 8 实现供能设备仪器、仪表二级计量数据的自动获取；8分 9 实现供能设备仪器、仪表三级计量数据的自动获取；16分 10 实现供能设备运行数据的可视化展示；10分 11 实现供能设备异常的自动预警；10分	实现锅炉、空压、制冷、真空、除尘、排潮设施、配电等设备仪器、仪表等运行数据的自动获取，设备状态感知。一级二级计量数据获取率100%。三级计量数据根据工艺管理需要配备。实现供能设备运行数据的可视化展示。部分实现供能设备异常的自动预警	85

序号	定性指标	评价域	评分标准	主要测评结论	测评得分
4.4.2.2	能源供应异常预警能力	对能源异常预警的精细度进行评价	1 实现蒸汽供应的异常指标报警；8分 2 实现压空供应的异常指标报警；8分 3 实现真空供应的异常指标报警；8分 4 实现制冷供应的异常指标报警；8分 5 实现蒸汽末端指标的异常报警；8分 6 实现压空末端指标的异常报警；8分 7 实现真空末端指标的异常报警；8分 8 实现制冷末端指标的异常报警；8分 9 实现蒸汽消耗异常的自动预警；9分 10 实现压空消耗异常的自动预警；9分 11 实现真空消耗异常的自动预警；9分 12 实现制冷消耗异常的自动预警；9分	实现蒸汽、压空、真空、制冷供应的异常指标报警。蒸汽、压空、真空、制冷通过摄像头视觉识别方式，部分获取蒸汽、压空、真空、制冷末端指标的异常报警功能。初步实现蒸汽、压空、真空、制冷消耗异常的自动预警	70

続表

序号	定性指标	评价域	评分标准	主要测评结论	测评得分
4.4.2.3	能源供应调度水平	对能源运行调度的智能化水平进行评价	1 根据生产计划，实现能源供应计划的自动生成（开台数量、开机时间及预计供应总量）；20分 2 根据生产设备实际运行情况，实现供能设备的自动关联控制（工艺空调、除尘、排潮、真空）；10分 3 实现基于大数据的空调设备运行自优化（开台数量、开机时间、设备参数）；10分 4 实现生产批次能源消耗的统计分析；15分 5 实现实际产量与能量消耗的统计分析；15分 6 实现能源实绩平衡分析；15分 7 实现用能优化分析；15分	能源供应计划与生产计划未实现自动联动；通过微信群沟通方式，实现信息协同。供能设备可实现关联供制，空调运行根据生产需要人工控制。目前设备模式复杂，优化分析需大量算法分析支撑考虑投入产出比可放在下一步改进计划	65
4.4.3.1	综合管理信息化水平	对安全环境综合管理的信息化覆盖情况和移动应用水平进行评价	1 实现安全综合管理的信息化，覆盖（危险作业管理10分，相关方管理10分，预警预测综合指标评价10分，隐患排查治理10分，培训管理5分，安全目标管理5分，交通管理5分，环保管理5分，应急物资管理5分，事件事故管理5分）；70分 2 实现安全管理应用的移动化（危险作业管理10分，相关方管理10分，隐患排查治理10分）；30分	自研系统实现安全综合管理，如危险作业管理、相关方管理、预警预测综合指标评价等。自研平台实现危险作业、相关方、隐患排查治理的安全管理应用的移动化	85

序号	定性指标	评价域	评分标准	主要测评结论	测评得分
4.4.3.2	安、消防技防水平	对安全防范、消防控制和跨系统安全联动的水平进行评价	1 具有安全防范系统（视频监控 10 分，入侵报警 10 分，出入口控制 10 分）；30 分 2 具有消防控制系统，并实现设备故障的远程监控和异常报警的实时提醒；20 分 3 具有跨系统的安全联动机制；20 分 4 具备视频监控安全隐患与安全问题智能分析报警功能（人员违规行为 15 分，人员安全隐患 15 分）；30 分	具有视频监控、入口报警、出入口控制的安全防范系统。具有消防控制系统，实现设备故障的远程监控，部分设备实现异常报警的实时提醒。具有跨系统的安全联动机制。小线正在试验人员违规行为、人员安全隐患的视频监控安全隐患与安全问题智能分析报警	85
4.4.3.3	环境指标监视能力	对环境指标（污水、烟尘、厂界噪声）的自动采集、可视化展示和异常预警能力进行评价	1 实现环境指标数据的自动采集（污水 20 分，烟尘 20 分，厂界噪声 20 分）；60 分 2 实现环境指标的统计分析；20 分 3 实现环境指标的可视化展示；10 分 4 实现环境指标的异常预警；10 分	污水、烟尘、厂界噪声等环境指标数据实现自动采集。环境指标具备可视化展示功能。烟气污水按国家指标环保要求监测、异常报警	90

表 8-145　智能制造水平评价得分

智能制造水平总得分	二级指标/权重	二级指标得分	三级指标/权重	三级指标得分	四级指标/权重	得分
82.28	信息支撑/0.2	90.00	网络环境/0.5	90	网络覆盖及互联互通能力/0.4	90
					网络安全保障能力/0.6	90
			信息融合/0.5	90	数据交换能力/0.1	90
					数据融合能力/0.2	90
					各系统集成水平/0.7	90

智能制造水平总得分	二级指标/权重	二级指标得分	三级指标/权重	三级指标得分	四级指标/权重	得分
82.28	生产/0.4	84.30	计划调度/0.2	72	计划编制/0.6	70
					生产调度/0.4	75
			生产控制/0.2	90	生产控制/1.0	90
			质量控制/0.6	86.5	标准管理数字化水平/0.1	90
					质量数据应用水平/0.5	85
					防差错能力/0.2	90
					批次追溯能力/0.2	85
	物流/0.2	71.60	仓储管理/0.5	85.2	货位管理能力/0.4	93
					物料管理能力/0.6	80
			配送管理/0.5	58	配送自动化水平/0.4	55
					配送管控能力/0.6	60
	管理/0.2	81.20	设备管理/0.4	87	设备运行状态监控能力/0.4	90
					设备故障诊断能力/0.3	85
					设备全生命周期管理/0.3	85
			能源管理/0.4	73	能源供应状态监视水平/0.3	85
					能源异常预警能力0.4	70
					能源运行调度水平0.3	65
			安全环境管理/0.2	86	综合管理信息化水平/0.3	85
					安、消防技防水平/0.5	85
					环境指标监视能力/0.2	90

七、现场测评问题及优化建议

(一) 工艺及物流

1. 测评得分情况

工艺质量水平得分88.19分，整体处于行业领先水平。制丝A线及B线在制品过程能力表现突出，均在 90 分以上。制梗丝线过程能力得分均在 80 分以上，处于行业优秀水平。

卷烟产品质量水平方面，卷制与包装质量水平处于行业优秀水平，烟气质量水平表现稍差，处于行业平均水平，仍有进一步提升空间。卷包环节质量稳定性与设备存在相当大的关联性，建议在管理和技术攻关的基础上逐步替换老旧设备。

设备保障能力方面，设备稳定性表现有所欠缺，制丝 A 线百小时故障停机次数较高，有较大的提升空间。非稳态指数表现优秀，制丝关键工序出口含水率合格率高。

生产效能水平得分 81.18 分，处于行业优秀水平。卷包设备运行效率、制丝综合有效作业率接近满分，处于行业领先水平。

原材料利用效率方面，耗丝偏差率、出叶丝率处于行业良好水平，有进一步提升的空间。辅材消耗整体表现优秀。

能源利用效率得分偏低，建议采取措施提升能源利用效率，合理有效利用能源。

2. 工艺整体布局

制丝车间整体设备布局不整齐，功能分区不明确，车间内部除主通道外，基本没有完整通道，且主通道不够通畅，部分区域被设备阻挡。

3. 车间环境

制丝车间内设置了多处环境除尘点，一定程度上减少了车间内扬尘现象，但部分环境除尘点设置不合理，如叶丝主秤处，除尘口与扬尘点未直接相连，造成扬尘过大，设备表面积灰较多，建议新线建设时改进。

部分点位冷凝水未回收，浸梗机、HT 等设备未设置排潮或排潮量不足，潮气直接排放至车间内，影响车间环境，建议新线建设时设备冷凝水按背压分类回收、浸梗机增设排潮装置或将浸梗机隔离于烟梗投料间，HT 设备增加排潮风量。

梗线切丝机未设置除尘系统，建议增设，同时考虑将切丝机除尘由集中除尘改为就地除尘。

4. 过程损耗

部分皮带输送机接灰盘积料过多，疑似出料处毛刷缺失，建议统一排查，并及时清理，避免引起虫情。

为避免碎料过多，影响气流烘丝机，C2 线切叶丝工序后增设振动筛分机，实际运行中气流烘丝机基本处于停运状态，建议取消此振动筛分机。

风选前叶丝梳理设备仅作为通道使用，振动输送距离较长，落差较大，容易造碎；设备本身易缠绕烟丝，影响出丝率，如后期不考虑叶丝梳理工序，建议拆除后更换为皮带输送机。

部分位置辅连设备存在设置不合理、落差点多、落差较大、振动输送机角度过大、长度过长、数量较多等问题，均会导致造碎，建议新线建设时做出改进。

制丝线皮带输送机宽度整体偏窄，且全部使用平皮带，易造成挡边带处积料，导致出丝率偏低，建议新线建设时适当增加输送皮带宽度或使用"U"形皮带。

5. 生产设备

片烟库出库区空间较小，无批次缓存功能，出库效率较低；空托盘组输送距离较长，维护保养工作量大，建议新线建设时考虑片烟出入库同侧布置，设置出库钢平台，增加批次备料功能。

开包工序自动化程度较低，过度依赖人工辅助，建议新线建设时使用全自动解包设备。

薄片原料依靠人工松散，C2 线薄片松散后需人工添加，自动化程度较低，建议新线建设时增设薄片松散设备，薄片掺兑时按比例自动掺兑。

切片机出口物料高度较高，物料容易掉落，建议增设二次叉分装置或挠曲装置，并增加此处皮带机侧帮高度。

卷包设备高速机占比偏低，部分中速机组使用年限过长，建议加快机组更新速度。

测评时条烟输送系统与装封箱机组故障率偏高，跑条量大，致使现场人工收集后在包装机处直接装箱，建议统一排查故障点，避免大量跑条现象发生。

滤棒供料，除两套高速机组外，其余均采用人工上料方式，劳动强度大，且占用卷包机组旁辅料托盘空间，造成物料存放过多，且卷包废料清理运输不及时，环境较为杂乱，建议滤棒统一采用发射机发射至卷包机台，完善废料清理管理制度。

风力喂丝系统设置不合理，风送过程烟丝分层问题较为严重，影响卷接质量，建议后续改造优化风送系统，降低风送速度，减少风送弯头，合理配置喂丝机与卷接机组的对应模式。

成品拆垛全部使用人工，自动化程度低，建议后期考虑增设拆垛机器人，提高自动化水平。

（二）公辅系统

制丝车间部分蒸汽凝结水未回收，建议完善凝结水回收系统，从而降低运行成本，提高热效率，降低全厂运行能耗。

建议压缩空气管道材质，由碳钢管更改为 304 或铝合金材质，提高压缩空气供应稳定性。

车间空调管道局部有保温脱落情况，建议后续全面排查，进行修补。

制冷机组、真空泵等动力设备运行年限较长，能效衰减，设备运行效率低，真空缓冲罐锈蚀严重，建议根据设备运行情况，适时更换高效的制冷机组、真空设备。

车间空调机组仅设置有蒸汽加湿，夏季及过渡季加湿采用蒸汽不节能，建议改造空调机组，增加高压微雾加湿功能，在夏季、过渡季采用高压微雾加湿，可减少蒸汽耗量，节能效果显著。

建议考虑设置余热回收系统，将空压机的余热、制丝车间除尘排潮气体（烘丝机等）的余热进行回收，用于空调机组的加热加湿，有效降低废气排放温度，减少废气处理降温的能耗，同时节省空调系统能耗。

目前制冷站房在冬季、过渡季仍然运行 1 台制冷主机，建议增加冷水板换，在过渡季依靠冷却塔供冷技术提供冷源。

贮叶房配置 2 台空调机组，配置偏多，因卷烟工厂的贮叶房温湿度要求值较高，基本全年需要加热加湿，建议通过改造空调机组，利用余热回收系统制得的热水进行加热加湿，可以减少空调的加热加湿能耗。

储丝房在大部分车间停产的情况下，其空调系统需正常运行，动力车间需开启空调、锅炉、制冷机组等系统用于维持储丝间温湿度，动力设备完全处于大马拉小车状态，运行效率低，建议采用风冷热泵热回收型机组，为储丝房空调系统同时提供冷热水，冷热源供应脱离动力中心限制，达到灵活自由供应。

除尘机房粉尘防爆泄爆安全改造未设置抗爆门斗、抗爆墙，建议按照规范要求进行除尘房粉尘防爆安全改造。

屋面异味处理系统仅设置水洗功能段，废气处理不理想，建议水洗前端增加低温等离子处理段，提升废气、粉尘、异味等的治理能力及效果。

用能车间生产计划与动力车间供能计划没有自动联动，建议未来在智能化系统中实现各车间生产计划的关联，提升能源保障水平，节约能耗。

建议持续提升能源计量与管理水平，优化完善能管系统的数据统计、数据分析、能耗评估、能源管理、可视化展示等功能，提升能管系统的精细化、参数化、系统化、智能化水平，为未来节约能源与水资源奠定坚实基础。

（三）智能制造

1. 智能制造已取得成效

C 卷烟工厂制定了智能制造战略，与《烟草行业"十四五"网络安全和信息化规划》《C 中烟公司"十四五"网络安全与信息化规划》保持一致，重视战略与项目的执行和落实。初步建成"云、管、边、端"4 个层级的 IT 基建体系；小线智能物联感知平台初见成效，可感知"人机料法环测"主要运行状态数据。

烟厂形成了开放包容的创新文化、创新机制，不断涌现出技术与业务融合的创新型人才。跨部门协作多，自主研发能力强，具备快速将业务需求转化成应用的能力，并快速用于业务现场。

无线网络实现办公、生产、厂区全覆盖，并实现多网融合。网络安全保障能力较强，具备网络安全态势感知、重要数据的安全防护等能力。

新型基础设施较为完善，数据集成水平较高，实现了 CPS 数据平台与制丝集控、卷包数采、能源管理系统、物流自动化系统、边缘采集系统等集成，数据实现了较高水平的共享与协同，实现质量数据的采集与可视化管理，具备多维数据分析能力。

企业高度重视数据要素，数据交换和数据融合能力较强，制定了数据交互规范、数据字典规范，实现了数据交互的统一监控、基础数据的统一服务，平台统一性和异常报警的水平较高，异常数据监测与融合具有一定基础。

低代码平台具备开放共享能力，基本实现企业管理、生产管理、质量管理、办公管理的信息化。

批次追溯能力较强，厂内制丝、原材料可追溯到投料批次，卷包可追溯到机台机组，厂外原材料可追溯到产地，成品可追溯到地市级公司。

能源供应状态监视水平较高，实现了锅炉、空压、制冷、真空、除尘、排潮、配电等功能设备仪器、仪表等运行数据的自动采集与可视化展示，实现蒸汽、压空、真空、制冷供应等能源异常指标报警。

综合管理信息化水平较高，基本覆盖危险作业管理、相关方管理、安全目标管理、应急物资管理等，基本实现管理应用的移动化。具有视频监控、入侵报警等安全防范系统；具有消防控制系统，实现设备故障的远程监控和异常报警的实时提醒。

2. 存在问题与优化建议

C 卷烟工厂在信息化应用方面开展的大量探索和实践，为实现智能制造升级提供了较好的基础，在智能单机、关键工序智能控制、智能排产、能产协同等方面智能化的实践探索相对薄弱。

建议制定整体的智能工厂规划实施方案，整体架构符合行业网信规划建设要求。深化建设业务与数据、管理与技术融合型人才培养体系，建立既熟悉烟草生产经营管理又具备数字思维能力的人才队伍。加强数字技术技能培训，提升全员数字素养与技能，推动智能制造的持续迭代升级。建议加强智能制造生态体系建设，强化产、学、研、用各方在工艺设计、生产制造、经营管理等方面协同合作。

整体信息化建设偏业务应用，建议加强工艺质量提升、产耗能耗降低、生产管理协同等核心能力的智能化应用探索。

加强与行业数据中台、工业互联网平台对接，持续提升数据集中存储、统一管理、资源共享能力；强化数据的横向协同共享和纵向拉通共用，推动数据治理跨部门、跨层级业务协同联动，激活数据要素潜能。

建议提升生产计划排产和原辅料配送协同能力；加强数据源的完整性，深入开展排产计划的仿真验证，提升排产计划可执行性，提升智能排产水平。加快单机智能化探索，提升设备故障多维度分析、基于大数据的设备故障自诊断、设备故障知识图谱、设备异常自动报警、设备劣化趋势模型分析等能力，扩大单机智能化应用范围。如松散回潮出口水分智能控制模型无法实现全天自动控制，模型控制精度有待提升。

加快制丝线智能化应用，构建切片入口水分控制等先进控制模型（如烘丝、加料、加香等关键工序或关键设备），加快整线稳态控制试点与推广，进一步提升制丝关键工艺环节的控制能力，建议提升设备管理自动报警、预测性维保、关键备件全生命周期管理能力。

建立全新质量管控体系。进一步开展质量数据采集、质量异动联动控制等能力建设，打造基于机理仿真模型的智能质量控制。

加强原辅料自动盘库能力建设，深化配送过程的可视化展示、异常报警、配送系统的智能统筹调配，强化基于状态感知大数据的配送风险防控。

建议提升生产计划与供能计划的协同能力，加强工艺空调、除尘、排潮、真空等供能设备的自动控制能力，提升能源实际平衡分析、用能优化分析能力。小线智能管理系统搭建初见成效，具备一定推广示范效应，但系统功能性、技术应用点、应用场景落实方面还存在提升空间。

基于小线视觉技术的仪表识别的精度、实时性等性能尚需提高；未来新制丝线开展仪表点位布置，需要兼顾巡检机器人视觉读表的便捷性和可达性；加大智能仪表应用，减少维护维修点位，提升总体人员效率。

小线视频系统功能较为丰富，具备一定的异常判定及追溯功能。由于流量、堵料、断料等异常监测的数据样本不足，减少生产波动的效果还不明显。建议新制丝线对生产监控视频系统先规划后实施，避免投资浪费，实现视频数据源统一采集，各业务按需使用，模型算法由统一平台开发应用。

小线备料工段防差错视觉监控技术已试点应用，存在货位扩展性不足、个别货位受光照影响无法识别的问题。建议合理调整视觉监控点位，提高识别率及识别精度。

小线人员定位技术已投入现场应用，建议加大人员现场管理应用场景的挖掘力度，提高人员作业效率，规范人员作业行为，提升现场管理水平。

小线工艺状态检测装置具备工艺参数自动报警、标准自定义配置等功能，适应性较强，建议加强分析预警模型算法的设计与应用，实现联动控制，消除隐患功能，提升系统能力。

附　录

附录 A　标准权重和条目分值

附表 A-1　工艺质量水平条目权重及分值

一级指标/权重	二级指标/权重	三级指标/权重	四级指标/权重
1 工艺质量水平/0.40	1.1 在制品过程能力/0.60	1.1.1 烟片处理过程能力/0.20	1.1.1.1 松散回潮工序流量变异系数/0.15
			1.1.1.2 松散回潮机加水流量变异系数 或松散回潮出口物料含水率标准偏差/0.10
			1.1.1.3 松散回潮机热风温度变异系数 或松散回潮机排潮负压变异系数/0.10
			1.1.1.4 松散回潮出口物料温度标准偏差/0.15
			1.1.1.5 加料工序流量变异系数/0.15
			1.1.1.6 加料机排潮负压变异系数 或加料机排潮开度变异系数 或加料机循环风机频率变异系数 或加料机回风温度变异系数/0.05
			1.1.1.7 加料出口物料温度标准偏差/0.05
			1.1.1.8 加料出口物料含水率标准偏差/0.10
			1.1.1.9 总体加料精度/0.05
			1.1.1.10 加料比例变异系数/0.10
		1.1.2 制叶丝过程能力/0.20	1.1.2.1 叶丝宽度标准偏差/0.15
			1.1.2.2 叶丝干燥工序流量变异系数/0.10
			1.1.2.3 叶丝干燥入口物料含水率标准偏差/0.10
			1.1.2.4 滚筒干燥机筒壁温度标准偏差 或气流干燥工艺气体温度变异系数/0.15

一级指标/ 权重	二级指标/ 权重	三级指标/ 权重	四级指标/权重
1 工艺质量 水平/0.40	1.1 在制品 过程能力/ 0.60	1.1.2 制叶 丝过程能力/ 0.20	1.1.2.5 滚筒干燥机热风温度标准偏差 或气流干燥工艺气体流量变异系数/0.15
			1.1.2.6 滚筒干燥机热风风速标准偏差 或气流干燥蒸汽流量变异系数/0.10
			1.1.2.7 滚筒干燥机排潮负压变异系数 或气流干燥系统内负压变异系数/0.10
			1.1.2.8 叶丝干燥出口物料温度标准偏差/0.05
			1.1.2.9 叶丝干燥出口物料含水率标准偏差/0.10
		1.1.3 掺配 加香过程能 力/0.10	1.1.3.1 掺配丝总体掺配精度 或掺配比例变异系数/0.30
			1.1.3.2 加香工序流量变异系数/0.30
			1.1.3.3 总体加香精度/0.10
			1.1.3.4 加香比例变异系数/0.30
		1.1.4 成品 烟丝质量控 制能力/0.05	1.1.4.1 烟丝含水率标准偏差/0.30
			1.1.4.2 烟丝整丝率标准偏差/0.20
			1.1.4.3 烟丝碎丝率标准偏差/0.30
			1.1.4.4 烟丝填充值标准偏差/0.20
		1.1.5 制梗 丝过程能力/ 0.05	1.1.5.1 梗丝加料总体加料精度/0.10
			1.1.5.2 梗丝干燥工序流量变异系数/0.15
			1.1.5.3 梗丝干燥出口物料温度标准偏差/0.05
			1.1.5.4 梗丝干燥出口物料含水率标准偏差/0.20
			1.1.5.5 梗丝整丝率标准偏差/0.15
			1.1.5.6 梗丝碎丝率标准偏差/0.15
			1.1.5.7 梗丝填充值标准偏差/0.20
		1.1.6 叶丝 膨胀(干冰 或其他介质 法)过程能 力/0.05	1.1.6.1 膨丝回潮出口物料含水率标准偏差/0.20
			1.1.6.2 膨丝整丝率标准偏差/0.20
			1.1.6.3 膨丝碎丝率标准偏差/0.30
			1.1.6.4 膨丝填充值标准偏差/0.30

一级指标/权重	二级指标/权重	三级指标/权重	四级指标/权重
1 工艺质量水平/0.40	1.1 在制品过程能力/0.60	1.1.7 滤棒成型过程能力/0.10	1.1.7.1 滤棒压降变异系数/0.60
			1.1.7.2 滤棒长度变异系数/0.10
			1.1.7.3 滤棒硬度变异系数/0.10
			1.1.7.4 滤棒圆度圆周比/0.10
			1.1.7.5 滤棒圆周变异系数/0.10
		1.1.8 卷接包装过程能力/0.25	1.1.8.1 无嘴烟支重量变异系数/0.25
			1.1.8.2 有嘴烟支吸阻变异系数/0.25
			1.1.8.3 有嘴烟支圆周变异系数/0.25
			1.1.8.4 卷接和包装的总剔除率/0.15
			1.1.8.5 目标重量极差/0.10
	1.2 卷烟产品质量水平/0.15	1.2.1 卷制与包装质量水平/0.65	1.2.1.1 烟支含水率标准偏差/0.10
			1.2.1.2 烟支含末率变异系数/0.10
			1.2.1.3 端部落丝量变异系数/0.05
			1.2.1.4 烟支重量变异系数/0.20
			1.2.1.5 烟支吸阻变异系数/0.20
			1.2.1.6 烟支硬度变异系数/0.10
			1.2.1.7 烟支圆周变异系数/0.15
			1.2.1.8 卷制与包装质量得分/0.10
		1.2.2 烟气质量水平/0.35	1.2.2.1 批内烟气焦油量变异系数/0.50
			1.2.2.2 批内烟气烟碱量变异系数/0.30
			1.2.2.3 批内烟气 CO 量变异系数/0.20
	1.3 设备保障能力/0.15	1.3.1 设备稳定性/0.50	1.3.1.1 制丝主线百小时故障停机次数/0.25
			1.3.1.2 卷接包设备有效作业率/0.50
			1.3.1.3 滤棒成型设备有效作业率/0.25
		1.3.2 非稳态指数/0.50	1.3.2.1 松散回潮非稳态指数/0.30
			1.3.2.2 烟片（叶丝）加料非稳态指数/0.30
			1.3.2.3 叶丝干燥非稳态指数/0.40

一级指标/权重	二级指标/权重	三级指标/权重	四级指标/权重	
1 工艺质量水平/0.40	1.4 公辅配套保障能力/0.10	1.4.1 蒸汽质量/0.35	1.4.1.1 蒸汽压力标准偏差/0.50	
			1.4.1.2 蒸汽过热度极差/0.50	
		1.4.2 真空质量/0.05	1.4.2.1 真空压力变异系数/1.00	
		1.4.3 压缩空气质量/0.15	1.4.3.1 压缩空气压力标准偏差/1.00	
		1.4.4 工艺水质量/0.15	1.4.4.1 工艺水压力标准偏差/0.70	
			1.4.4.2 工艺水硬度/0.30	
		1.4.5 关键区域环境温湿度稳定性/0.30	1.4.5.1 贮叶环境温度标准偏差/0.10	
			1.4.5.2 贮叶环境湿度标准偏差/0.15	
			1.4.5.3 贮丝环境温度标准偏差/0.10	
			1.4.5.4 贮丝环境湿度标准偏差/0.15	
			1.4.5.5 卷接包环境温度标准偏差/0.10	
			1.4.5.6 卷接包环境湿度标准偏差/0.15	
			1.4.5.7 辅料平衡库环境温度标准偏差/0.10	
			1.4.5.8 辅料平衡库环境湿度标准偏差/0.15	

附表 A-2 生产效能条目权重及分值

一级指标/权重	二级指标/权重	三级指标/权重	四级指标/权重
2 生产效能水平/0.25	2.1 卷包设备运行效率/0.20	2.1.1 卷接包设备运行效率/0.80	—
		2.1.2 滤棒成型设备运行效率/0.15	—
		2.1.3 超龄卷接包设备运行效率/0.05	

一级指标/权重	二级指标/权重	三级指标/权重	四级指标/权重
2 生产效能水平/0.25	2.2 制丝综合有效作业率/0.10	2.2.1 烟片处理综合有效作业率/0.35	—
		2.2.2 制叶丝综合有效作业率/0.35	—
		2.2.3 掺配加香综合有效作业率/0.30	—
	2.3 设备运行维持费用/0.10	2.3.1 单位产量设备维持费用/1.00	—
	2.4 原材料利用效率/0.30	2.4.1 原料消耗/0.55	2.4.1.1 耗丝偏差率/0.40
			2.4.1.2 出叶丝率/0.40
			2.4.1.3 出梗丝率/0.10
			2.4.1.4 出膨丝率/0.10
		2.4.2 卷烟材料消耗/0.45	2.4.2.1 单箱耗嘴棒量/0.40
			2.4.2.2 单箱耗卷烟纸量/0.30
			2.4.2.3 单箱耗商标纸（小盒）量/0.30
	2.5 能源利用效率/0.20	2.5.1 单位产量综合能耗/0.50	—
		2.5.2 耗水量/0.20	—
		2.5.3 动力设备运行能效/0.30	2.5.3.1 压缩空气系统电气比/0.75
			2.5.3.2 配电系统节能技术应用/0.25
	2.6 在岗职工人均劳动生产率/0.10	—	—

附表 A-3　安全、健康、环保和清洁生产水平条目权重及分值

一级指标/权重	二级指标/权重	三级指标/权重	四级指标/权重
3 绿色生产水平/0.10	3.1 职业健康与安全生产/0.55	3.1.1 作业现场噪声/0.20	—
		3.1.2 作业现场粉尘浓度/0.20	—
		3.1.3 企业安全标准化达标等级/0.60	—
	3.2 环境影响与清洁生产/0.45	3.2.1 单箱化学需氧量排放量/0.20	—
		3.2.2 氮氧化物排放浓度/0.10	—
		3.2.3 二氧化硫排放浓度/0.10	—
		3.2.4 单箱二氧化碳排放量/0.15	—
		3.2.5 厂界噪声/0.10	—
		3.2.6 锅炉排放颗粒物浓度/0.10	—
		3.2.7 异味排放浓度/0.10	—
		3.2.8 清洁生产等级/0.15	—

附表 A-4　智能制造水平条目权重及分值

一级指标/权重	二级指标/权重	三级指标/权重	四级指标/权重
4 智能制造水平/0.25	4.1 信息支撑/0.20	4.1.1 网络环境/0.50	4.1.1.1 网络覆盖及互联互通能力/0.40
			4.1.1.2 网络安全保障能力/0.60
		4.1.2 信息融合/0.50	4.1.2.1 数据交换能力/0.10
			4.1.2.2 数据融合能力/0.20
			4.1.2.3 各系统集成水平/0.70
	4.2 生产/0.40	4.2.1 计划调度/0.20	4.2.1.1 计划编制/0.60
			4.2.1.2 生产调度/0.40
		4.2.2 生产控制/0.20	—
		4.2.3 质量控制/0.60	4.2.3.1 标准管理数字化水平/0.10
			4.2.3.2 质量数据应用水平/0.50
			4.2.3.3 防差错能力/0.20
			4.2.3.4 批次追溯能力/0.20

一级指标/权重	二级指标/权重	三级指标/权重	四级指标/权重
4 智能制造水平/0.25	4.3 物流/0.20	4.3.1 仓储管理/0.50	4.3.1.1 货位管理能力/0.40
			4.3.1.2 物料管理能力/0.60
		4.3.2 配送管理/0.50	4.3.2.1 配送自动化水平/0.40
			4.3.2.2 配送管控能力/0.60
	4.4 管理/0.20	4.4.1 设备管理/0.40	4.4.1.1 设备运行状态监控能力/0.40
			4.4.1.2 设备故障诊断能力/0.30
			4.4.1.3 设备全生命周期管理/0.30
		4.4.2 能源管理/0.40	4.4.2.1 能源供应状态监视水平/0.30
			4.4.2.2 能源供应异常预警能力/0.40
			4.4.2.3 能源供应调度水平/0.30
		4.4.3 安全环境管理/0.20	4.4.3.1 综合管理信息化水平/0.30
			4.4.3.2 安、消防技防水平/0.50
			4.4.3.3 环境指标监视能力/0.20

附录 B 损耗记录表

附表 B-1 叶线损耗记录表

序号	项目	实际重量（kg）	含水率（%）	标准重量（kg）	备注
一、投入量					
1	投料重量（片烟）				
2	投料重量（梗丝）				
3	烟梗折算投料量				
4	烟叶投入合计				
5	烟草原料投入合计				
二、退出可用物					
1	切丝机退出物				
2	切丝机后取样				
3	烟丝加香后取样				
	合计				
三、产出量					
1	产出叶丝量（烘丝后皮带秤累积重量）				
2	产出烟丝量（加香后累积重量）				
四、过程损耗					
1	除杂剔除物（风选、麻丝剔除、光谱除杂）				
2	加料前筛出烟末				
3	切丝机前筛分烟末				
4	切丝料头料尾				
5	烘丝料头料尾				
6	加香前筛出物				

续表

序号	项目	实际重量（kg）	含水率（%）	标准重量（kg）	备注
四、过程损耗					
7	烘丝机除尘灰土				
8					
9					
	……				
	合计				
	损耗比例				
五、出丝率					
1	出叶丝率（投入产出法）				
2	出烟丝率（投入产出法）				

注：标准重量按 12.0% 含水率折算。

附表 B-2　梗线损耗记录表

序号	项目	实际重量（kg）	含水率（%）	标准重量（kg）	备注
一、投入量					
1	烟梗投料量				
	实际投入量				
二、产出量					
1	产出梗丝量				
三、过程损耗					
1	切梗机退出物料				
2	烘梗丝后风选梗签				
3	加香前筛出物				
	合计				
	损耗比例				
四、出丝率					
1	出梗丝率（投入产出法）				

附表 B-3　卷接包生产线生产过程消耗汇总表

卷烟牌号		批次号		测试日期	

一、投入烟丝量

烟叶耗量（kg）		标准重量按 12.0% 含水率折算
烟丝耗量（kg）		贮丝柜烟丝重量-贮丝柜出口筛出物重量

二、成品产出量

成品烟（箱）	
检测用烟（箱）	
半成品合格卷烟（箱）	
产出成品总量（箱）	
净烟丝（mg/支）	

三、卷包过程损耗量

废烟量（kg）		卷烟机、包装机（不含可用烟支）
卷烟机梗签剔除量（kg）		

四、过程消耗计算

单箱耗丝（kg/箱）		
单箱耗叶（kg/箱）		
总损耗率（%）（投入产出法）		制丝、卷包总损耗
原料利用率（%）（投入产出法）		
排出物总量（kg）（制丝及卷包）		
总损耗率（%）（工艺损耗法）		
原料利用率（%）（工艺损耗法）		

辅助材料

项目	实际用量	单箱消耗量	损耗率（%）
卷烟纸（米）			
接装纸（kg）			
滤棒（支）			
小盒（张）			
条盒（张）			

测试人员签字：

注：标准重量按 12.0% 含水率折算。

附 录 C 定 量 指 标 记 录 表

定量指标记录表

序号	定量指标	指标单位	计算口径	指标特性	上限值	下限值	设定中心值	设定上限	设定下限	最大值	最小值	平均值	标偏	变异系数	测评得分
1.1.1.1	松散回潮工序流量变异系数	%	测试批烟片流量标准偏差/均值	望小	0.01	1									
	松散回潮机加水流量变异系数	%	测试批松散回潮机加水总流量标准偏差/均值	望小	5	15									
1.1.1.2	松散回潮出口物料含水率标准偏差	%	测试批松散回潮后烟片含水率的标准偏差	望小	0.05	1									
	松散回潮机热风温度变异系数	%	测试批进风（或回风）温度标准偏差/均值	望小	0.5	4									
1.1.1.3	松散回潮机排潮负压变异系数	%	测试批排潮负压的标准偏差/均值（排潮负压均值取绝对值计算）	望小	10	100									
1.1.1.4	松散回潮出口物料料温标准偏差	℃	测试批松散回潮工序出料口物料温度的标准偏差	望小	0.5	2									

序号	定量指标	指标单位	计算口径	指标特性	上限值	下限值	设定中心值	设定上限	设定下限	最大值	最小值	平均值	标偏值	变异系数	测评得分
1.1.1.5	加料工序流量变异系数	%	测试批烟片流量标准偏差/均值	望小	0.01	0.2									
	加料机排潮负压变异系数	%	测试批排潮负压或标准偏差/均值（排潮负压均值取绝对值计算）	望小	10	100									
1.1.1.6	加料机排潮开度变异系数	%	测试批排潮开度标准偏差/均值	望小	1	5									
	加料机循环风机频率变异系数	%	测试批循环风机频率标准偏差/均值	望小	0.5	5									
	加料机热风温度变异系数	%	测试批回风温度标准偏差/均值	望小	0.5	4									
1.1.1.7	加料出口物料温度标准偏差	℃	测试批加料工序出料口物料温度的标准偏差	望小	0.5	2									
1.1.1.8	加料出口物料含水率标准偏差	%	测试批加料工序出料口物料含水率的标准偏差	望小	0.05	1									
1.1.1.9	总体加料精度	%	测试批设定加料比例与实际加料比例之差的绝对值与设定加料比例的比值	望小	0.01	0.2									
1.1.1.10	加料比例变异系数	%	测试批瞬时加料比例标准偏差与平均加料比例的比值	望小	0.01	1									

序号	定量指标	指标单位	计算口径	指标特性	上限值	下限值	设定中心值	设定上限	设定下限	最大值	最小值	平均值	标偏	变异系数	测评得分
1.1.2.1	叶丝宽度标准偏差	mm	用蜡棒法或投影法检测切丝机出口叶丝宽度，取样30个，每次3次，计算标准偏差	望小	0.03	0.1									
1.1.2.2	叶丝干燥工序流量变异系数	%	测试批叶丝干燥工序叶丝流量标准偏差/均值	望小	0.01	0.2									
1.1.2.3	叶丝干燥入口物料含水率标准偏差	%	测试批叶丝干燥工序入口（如无水分仪，评价增温增湿前含水率为准）物料含水率的标准偏差	望小	0.05	0.4									
	滚筒干燥机筒壁温度标准偏差	℃	测试批滚筒干燥机筒壁温度标准偏差	望小	0.2	1.5									
1.1.2.4	气流干燥工艺气体温度变异系数	%	测试批气流干燥工序工艺气体温度标准偏差/均值（提供一批历史原始数据）	望小	0.2	2									
	滚筒干燥机热风温度标准偏差	℃	测试批滚筒干燥机热风温度标准偏差	望小	0.1	1									
1.1.2.5	气流干燥工艺气体流量变异系数	%	测试批气流干燥工序工艺气体流量标准偏差/均值（提供一批历史原始数据）	望小	0.1	1									

续表

序号	定量指标	指标单位	计算口径	指标特性	上限值	下限值	设定中心值	设定上限	设定下限	最大值	最小值	平均值	标偏	变异系数	测评得分
1.1.2.6	滚筒干燥机热风风速标准偏差	m/s	测试批滚筒干燥机热风风速标准偏差	望小	0.005	0.1									
	气流干燥蒸汽流量变异系数	%	测试批气流干燥蒸汽流量标准偏差/均值(提供一批历史原始数据)	望小	0.2	4									
	滚筒干燥机排潮负压变异系数	%	测试批滚筒干燥机排潮负压标准偏差/均值(负压均值取绝对值计算,正值剔除)	望小	10	100									
1.1.2.7	气流干燥系统内负压变异系数	%	测试批气流干燥工序系统内负压标准偏差/均值(负压均值取绝对值计算)(提供一批历史原始数据)	望小	10	100									
1.1.2.8	叶丝干燥出口物料温度标准偏差	℃	测试批叶丝干燥工序出料口(或叶丝风选后)物料温度的标准偏差	望小	0.5	2									
1.1.2.9	叶丝干燥出口物料含水率标准偏差	%	测试批叶丝干燥工序出料口物料含水率水平的标准偏差	望小	0.05	0.4									

序号	定量指标	指标单位	计算口径	指标特性	上限值	下限值	设定中心值	设定上限	设定下限	最大值	最小值	平均值	标偏	变异系数	测评得分
1.1.3.1	掺配丝总体掺配精度	%	测试批设定掺配比例与实际掺配比例的比值之差的绝对值的比值（梗丝）	望小	0.01	0.2									
1.1.3.2	掺配比例变异系数	%	测试批瞬时掺配比例标准偏差与平均掺配比例的比值	望小	0.01	1									
1.1.3.3	加香工序流量变异系数	%	测试批烟丝流量标准偏差与均值	望小	0.01	1									
1.1.3.4	总体加香精度	%	测试批设定加香比例与实际加香比例的比值之差的绝对值的比值	望小	0.01	0.2									
	加香比例变异系数	%	测试批瞬时加香比例标准偏差与平均加香比例的比值	望小	0.01	1									
1.1.4.1	烟丝含水率标准偏差	%	测试批加香工序出口物料含水率的标准偏差	望小	0.05	0.4									
1.1.4.2	烟丝整丝率标准偏差	%	按照 YC/T 178 检测整丝率。取测试批同牌号测试前 30 个批次的历史数据，计算整丝率标准偏差	望小	0.5	2									

序号	定量指标	指标单位	计算口径	指标特性	上限值	下限值	设定中心值	设定上限	设定下限	最大值	最小值	平均值	标偏	变异系数	测评得分
1.1.4.3	烟丝碎丝率标准偏差	%	按照YC/T 178检测碎丝率。取测试批同牌号测试前30个批次的历史数据,计算碎丝率标准偏差	望小	0.05	0.5									
1.1.4.4	烟丝填充值标准偏差	cm³/g	按照YC/T 152检测填充值。取测试批同牌号测试前30个批次的历史数据,计算填充值标准偏差	望小	0.05	0.3									
1.1.5.1	梗丝加料总体加料精度	%	测试批设定加料比例与实际加料比例之差的绝对值与设定加料比例的比值	望小	0.01	0.2									
1.1.5.2	梗丝干燥工序流量变异系数	%	测试批梗丝流量标准偏差÷均值	望小	0.01	0.2									
1.1.5.3	梗丝干燥出口物料温度标准偏差	℃	测试批梗丝干燥工序出料口物料温度的标准偏差	望小	0.5	2									
1.1.5.4	梗丝干燥出口物料含水率标准偏差	%	测试批梗丝干燥工序出料口(或梗丝风选后)物料含水率的标准偏差	望小	0.05	0.4									

序号	定量指标	指标单位	计算口径	指标特性	上限值	下限值	设定中心值	设定上限	设定下限	最大值	最小值	平均值	标偏	变异系数	测评得分
1.1.5.5	梗丝整丝率标准偏差	%	按照YC/T 178检测整丝率。取测试批同牌号测试前30个批次的历史数据，计算整丝率标准偏差	望小	0.5	2									
1.1.5.6	梗丝碎丝率标准偏差	%	按照YC/T 178检测碎丝率。取测试批同牌号测试前30个批次的历史数据，计算碎丝率标准偏差	望小	0.05	0.5									
1.1.5.7	梗丝填充值标准偏差	cm³/g	按照YC/T 163检测填充值。取测试批同牌号测试前30个批次的历史数据，计算填充值标准偏差	望小	0.05	0.5									
1.1.6.1	膨丝回潮出口物料含水率标准偏差	%	测试批膨丝回潮出口（或叶丝风选后）物料含水率的标准偏差	望小	0.05	0.4									
1.1.6.2	膨丝整丝率标准偏差	%	按照YC/T 178检测整丝率。取测试批同牌号测试前30个批次的历史数据，计算整丝率标准偏差	望小	0.5	2									
1.1.6.3	膨丝碎丝率标准偏差	%	按照YC/T 178检测碎丝率。取测试批同牌号测试前30个批次的历史数据，计算碎丝率标准偏差	望小	0.05	0.5									

续表

序号	定量指标	指标单位	计算口径	指标特性	上限值	下限值	设定中心值	设定上限	设定下限	最大值	最小值	平均值	标偏	变异系数	测评得分
1.1.6.4	膨丝填充值标准偏差	cm³/g	按照 YC/T 152 检测填充值。取测试批同牌号测试前 30 个批次的历史数据，计算填充值标准偏差	望小	0.05	0.5									
1.1.7.1	滤棒压降变异系数	%	按照 GB/T 22838 检测滤棒压降。取样 3 次，每次随机抽取 30 支测试期间所产滤棒（自产），逐支检测压降，计算压降标准偏差/均值	望小	2	5									
1.1.7.2	滤棒长度变异系数	%	按照 GB/T 22838 检测滤棒长度。取样 3 次，每次随机抽取 30 支测试期间所产滤棒（自产），逐支检测长度，计算长度标准偏差/均值	望小	0.05	0.2									
1.1.7.3	滤棒硬度变异系数	%	按照 GB/T 22838 检测滤棒硬度。取样 3 次，每次随机抽取 30 支测试期间所产滤棒（自产），逐支检测硬度，计算硬度标准偏差/均值	望小	1	2									

序号	定量指标	指标单位	计算口径	指标特性	上限值	下限值	设定中心值	设定上限	设定下限	最大值	最小值	平均值	标偏	变异系数	测评得分
1.1.7.4	滤棒圆度圆周比	%	按照 GB/T 22838 检测滤棒圆度、圆周。取样期间所产滤棒随机抽取 30 支测试检测圆度和圆周,逐支检测圆度值,计算圆度均值/圆周均值	望小	1	2									
1.1.7.5	滤棒圆周变异系数	%	按照 GB/T 22838 检测滤棒圆周。取样期间所产滤棒随机抽取 30 支(自产),逐支检测圆周,计算标准偏差/均值	望小	0.1	0.2									
1.1.8.1	无嘴烟支重量变异系数	%	以随机取样方式,取测试批无嘴烟支 30 支,逐支检测重量,计算标准偏差/均值	望小	2.5	5									
1.1.8.2	有嘴烟支吸阻变异系数	%	按照 GB/T 22838 检测有嘴烟支吸阻。同一台机组取样 30 支,随机抽取有嘴烟支,逐支检测吸阻,计算标准偏差/均值	望小	2.5	8									

序号	定量指标	指标单位	计算口径	指标特性	上限值	下限值	设定中心值	设定上限	设定下限	最大值	最小值	平均值	标偏	变异系数	测评得分
1.1.8.3	有嘴烟支圆周变异系数	%	按照 GB/T 22838 检测有嘴烟支圆周。同一台机组取样 3 次，随机抽取 30 支测试批有嘴烟支，逐支检测圆周，计算标准偏差/均值	望小	0.15	0.5									
1.1.8.4	卷接和包装的总剔除率	%	测试批测试机组卷接包装总剔除烟支数/卷烟机总用烟支不计入剔除数量（包装机组可用烟支总剔除数量）	望小	0.5	2									
1.1.8.5	目标重量极差	mg	按成品重量取样方式，取测试牌号同机型所有机组的无嘴烟支，得到各机台单支平均重量，计算各机台间极差	望小	5	15									
1.2.1.1	烟支含水率标准偏差	%	按照 GB/T 22838 检测烟支含水率。取测试批同牌号测试前 30 个样本的成品检测历史数据，计算含水率标准偏差	望小	0.1	0.2									

序号	定量指标	指标单位	计算口径	指标特性	上限值	下限值	设定中心值	设定上限	设定下限	最大值	最小值	平均值	标偏	变异系数	测评得分
1.2.1.2	烟支含末率变异系数	%	按照 GB/T 22838 检测烟支含末率。取测试批同牌号测试前 30 个样本的成品检测历史数据，计算含末率标准偏差/均值	望小	10	30									
1.2.1.3	端部落丝量变异系数	%	按照 GB/T 22838 检测端部落丝量。取测试批同牌号测试前 30 个样本的成品检测历史数据，计算端部落丝量标准偏差/均值	望小	20	100									
1.2.1.4	烟支重量变异系数	%	按照 GB/T 22838 检测测试批测试机组成品检测烟支重量，测试批所有机台各取一组卷烟样本，每组 30 支，计算所有样本的标准偏差/均值	望小	1.5	3									
1.2.1.5	烟支吸阻变异系数	%	按照 GB/T 22838 检测测试批测试机组成品检测烟支吸阻，测试批所有机台各取一组卷烟样本，每组 30 支，计算所有样本的标准偏差/均值	望小	1.5	5									

序号	定量指标	指标单位	计算口径	指标特性	上限值	下限值	设定中心值	设定上限	设定下限	最大值	最小值	平均值	标偏	变异系数	测评得分
1.2.1.6	烟支硬度变异系数	%	按照 GB/T 22838 检测测试批测试所有机台各取一组成品卷烟硬度，测试批样本，每组 30 支，计算所有样本的标准偏差/均值	望小	3	5									
1.2.1.7	烟支圆周变异系数	%	按照 GB/T 22838 检测测试批测试所有机台各取一组成品卷烟圆周，测试批样本，每组 30 支，计算所有样本的标准偏差/均值	望小	0.15	0.3									
1.2.1.8	卷制与包装质量得分		以中烟公司抽查检验得分，取测试批同牌号最近一次抽检得分	望大	100	90									
1.2.2.1	批内烟气焦油量变异系数	%	按照 GB/T 19609 检测测试批测试所有机台成品卷烟气焦油量，同一机台取样，取样数量 20 组，计算标准偏差/均值	望小	1	5									

序号	定量指标	指标单位	计算口径	指标特性	上限值	下限值	设定中心值	设定上限	设定下限	最大值	最小值	平均值	标准偏差	变异系数	测评得分
1.2.2.2	批内烟气烟碱量变异系数	%	按照 GB/T 23355 检测测试批测试机组成品卷烟烟碱，同一机台取样，取样数量 20 组，计算标准偏差/均值	望小	1	5									
1.2.2.3	批内烟气CO量变异系数	%	按照 GB/T 23356 检测测试批测试机组成品卷烟气CO量，同一机台取样，取样数量 20 组，计算标准偏差/均值	望小	1	5									
1.3.1.1	制丝主线百小时故障停机次数	次/百小时	统计所测测试制丝主生产线前 3 个月生产数据，计算各工段（烟片处理、制叶丝、掺配加香）故障停机总次数/各工段加工时间总和。故障停机为百小时故障停机次数，故障停机包含设备原因、动能原因、人为原因和堵料等非预期停机	望小	0.2	0.6									

序号	定量指标	指标单位	计算口径	指标特性	上限值	下限值	设定中心值	设定上限	设定下限	最大值	最小值	平均值	标偏	变异系数	测评得分
1.3.1.2	卷接包设备有效作业率	%	随机抽取一套卷接包机组，计算测试前一周该机组实际产量/设备额定产能。计算额定生产时间时按实际生产时间，额定轮剥除。额定包联机中能以卷接或包装额定产能较低的作为基准 额定速度≥14000支/分钟	望大	100	85									
			10000支/分钟≤额定速度<14000支/分钟	望大	100	50									
			额定速度<10000支/分钟	望大	100	60									
1.3.1.3	滤棒成型设备有效作业率	%	随机抽取一套成型机组，取该机组测试前一周实际产量/设备额定产能	望大	100	50									
1.3.2.1	松散回潮非稳态指数	%	测试批设备加工过程中非稳态时间/加工总时间，非稳态时间指生产过程中工序出口含水率超出指标期望范围或处于非稳定生产状态（料头、料尾、断料及数据异常等）持续的时间	望小	1.5	5									
1.3.2.2	烟片（叶丝）加料非稳态指数	%		望小	1.5	5									
1.3.2.3	叶丝干燥非稳态指数	%		望小	1.5	5									

序号	定量指标	指标单位	计算口径	指标特性	上限值	下限值	设定中心值	设定上限	设定下限	最大值	最小值	平均值	标偏值	变异系数	测评得分
1.4.1.1	蒸汽压力标准偏差	MPa	测试批叶丝干燥蒸汽供汽压力的标准偏差，样本量不少于30	望小	0.01	0.1									
1.4.1.2	蒸汽过热度极差	℃	统计测试批叶丝干燥蒸汽供汽压力、温度数据，计算过热度极差，样本量不少于30	望小	0.3	1									
1.4.2.1	真空压力变异系数	%	测试批真空缓冲罐出口真空压力的标准偏差/均值，样本量不少于30	望小	0	3									
1.4.3.1	压缩空气压力标准偏差	MPa	测试批烟丝加香压缩空气供气压力的标准偏差，样本量不少于30	望小	0	0.1									
1.4.4.1	工艺水压力标准偏差	MPa	测试批松散回潮工艺水供水压力标准偏差，样本量不少于30	望小	0	0.1									
1.4.4.2	工艺水硬度	mg/L	工艺用水点采样测定水硬度（以CaCO$_3$计）	望小	0	90									
1.4.5.1	贮叶环境温度标准偏差	℃	以测试批贮叶期间同贮叶区域内，各测点采集的单点温度作为统计样本量，样本量不少于30，计算样本标准偏差	望小	0.1	2									

续表

序号	定量指标	指标单位	计算口径	指标特性	上限值	下限值	设定中心值	设定上限	设定下限	最大值	最小值	平均值	标偏	变异系数	测评得分
1.4.5.2	贮叶环境湿度标准偏差	%	以测试批贮叶期间同贮叶区域内，各测试点采集的单点湿度作为统计计算样本量，样本量不少于30，计算样本标准偏差	望小	0.5	3									
1.4.5.3	贮丝环境温度标准偏差	℃	以测试批贮丝期间同贮丝区域内，各测试点采集的单点温度作为统计计算样本量，样本量不少于30，计算样本标准偏差	望小	0.1	2									
1.4.5.4	贮丝环境湿度标准偏差	%	以测试批贮丝期间同贮丝区域内，各测试点采集的单点湿度作为统计计算样本量，样本量不少于30，计算样本标准偏差	望小	0.5	3									
1.4.5.5	卷接包环境温度标准偏差	℃	以测试批卷接包生产期间同卷接包区域内，各测试点采集的单点温度作为统计计算样本量，样本量不少于30，计算样本标准偏差	望小	0.1	2									

续表

序号	定量指标	指标单位	计算口径	指标特性	上限值	下限值	设定中心值	设定上限	设定下限	最大值	最小值	平均值	标准偏差	变异系数	测评得分
1.4.5.6	卷接包环境湿度标准偏差	%	以测试批卷接包生产期间卷接包区域内，各测试点采集的单点湿度作为统计计算样本量，样本量不少于30，计算样本标准偏差	望小	0.5	3									
1.4.5.7	辅料平衡库环境温度标准偏差	℃	以测试批卷接包生产期间辅料平衡库区域内，各测试点采集的单点温度作为统计计算样本量，样本量不少于30，计算样本标准偏差	望小	0.1	2									
1.4.5.8	辅料平衡库环境湿度标准偏差	%	以测试批卷接包生产期间辅料平衡库区域内，各测试点采集的单点湿度作为统计计算样本量，样本量不少于30，计算样本标准偏差	望小	0.5	3									
2.1.1	卷接包设备运行效率	%	以卷接包联机中卷接包装额定产能较低的作为基准，计算卷接烟产量/上年度实际生产时间×额定产能（2019年11月至2020年10月）	望大	100	50									

序号	定量指标	指标单位	计算口径	指标特性	上限值	下限值	设定中心值	设定上限	设定下限	最大值	最小值	平均值	标偏	变异系数	测评得分
2.1.2	滤棒成型设备运行效率	%	滤棒成型设备上年度实际生产时间/上年度生产同额定时间（2019年11月至2020年10月）	望大	100	50									
2.1.3	超龄卷接包设备运行效率	%	以超龄卷接包（10年，财务口径）联机中卷接或装包额定产能较低的设备上作为基准，计算超龄卷接包设备上年度卷烟产量/上年度超龄卷接机组实际生产时额定产能（2019年11月至2020年10月）	望大	90	40									
2.2.1	烟片处理综合有效作业率	%	测试前一个月测试生产线产量/（生产设备运行总时间×生产线额定生产能力）	望大	85	50									
2.2.2	制叶丝综合有效作业率	%		望大	85	50									
2.2.3	掺配加香综合有效作业率	%		望大	85	50									
2.3.1	单位产量设备维持费用	元/万支	按照YC/T 579计算，单位产量设备维持费用=（资本性维修费用+费用性委外维修费用+备件消耗费用）/设备产量	望小	10	40									

序号	定量指标	指标单位	计算口径	指标特性	上限值	下限值	设定中心值	设定上限	设定下限	最大值	最小值	平均值	标偏	变异系数	测评得分
2.4.1.1	耗丝偏差率	%	（投入烟丝总重量-测试批投入烟丝产出的合格成品所含净烟重量）/投入烟丝总重量（贮丝柜出口如有筛出物，单独计量后剔除）	望小	5	10									
2.4.1.2	出叶丝率	%	测试批产出叶丝标准重量/投料烟片（含片烟、再造烟叶等）标准重量	望大	100	90									
2.4.1.3	出梗丝率	%	测试批产出梗丝标准重量/投料烟梗标准重量	望大	100	80									
2.4.1.4	出膨丝率	%	测试批产出膨丝标准重量/投料片烟标准重量	望大	100	80									
2.4.2.1	单箱耗嘴棒量	支/箱	测试批实际卷烟嘴棒消耗量/合格成品数量	望小	12500	12800									
2.4.2.2	单箱耗卷烟纸量	米/箱	测试批实际卷烟纸消耗量/合格成品数量，无嘴烟支长度按照59mm/支折算	望小	2950	3050									

序号	定量指标	指标单位	计算口径		指标特性	上限值	下限值	设定中心值	设定上限	设定下限	最大值	最小值	平均值	标偏	变异系数	测评得分
2.4.2.3	单箱耗商标纸（小盒）量	张/箱	测试批实际成品数量/合格成品量（小盒）消耗		望小	2500	2550									
2.5.1	单位产量综合能耗	kgce/箱	上年度卷烟生产过程及其生产区域生活的能源消耗的总和/卷烟生产总量（自产）	冬季供暖	望小	10	25									
				冬季不供暖	望小	7.5	22.5									
2.5.2	耗水量	m³/万支	上年度卷烟生产过程及其生产区域生活取用新水总量/卷烟生产总量（自产）		望小	0.1	0.2									
2.5.3.1	锅炉系统煤气比	kgce/t	上年度锅炉系统消耗天然气、柴油、电等总量（折算成标准煤）/锅炉系统生产蒸汽量（不含除氧器耗汽量）		望小	80	110									
2.5.3.2	压缩空气系统电气比	kW·h/Nm³	压缩空气系统（含干燥机、冷却塔和水泵）电气比，上年度压缩空气系统消耗的电量/压缩空气系统生产的压缩空气量		望小	0.1	0.2									

序号	定量指标	指标单位	计算口径	指标特性	上限值	下限值	设定中心值	设定上限	设定下限	最大值	最小值	平均值	标偏	变异系数	测评得分
2.5.3.3	制冷系统性能系数	无量纲	制冷系统获得的冷量（含冷却塔、冷冻、冷却水泵）耗的电量/制冷系统消取运行负荷最大月份的系统性能能系数	望大	5	2.5									
2.6	在岗职工人均劳动生产率	箱/人	上年度卷烟生产总量（自产）/全厂月度平均在岗职工人数	望大	800	100									
3.1.1	作业现场噪声	个	根据最近一次第三方检测的作业现场噪声，统计8h或40h等效声级超标点位数量	望小	0	5									
3.1.2	作业现场粉尘浓度	个	根据最近一次第三方检测的作业现场粉尘全时加权平均浓度CTWA，统计接触人员岗位（按岗位工时加权平均浓度CTWA），统计超标点位数量	望小	0	5									
3.2.1	单箱化学需氧量排放量	g/箱	$\sum$ 第三方检测报告各废水排放口浓度×年废水排放量/年卷烟生产总量（自产）	望小	0	20									

序号	定量指标	指标单位	计算口径	指标特性	上限值	下限值	设定中心值	设定上限	设定下限	最大值	最小值	平均值	标偏	变异系数	测评得分
3.2.2	氮氧化物排放浓度	mg/m³	最近一次第三方检测锅炉的氮氧化物平均排放浓度	望小	50	150									
3.2.3	二氧化硫排放浓度	mg/m³	最近一次第三方检测锅炉的二氧化硫平均排放浓度	望小	0	50									
3.2.4	单箱二氧化碳排放量	kg/箱	上年度二氧化碳排放总量/年卷烟生产总量（自产）	望小	9	15									
3.2.6	锅炉排放颗粒物浓度	mg/m³	最近一次第三方检测的锅炉排放颗粒物平均浓度	望小	5	20									

注：①测评记录项中，非所有指标均填写内容，各指标根据计算口径及评分标准选择填写数据；②对于计算标准偏差、变异系数等的指标，样品数据量宜不小于30个。

附录 D 定性指标记录表

定性指标评分标准及测评记录表

序号	定性指标	评价域	评分标准	主要测评结论	测评得分
2.5.3.4	配电系统节能技术应用	是否具备谐波治理措施；是否采用 GB 20052 的能效目标值的变压器	1 具备谐波治理措施；50 分 2 采用 GB 20052—2006 的能效目标值或节能评价值的变压器；50 分		
3.1.3	企业安全标准化达标等级	政府部门公示的企业安全生产标准化等级	1 三级（地市级）达标；0 分 2 二级（省级）达标；60 分 3 一级（国家级）达标；100 分		
3.2.5	厂界噪声	最近一次第三方检测的工业企业厂界噪声	1 不符合 GB 12348 要求；0 分 2 符合 GB 12348 要求；100 分		
3.2.7	异味排放浓度	最近一次第三方检测的有组织排放的异味气体臭气浓度	1 不符合 GB 14554 要求；0 分 2 符合 GB 14554 要求；100 分		
3.2.8	清洁生产等级	按照 YC/T 199 评价卷烟工厂清洁生产等级	1 A 级；0 分 2 AA 级；60 分 3 AAA 级；80 分 4 AAAA 级；100 分		

续表

序号	定性指标	评价域	评分标准	主要测评结论	测评得分
4.1.1.1	网络覆盖及互联互通能力	对无线网络覆盖情况和网络互联互通能力进行评价	1 实现无线网络的室内全覆盖；50分（1.1 实现无线网络的办公区全覆盖；20分 1.2 实现无线网络的生产区域全覆盖；20分 1.3 实现无线网络的仓储区域全覆盖；10分） 2 实现无线网络的厂区全覆盖；20分 3 实现生产网和企业网的互联互通；30分（3.1 实现生产网和管理网的互联互通；15分 3.2 实现生产5G融合能力；15分）		
4.1.1.2	网络安全保障能力	对网络的关键设备冗余、安全防范、态势分析以及数据安全保障能力进行评价	1 实现关键网络节点（汇聚）的设备冗余；30分（1.1 实现汇聚层关键网络节点的设备冗余；15分 1.2 实现核心层关键网络节点的设备冗余；15分） 2 实现网络安全的基本防范；30分（2.1 根据安全重要程度实现安全分区分域管理；10分 2.2 实现网络数据流量异常监测和安全审计；10分 2.3 实现关键主机设备安全防护；10分） 3 实现整体的安全态势分析；20分 4 实现重要数据的安全防护；20分		
4.1.2.1	数据交换能力	对数据交互规范、平台统一性和异常报警的水平进行评价	1 制定信息系统的数据交互规范；40分 2 实现数据交互的统一监控；40分（2.1 实现数据交互的统一监测；20分 2.2 实现异常数据交互的统一监测；20分） 3 实现数据交互异常的自动报警；20分		

序号	定性指标	评价域	评分标准	主要测评结论	测评得分
4.1.2.2	数据融合能力	对数据字典规范、数据服务和共享水平进行评价	1 制定统一的数据字典规范；30分 2 实现基础数据的统一服务；40分（2.1 实现基础数据的统一服务发布；20分 2.2 实现基础数据的统一服务鉴权；10分 2.3 实现基础数据的统一服务生命周期管理；10分） 3 建立统一的数据共享中心；30分（3.1 实现统一的共享数据存储；10分 3.2 实现数据的开放共享；10分 3.3 实现数据的分析决策应用；10分）		
4.1.2.3	各系统的集成水平	对各应用系统间的信息集成水平进行评价	1 实现生产制造执行系统与制丝、卷包、能源集控系统的集成；50分（1.1 实现生产制造执行系统与制丝系统的集成；20分 1.2 实现生产制造执行系统与卷包系统的集成；20分 1.3 实现生产制造执行系统与能源管理系统的集成；10分） 2 实现生产制造执行系统与各物流高架库系统的集成；30分（2.1 实现生产制造执行系统与制丝系统高架库系统的集成；15分 2.2 实现生产制造执行系统与卷包各高架库系统的集成；15分） 3 实现生产制造执行系统与ERP系统的集成；10分 4 实现生产制造执行系统与产品设计系统的集成；10分		

序号	定性指标	评价域	评分标准	主要测评结论	测评得分
4.2.1.1	计划编制	对生产计划排产和原材料预约的自动化能力进行评价	1 对自动排产功能能的在用情况进行评价；40 分（制丝排产、卷包排产和原辅料预约方面的应用情况。1.1 制丝排产在用；15 分 1.2 卷包排产自动预约在用；10 分）2 对排产计划可执行性进行评价；40 分（需人工辅助调整后执行；25 分 可直接执行；40 分）3 对智能排产水平进行评价，排产计划可根据实际执行情况自学习，自修正；20 分		
4.2.1.2	生产调度	对卷烟生产调度的自动化能力进行评价	1 根据生产计划，实现作业指令的自动分解下发；30 分（1.1 卷包工序；15 分 1.2 制丝工序；15 分）2 对工单自动下发覆盖面进行评价；40 分（2.1 制丝工序；20 分 2.2 卷包机组；20 分）3 实现工单标准作业指令同步下达；30 分（3.1 制丝工序；15 分 3.2 卷包工序；15 分）		
4.2.2	生产控制	对生产运行状态、计划完成情况和异常状态的信息获取能力进行评价	1 实现生产执行状态的数据采集；20 分 2 实现生产执行状态的可视化监视；20 分 3 实现生产执行进度异常的自动报警；30 分 4 实现生产运行状态的自动分析；30 分		

续表

序号	定性指标	评价域	评分标准	主要测评结论	测评得分
4.2.3.1	标准管理数字化水平	对信息系统中标准的管理应用水平进行评价	1 实现标准管理的信息化；20 分 2 对标准管理应用的覆盖面进行评价；60 分（2.1 工艺质量标准；20 分 2.2 检验标准；20 分 2.3 判定标准；20 分） 3 可自动接收上级部门下发的质量标准并转化为厂级质量标准；20 分		
4.2.3.2	质量数据应用水平	对质量数据的应用水平进行评价	1 实现质量数据的实时在线采集（烟丝、烟支、滤棒）；10 分 2 实现质量数据的实时可视化展示（烟丝、烟支、滤棒）；10 分 3 实现质量数据的多维分析和多级预警；30 分（3.1 实现质量数据的多维分析；15 分 3.2 实现质量数据的多级预警；15 分） 4 实现质量异常数据的联动预警；30 分 5 实现基于重大数据的控制参数自动预判预控；20 分		
4.2.3.3	防差错能力	从标准、牌号、物料三个维度对卷烟生产过程防差错能力进行评价	1 实现防差错管理的信息化；20 分 2 对防差错管理覆盖面进行评价（标准、牌号、物料）；60 分（2.1 对生产下发标准与校验牌号防差错能力进行评价；20 分 2.2 对生产牌号管理防差错能力进行评价；20 分 2.3 对投料、掺配、烟丝配送等工艺环节的物料管理防差错能力进行评价；20 分） 3 实现防差错信息周期性统计分析；20 分		

附 录 | **323**

续表

序号	定性指标	评价域	评分标准	主要测评结论	测评得分
4.1.3.4	批次追溯能力	对卷烟生产批次的追溯效率进行评价	1 实现批次追溯管理的信息化；20分 2 对批次追溯的深度进行评价；50分（2.1 厂内制丝、原材料可追溯到投料批次；20分 2.2 卷包可追溯到机组；10分 2.3 厂外原材料可追溯到产地；10分 2.4 成品可追溯到地市级公司；10分） 3 对批次追溯的效率进行评价；30分（人工辅助追溯的效率实现追溯；10分 系统一键追溯；30分）		
4.3.1.1	货位管理能力	对货位管理颗粒度和货位存储策略进行评价	1 对仓储货位管理信息系统的覆盖面进行评价；40分（1.1 原料配方库；10分 1.2 辅料库；10分 1.3 成品库；10分 1.4 滤棒库；10分） 2 实现仓储的单货位管理；30分（2.1 原料配方库；10分 2.2 辅料库；5分 2.3 成品库；10分 2.4 滤棒库；5分） 3 实现货位存储策略的灵活调整（货位和货区可实现优先级、指定专用等管理）；30分（3.1 货位和货区可实现优先级管理；15分 3.2 指定专用等管理；15分）		

324 | YC/T 587—2020《卷烟工厂生产制造水平综合评价方法》实施指南

续表

序号	定性指标	评价域	评分标准	主要测评结论	测评得分
4.3.1.2	物料管理能力	对物料仓储信息管理、存储策略和自动盘库的能力进行评价	1 对物料库存信息管理的覆盖面进行评价；20分（1.1 原料配方库；5分 1.2 辅料库；5分 1.3 成品库；5分 1.4 滤棒库；5分） 2 对物料出入库信息管理的覆盖面进行评价；20分（2.1 原料配方库；5分 2.2 辅料库；5分 2.3 成品库；5分 2.4 滤棒库；5分） 3 实现物料存储策略的灵活调整；40分（3.1 先进先出；10分 3.2 指定专用；10分 3.3 物料存储异常预警；10分 3.4 其他功能；10分） 4 实现物料的自动盘点；20分		
4.3.2.1	配送自动化水平	对物料配送自动化装备覆盖情况进行综合评价	1 对物流配送自动化装备的覆盖情况进行评价；100分（1.1 烟包输送；10分 1.2 空纸箱自动回收；10分 1.3 香糖料配送及回收；10分 1.4 掺香退料；10分 1.5 喂丝退料；10分 1.6 卷烟材料配送及回收；10分 1.7 甘油醋输送；10分 1.8 废烟支废材料回收；10分 1.9 滤棒配送；5分 1.10 丝束配送；10分 1.11 成品卷烟分拣；10分）		

附 录 | 325

续表

序号	定性指标	评价域	评分标准	主要测评结论	测评得分
4.3.2.2	配送管控能力	对物料配送信息自动获取、状态监视和异常报警能力进行评价	1 实现物流配送过程数据的自动获取（物料、时间、地点）；20分 2 实现配送过程的可视化展示；20分 3 实现配送过程状态的异常报警；30分 4 实现配送系统的智能统筹调配；30分		
4.4.1.1	设备运行状态监控能力	对设备运行状态和异常状态的信息获取能力进行评价	1 实现设备（叶丝干燥设备、卷接机、包装机、成型机）运行数据的自动获取；30分（1.1 叶丝干燥机；10分 1.2 卷接机；10分 1.3 包装机；5分 1.4 成型机；5分） 2 实现设备运行数据的可视化展示；20分 3 实现制丝设备的远程控制（回潮、加料、叶丝干燥设备、加香等）；30分 4 实现设备异常状态的自动预警；20分		
4.4.1.2	设备故障诊断能力	对设备故障诊断的智能化水平进行评价	1 实现设备故障分析的信息化；50分（1.1 制丝工序；25分 1.2 卷包工序；25分） 2 实现设备故障的多维度分析；30分（2.1 制丝工序；15分 2.2 卷包工序；15分） 3 实现基于大数据的设备故障自诊断；20分		

序号	定性指标	评价域	评分标准	主要测评结论	测评得分
4.4.1.3	设备全生命周期管理	对设备全生命周期管理的信息化水平进行评价	1 实现设备全生命周期管理的信息化；40分 2 设备全生命周期管理信息化的覆盖面：采购、使用、维修、报废；30分（2.1 采购；5分 2.2 使用；10分 2.3 维修；10分 2.4 报废；5分）3 实现设备管理的自动预警（维修、更换）；30分（3.1 维修；15分 3.2 更换；15分）		
4.4.2.1	能源供应状态监视水平	对供能设备运行信息获取、状态监视和异常报警能力进行评价	1 实现供能设备运行数据的自动获取；40分（1.1 锅炉；10分 1.2 空压；10分 1.3 制冷；5分 1.4 除尘；5分 1.5 排潮；5分 1.6 真空；5分）2 实现供能设备运行数据的可视化展示；40分 3 实现供能设备异常的自动预警；20分		
4.4.2.2	能源供应异常预警能力	对能源异常预警的精细度进行评价	1 实现生产能源的异常指标报警（对电、蒸汽、压空、真空、制冷等关键能源的异常指标报警覆盖面进行评价）；35分 2 实现末端能源指标的异常报警（对供电、蒸汽、压空、真空、制冷等末端能源的异常指标报警覆盖面进行评价）；35分 3 实现生产批次能源消耗的统计分析；15分 4 实现能源消耗异常的自动预警；15分		

序号	定性指标	评价域	评分标准	主要测评结论	测评得分
4.4.2.3	能源供应调度水平	对能源运行调度的智能化水平进行评价	1 根据生产计划，实现能源供应计划的自动生成；40分（1.1 开台数量；10分 1.2 开机时间；10分 1.3 预计供应总量；20分）2 根据生产设备实际运行情况，实现供能设备的自动关联控制；30分（2.1 空调；10分 2.2 除尘排潮；10分 2.3 真空；10分）3 实现基于大数据的空调运行自优化；30分（3.1 开台数量；10分 3.2 开机时间；10分 3.3 设备参数；10分）		
4.4.3.1	综合管理信息化水平	对安全环境综合管理的信息化覆盖情况和移动应用水平进行评价	1 实现安全综合管理的信息化覆盖；70分（1.1 危险作业管理；10分 1.2 相关方管理；10分 1.3 预警预测综合指标评价；10分 1.4 隐患排查治理；10分 1.5 培训管理；5分 1.6 安全目标管理；5分 1.7 交通管理；5分 1.8 环保管理；5分 1.9 应急物资管理；5分 1.10 事件事故管理；5分）2 实现安全管理应用的移动化；30分（2.1 危险作业管理；10分 2.2 相关方管理；10分 2.3 隐患排查治理；10分）		

续表

序号	定性指标	评价域	评分标准	主要测评结论	测评得分
4.4.3.2	安、消防技防水平	对安全防范、消防控制和跨系统安全联动的水平进行评价	1 具有安全防范系统，45 分（1.1 视频监控；15 分 1.2 入侵报警；15 分 1.3 出入口控制；15 分） 2 具有消防控制系统，并实现设备故障的远程监控和异常报警的实时提醒，35 分（2.1 设备故障的远程监控；20 分 2.2 异常报警的实时提醒；15 分） 3 具有跨系统的安全联动机制；20 分		
4.4.3.3	环境指标监视能力	对环境指标（污水、烟尘、厂界噪声）的自动采集、可视化展示和异常预警能力进行评价	1 实现环境指标数据的自动采集；60 分（1.1 污水；20 分 1.2 烟尘；20 分 1.3 厂界噪声；20 分） 2 实现环境指标的可视化展示；30 分（2.1 污水；10 分 2.2 烟尘；10 分 2.3 厂界噪声；10 分） 3 实现环境指标的异常预警；10 分		

注：测评结论由测评组专业人员填写实际测试情况，公正评价打分。

参考文献

[1] 工作场所有害因素职业接触限值　第2部分：物理因素 GBZ 2.2—2007 [S]. 中华人民共和国卫生部，2007-04-12.

[2] 污水综合排放标准 GB 8978—1996 [S]. 国家环境保护局，国家技术监督局，1996-10-04.

[3] 锅炉大气污染物排放标准 GB 13271—2014 [S]. 中华人民共和国环境保护部，中华人民共和国国家质量监督检验检疫总局，2014-05-16.

[4] 恶臭污染物排放标准 GB 14554—93 [S]. 国家环境保护局，1993-07-19.

[5] 电力变压器能效限定值及能效等级 GB 20052—2020 [S]. 国家市场监督管理总局，中国国家标准化管理委员会，2020-05-29.

[6] 工业企业厂界环境噪声排放标准 GB 12348—2008 [S]. 中华人民共和国环境保护部，中华人民共和国国家质量监督检验检疫总局，2008-08-19.

[7] 卷烟工厂生产制造水平综合评价方法 YC/T 587—2020 [S]. 国家烟草专卖局，2020-05-22.

[8] 卷烟制丝过程数据采集与处理指南 YC/Z 502—2014 [S]. 国家烟草专卖局，2014-06-11.

[9] 烟草工业企业能源消耗 YC/T 280—2008 [S]. 国家烟草专卖局，2008-12-23.

[10] 卷烟制造过程能力测评导则 YC/T 295—2009 [S]. 国家烟草专卖局，2009-04-13.

[11] 卷烟厂设计规范 YC/T 9—2015 [S]. 国家烟草专卖局，2015-10-21.

[12] 卷烟　烟丝填充值的测定 YC/T 152—2001 [S]. 国家烟草专卖局，2001-04-23.

[13] 卷烟　膨胀梗丝填充值的测定 YC/T 163—2003 [S]. 国家烟草专卖局，2003-05-09.

［14］卷烟 烟气气相中一氧化碳的测定 非散射红外法 GB/T 23356—2009 ［S］. 中华人民共和国国家质量监督检验检疫总局，中国国家标准化管理委员会，2009-03-26.

［15］卷烟 用常规分析用吸烟机测定总粒相物和焦油 GB/T 19609—2004 ［S］. 中华人民共和国国家质量监督检验检疫总局，中国国家标准化管理委员会，2004-12-14.

［16］卷烟 总粒相物中烟碱的测定 气相色谱法 GB/T 23355—2009 ［S］. 中华人民共和国国家质量监督检验检疫总局，中国国家标准化管理委员会，2009-03-26.

［17］卷烟和滤棒物理性能的测定 GB/T 22838—2009 ［S］. 中华人民共和国国家质量监督检验检疫总局，中国国家标准化管理委员会，2009-04-03.

［18］烟草企业安全生产标准化规范 YC/T 384—2018 ［S］. 国家烟草专卖局，2018-04-03.

［19］烟丝整丝率、碎丝率的测定方法 YC/T 178—2003 ［S］. 国家烟草专卖局，2003-09-16.

［20］张红亮. 制丝线瞬时加料比例的计算与应用 ［J］. 烟草科技，2013（1）：20-24.

［21］国家烟草专卖局. 卷烟工艺规范 ［M］. 北京：中国轻工业出版社，2016.

［22］严家騄，余晓福，王永青等. 水和水蒸气热力性质图表（第4版）［M］. 北京：高等教育出版社，2021.

［23］工业和信息化部，国家标准化管理委员会. 国家智能制造标准体系建设指南 ［EB/OL］.（2021-11-17）［2022-11-15］. http：//www. gov. cn/zhengce/zhengceku/2021-12/09/content_5659548. htm .

［24］中国电子技术标准化研究院. 智能制造能力成熟度模型白皮书（1.0版）［EB/OL］.（2016-09-20）［2022-1-15］. http：//www. cesi. cn/uploads/soft/160922/1-1609220up2. zip.

［25］国家烟草专卖局办公室. 烟草行业工商统计调查制度（国烟办综〔2022〕211）［EB/OL］.（2022-12-06）［2023-1-15］. http：//sx. tobacco. gov. cn/sxwwcms /zwgk1flfg1zcfg/48316. htm.